职业教育“双高建设”规划教材

道路与桥梁工程技术专业群校企合作一体化教材

路面结构设计与施工

主　编　王卓娅

副主编　刘　炜　高宏新　郝晓彬

　　　　王立争　王晓彬　王　超

主　审　于国锋

本书立体化资源

黄 河 水 利 出 版 社

· 郑 州 ·

内 容 提 要

本书是高职道路桥梁工程技术专业教材,编写中注重理论知识与电子资源相结合,可使学生更全面和直观地了解道路路面各结构层的性质、作用和类型,掌握路面各结构层技术要求和施工方法,使学生能够独立或与他人合作共同完成公路路面结构组合设计、路面材料配合比设计、路面施工组织设计、路面工程施工等典型工作任务,实现与测量、试验、检测和施工管理等职业岗位的对接。本书分 8 个情境,主要内容包括认知公路路面结构、认知路面基层(底基层)、基层(底基层)施工、认知沥青路面及其结构组合设计、沥青混合料配合比设计、沥青路面施工、认知水泥混凝土路面结构与配合比设计、水泥混凝土路面施工。

本书可作为高职院校道路与桥梁相关专业的教材,也可作为继续教育和职业培训的教材,还可供从事道路和桥梁工作的工程技术人员参考阅读。

图书在版编目(CIP)数据

路面结构设计与施工/王卓娅主编. —郑州:黄河水利出版社,2024.2

ISBN 978-7-5509-3627-0

Ⅰ.①路… Ⅱ.①王… Ⅲ.①路面-结构设计-高等职业教育-教材②路面施工-高等职业教育-教材 Ⅳ.①U416

中国国家版本馆 CIP 数据核字(2023)第 134911 号

策划编辑:贾会珍　电话:0371-66028027　E-mail:110885539@qq.com

责任编辑	杨雯惠	责任校对	杨秀英
封面设计	黄瑞宁	责任监制	常红昕
出版发行	黄河水利出版社		
	地址:河南省郑州市顺河路 49 号　邮政编码:450003		
	网址:www.yrcp.com　E-mail:hhslcbs@126.com		
	发行部电话:0371-66020550		
承印单位	河南承创印务有限公司		
开　　本	787 mm×1 092 mm　1/16		
印　　张	17.25		
字　　数	399 千字		
版次印次	2024 年 2 月第 1 版	2024 年 2 月第 1 次印刷	
定　　价	49.00 元		

前 言

2022年7月4日,经国务院批准同意,国家发展和改革委员会、交通运输部联合印发了《国家公路网规划》(以下简称《规划》)。根据《规划》:国家公路网规划总规模约46.1万km,由国家高速公路网和普通国道网组成,其中国家高速公路约16.2万km(含远景展望线约0.8万km),普通国道约29.9万km;规划期至2035年,远景展望到21世纪中叶。

路面工程是公路工程的重要组成部分,路面的好坏直接影响行车安全、舒适、行车速度和运输成本。据调查,相同等级公路的沥青路面同砂石路面相比,行车速度一般可以提高80%~200%,燃料消耗降低15%~20%,轮胎行驶里程增加20%,运输成本下降18%~20%。同一类型的路面,施工和养护质量的优劣也会使运输效率与成本以及服务质量产生很大的差异。路面结构的费用在公路造价中所占比重很大,一般要达到30%左右。因此,精心设计,精心施工,使路面长期具备良好的使用性能,对发挥整个公路的运输经济效益具有十分重要的意义。

结合党的二十大精神和《规划》贯彻落实生态文明建设要求,将绿色发展作为重要目标和原则,与《中华人民共和国国民经济和社会发展第十四个五年规划和2035年远景目标纲要》《中共中央 国务院关于建立国土空间规划体系并监督实施的若干意见》《中共中央 国务院关于深入打好污染防治攻坚战的意见》《2030年前碳达峰行动方案》等做了有效衔接。我们在发展公路建设中必须预防和减轻不良环境的影响,做好以下几个方面:

(1)强化生态保护修复,公路选线最大限度避让各类环境敏感目标,重要敏感区无法避让的需从地下或空中穿(跨)越,同步开展原生动植物保护、湿地连通、创面生态修复和动物通道建设。

(2)协同促进碳减排与大气污染防治,加强与其他运输方式衔接,为推动多式联运发展和推广使用新能源汽车创造良好环境,探索提高国家公路通道碳汇能力。

(3)强化水环境污染防治,尽可能避免占用河湖空间特别是饮用水水源保护区,如占用须采用"封闭式"排水和水处理系统,强化公路施工期和运营期服务区污水处理,有条件的纳入城市污水管网。

(4)强化噪声污染防治,在敏感区域落实噪声防护距离的要求,在可能造成噪声污染的重点路段设置声屏障或者采取其他降低噪声的有效措施。

(5)强化资源节约集约利用,充分利用交通廊道资源,采用先进节地技术和模式,提高交通基础设施土地综合利用率，尽量不占或少占耕地和永久基本农田，推动钢结构桥梁、环保耐久节能型材料等应用，推进废旧材料、设施设备、水资源循环利用和隧道洞渣资源化利用。

(6)加强外部协同与内部监管，强化与碳达峰碳中和、国土空间规划、自然保护地体系以及“三线一单”等相关政策的协调衔接，严格落实环保“三同时”(同时设计、同时施工、同时投入生产和使用)制度、环境监测与跟踪评价等制度。

路面结构设计与施工是高等职业教育道路桥梁工程技术专业核心课程。本教材通过理论知识与电子资源相结合，让学生更全面和直观地了解道路路面各结构层的性质、作用和类型，掌握路面各结构层技术要求和施工方法，使学生能够与他人合作共同完成路面结构设计、无机结合料稳定材料配合比设计、沥青混凝土配合比设计、公路路面工作施工组织设计、组织路面工程施工等典型工作任务，实现与测量、试验、检测、施工和管理等职业岗位的对接，实现工程勘察与路桥设计能力、工程预算与招标投标能力、材料试验与检测能力、道桥工程施工与组织能力、质量验收与评定能力等核心能力的培养。

本教材由辽宁省交通高等专科学校老师承担主要编写工作，具体编写分工如下：情境一由王卓娅编写，情境二由王卓娅、王加娣编写，情境三、情境六由刘炜、王超(中铁五局集团第五工程有限责任公司)编写，情境四由王立争、王晓荣(中铁五局集团第五工程有限责任公司)编写，情境五由王加娣、王晓彬(辽宁高达新材料技术有限公司)编写，情境七由高宏新、王晓彬编写，情境八由郝晓彬、王晓荣编写。本教材由王卓娅担任主编，并负责全书统稿；由刘炜、高宏新、郝晓彬、王立争、王晓彬和王超担任副主编；由辽宁省交通高等专科学校于国锋担任主审。

本书在编写过程中参考了相关标准、规范、教材和论著，并引用了大量图片，在此一并向有关作者表示诚挚的谢意。

由于编者水平有限，书中难免存在错误和疏漏之处，敬请读者批评指正。

编　者

2023 年 6 月

目 录

情境一　认知公路路面结构

学习目标

【知识目标】

了解公路的基本组成、路面工程的特点和路面结构。

【能力目标】

认识路面的历史与发展概况以及行业从业人员结构和施工规律。

【职业素养】

根据党的二十大精神要求培养学生爱国、敬业精神，关注相关学科发展动态，紧跟工程技术发展前沿动态，适应科技发展水平，树立创新意识，培养创新精神。

工作任务一　认识公路的基本组成

公路是布置在大地表面供各种车辆行驶的一种线性带状结构物。因此，公路设计就有线形设计和结构设计两大部分。

一、线形组成

公路工程路线长、工程量大，同时受沿线地形地物、地质地貌、气候特征等自然条件的制约，为满足公路工程建成后车辆行驶的安全性、舒适性、经济性的要求，就需要对公路工程进行线形设计。

公路线形设计是确定路线的空间位置、几何形状及尺寸的工作。它构成了公路的主骨架，是其他组成部分（如路基、路面、桥涵构造物等）设计、施工全过程的基础。

公路路线线形是公路平面线形、纵断面线形及其二者相结合的三维空间线形的总称，作为立体空间线形的图形由平面图、纵断面图和横断面图三部分组成。

二、结构组成

公路工程是交通运输的建筑结构物，它不仅要承受车辆荷载的作用，而且受沿线自然条件的影响，其结构组成主要包括路基工程、路面工程、桥涵工程、特殊构造物、交通安全及服务管理设施工程等。

（一）路基工程

路基是按照路线位置和一定技术要求修筑的作为路面基础的带状构造物，路基工程通常由路基主体工程、路基排水工程和路基防护与支挡工程三部分构成。路基设计图如图 1-1 所示，路基施工图如图 1-2 所示。

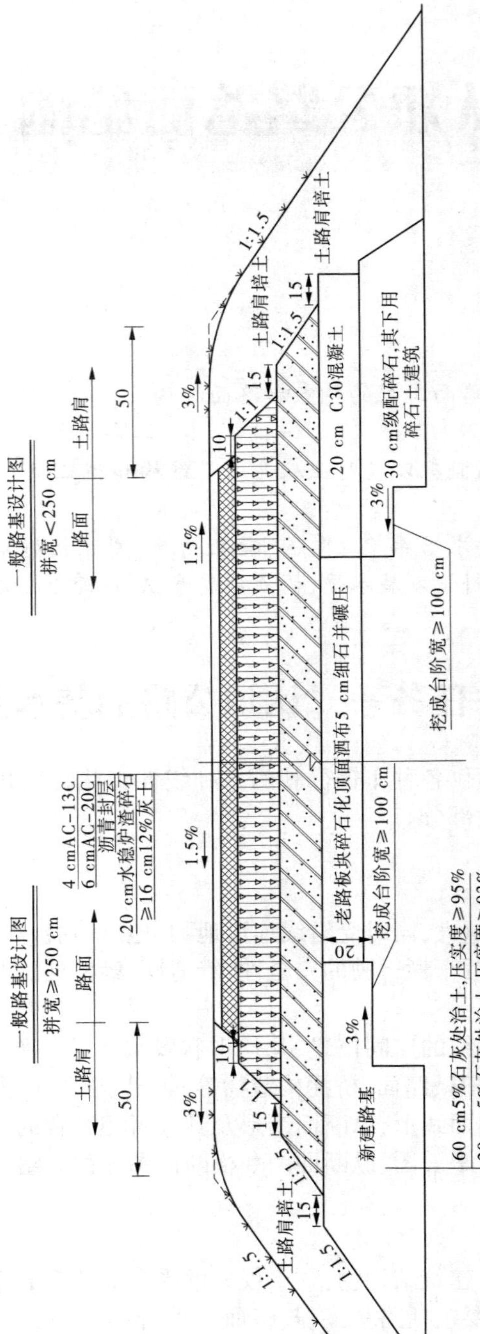

图1-1 路基设计图 （尺寸单位:cm）

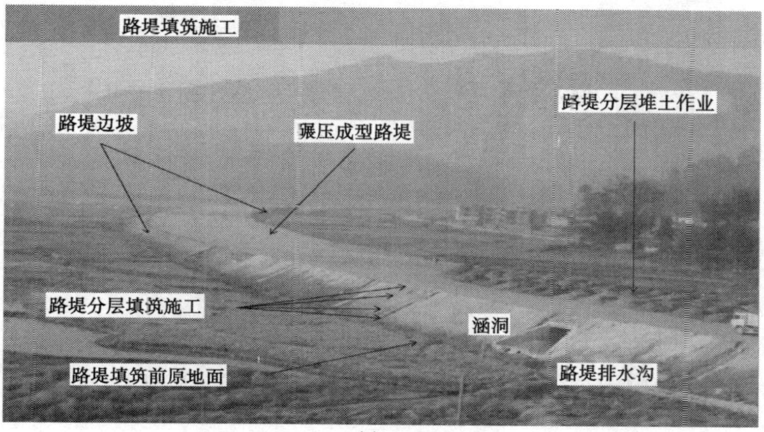

(a)

(b)

图 1-2　路基施工图

路基主体是用当地土石填筑或在原地挖筑而成的，既要有足够的强度、稳定性和耐久性，还要达到经济合理。路基通常可分为路堤、路堑、半填半挖路基三种基本形式，如图 1-3 所示。路堤即高于原地面的填方路基，路堑即低于原地面的挖方路基，在一个路基横断面内部分为填方、部分为挖方的称半填半挖路基。

为了确保路基稳定，避免受水的侵蚀，路基工程还应修建路基排水工程。路基排水工程按其排水位置不同又分为地面排水工程和地下排水工程。地面排水工程主要是排除危害路基的雨水、积水及外来水等地面水；地下排水工程主要是排除地下水和其他需要通过地下排除的水。路基综合排水系统如图 1-4 所示。

为保证路基稳定或行车安全所修筑的工程设施，如挡土墙、护坡、护栏等称为路基防护与支挡工程，如图 1-5 所示。

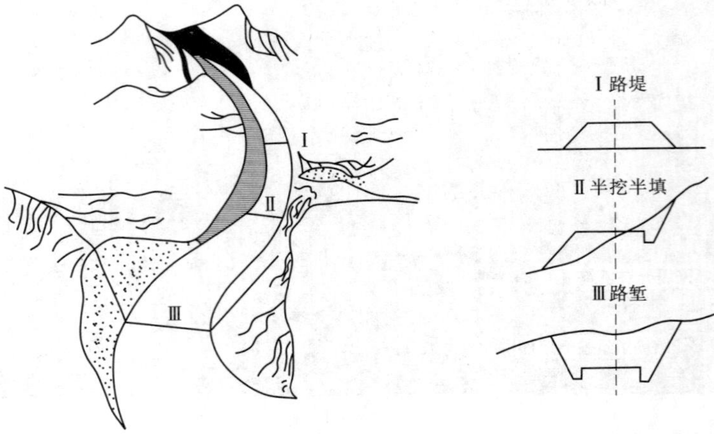

图 1-3　路基横断面形式

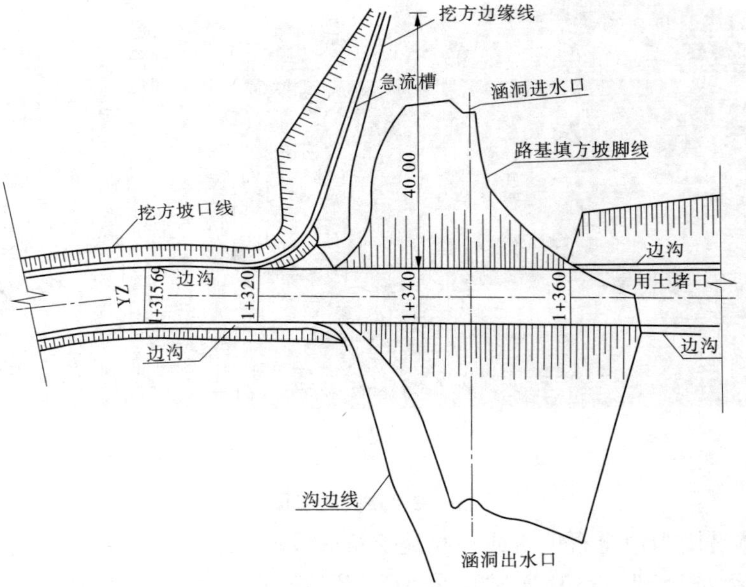

图 1-4　路基综合排水系统　(单位:m)

(二)路面工程

路面工程是指用各种筑路材料铺筑在路基上直接承受车辆荷载的层状构造物,是公路工程的表面部分。路面应具有足够的承载力和稳定性,还应达到平整度、抗滑性能和耐久性、低噪声、无尘性等的要求。路面是公路的主要组成部分,它的好坏会直接影响行车速度、安全和运输成本。良好的路面,能够保证车辆安全、舒适、经济的行驶,充分发挥公路的功能。

路面结构可由面层、基层、底基层和必要的功能层组合而成,如图 1-6 所示。

路面的类型主要有沥青路面、水泥混凝土路面和其他路面,其中其他路面包括普通水泥混凝土预制块路面、联锁型路面、砖路面、石料砌块路面、级配碎石路面及水(泥)结级配碎石路面等。路面按力学性质可分为柔性路面和刚性路面两大类。路面常用材料有沥青、水泥、碎(砾)石、砂、黏土等。

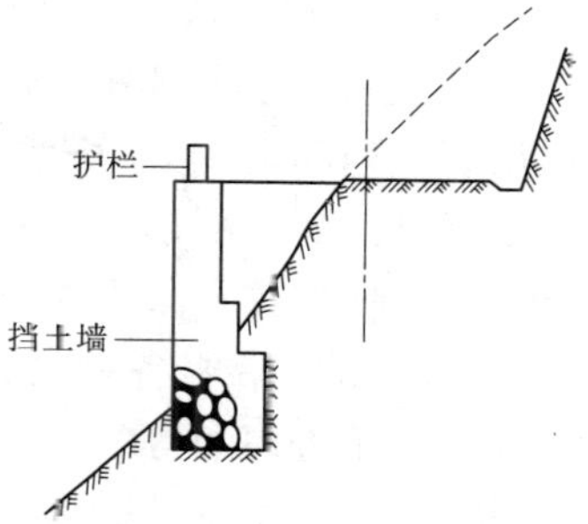

图 1-5　挡土墙

(三)桥涵工程

公路桥涵为公路跨越河流、山谷等障碍物而修建的构造物,其中单孔跨径大于 5 m 的称为桥梁,单孔跨径小于 5 m 的称为涵洞。桥梁、涵洞统称为桥涵,如图 1-7 所示。

图 1-6　路面结构层次示意图

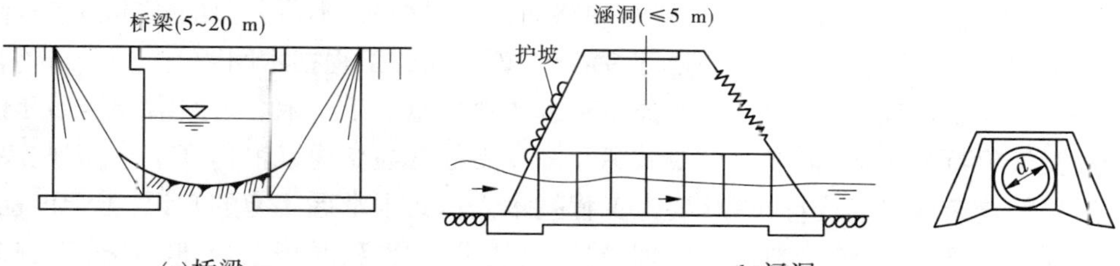

(a)桥梁　(b)涵洞

图 1-7　桥梁和涵洞

(四)特殊构造物

例如,隧道是穿越山岭为改善线形、缩短路线长度所修筑的山洞;半山桥(洞)是山区路基悬出一半所修筑的桥梁或所开挖的部分路宽的山洞,如图 1-8 所示;悬出路台是在悬崖峭壁上所修筑的悬臂式构造物。

(五)交通安全及管理服务设施

交通安全及管理服务设施是公路交通工程的一部分,这部分主要有引导交通与保障交通安全的作用,具有强制性、服务性和诱导性。采用合理的交通安全及管理服务设施,特别是体现驾驶员及其他道路使用者需要的交通工程措施,对公路运营的安全和管理有着重要的作用,同时也能起到保护和美化路容路况的作用。它主要包括以下内容:

(1)照明设施:如灯柱、弯道反光镜等。

(2)交通标志:使驾驶员知道前面路段的情况和特点,有下列四类:

①警告标志:指明前面有行车障碍物和行车危险的地点,促使驾驶员集中注意力。

②禁令标志:指明各种必须遵守的交通限制,如车速限制、不准停车等。

③指示标志:指示驾驶员行驶的方向、里程等。

④指路标志:表示行政区划分界、地名、预告出入口等。

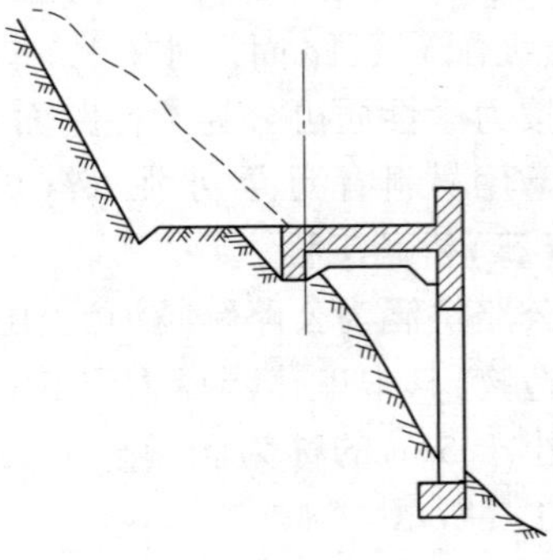

图 1-8 半山桥

(3)服务设施:如加油站、汽车站、养路站、食宿站等。

(4)植树绿化与美化工程:是美化公路环境的必要组成部分,它为道路使用者提供一个安全、舒适的行车环境。环境绿化有利于净化空气、使人们心情舒畅,且可提高行车的安全。

工作任务二 认识路面工程

路基工程和路面工程都是公路工程的主要结构物。路基是路面结构的基础,路面是路基顶面的行车道部分,坚固而又稳定的路基为路面结构长期承受汽车荷载提供了重要的保证,而路面结构层的存在又保护了路基,使之避免了直接经受车辆和大气的破坏作用,长期处于稳定状态。由此可见,路基和路面是相辅相成、不可分离的整体,应综合考虑它们的工程特点,综合解决两者的强度、稳定性等方面的工程技术问题。

路基路面是一项线型工程,有的公路延续数百甚至上千千米。公路沿线地形起伏,地质、地貌、气象特征多变,再加上沿线城镇经济发展程度与交通繁忙程度不一,因此决定了路面工程的复杂性和多变性,这就要求工程技术人员必须掌握广博的知识,善于识别公路沿线多变的环境因素,恰当地进行处理,建造出技术上合格、经济上合理的路面工程结构。

路面工程是公路工程的重要组成部分,路面的好坏直接影响行车安全、舒适、行车速度和运输成本。据调查,相同等级公路的沥青路面同砂石路面相比,行车速度一般可以提高 80%~200%,燃料消耗降低 15%~20%,轮胎行驶里程增加 20%,运输成本下降 18%~20%。同一类型的路面,施工和养护质量的优劣也会使运输效率与成本以及服务质量产生很大的差异。路面结构的费用在公路造价中所占比重很大,一般要达到 30%左右。因此,精心设计,精心施工,使路面长期具备良好的使用性能,对发挥整个公路的运输经济效益具有十分重要的意义。

现代化的公路运输,不仅要求公路能全天候畅通,而且要求车辆能以一定的速度安全、舒适又经济地运行,这就要求路面应具有良好的使用性能,提供良好的行驶条件和服务水平,以最大限度地满足车辆运行的要求,所以路面必须满足下列各项基本要求:

(1)具有足够的承载能力。

行驶在路面上的车辆，既对路面产生垂直力作用，又对路面产生水平力作用，此外，由于发动机的机械振动、车辆与悬挂系统的相对运动及路面不平整等原因，路面还受到车辆的振动力和冲击力作用，在车轮后面还会发生真空吸力作用。在上述各种外力的综合作用下，路面结构内就产生不同的压应力、拉应力和剪应力，如果路面结构整体或某一组成部分的强度不足，不能抵抗这些应力的作用，路面就会出现磨损、开裂、坑槽、沉陷和波浪等病害，从而影响公路的使用质量，使路况恶化，服务水平下降。因此，要求路面结构整体及其各组成部分都必须具有与行车荷载相适应的承载能力，避免路面产生过大的变形与破坏。

结构承载能力包括强度与刚度两方面。路面结构应具有足够的强度以抵抗车轮荷载引起的各个部位的各种应力，如压应力、拉应力、剪应力等，保证不发生压碎、拉断、剪切等各种破坏；路面结构同时还应具有足够的刚度，刚度是指路面抵抗变形的能力，具体来说就是指路面结构整体或某一组成部分抵抗变形的能力。足够的刚度能使路面在车轮荷载作用下不发生过量的变形，不产生车辙、沉陷或波浪等各种病害。

强度和刚度是两个不同的力学特性，二者既有联系，又有区别。强度大的路面，其刚度也大，但同样强度的路面，其刚度也可能不同。路面结构整体或某一组成部分有时虽然强度足够，但其刚度不足时，在行车荷载作用下，也会使路面产生变形，如波浪、车辙及沉陷等破坏现象。

(2)具有足够的稳定性。

路面结构不仅承受行车荷载的作用，还因袒露在大气环境之中，经常受到水分和温度的影响，有的路面材料又较敏感，其性能就随环境的变化而不断发生变化，这样其强度和刚度也随之发生变化。例如：沥青路面在夏季高温时会变软而产生车辙和推挤，冬季低温时又可能因收缩或变脆而产生开裂；水泥混凝土路面在高温时可能发生拱胀现象，低温时可能出现收缩裂缝，温度急剧变化时也可能出现翘曲而破坏；砂石路面在雨季时因雨水渗入路面结构而强度下降，产生沉陷、车辙等现象。因此，要求路面结构在各种气候条件下应能保持其强度。

路面的稳定性是指路面保持其本身结构强度的性能，也就是指在外界各种影响因素的作用下，路面强度的变化幅度。路面强度的变化幅度越小，则稳定性越好；反之，则稳定性越差。

路面稳定性通常分为水稳定性、温度稳定性（又可分为高温稳定性和低温稳定性）和时间稳定性（耐久性），有时也将水稳定性和温度稳定性合称为气候稳定性或水温稳定性。

(3)具有足够的平整度。

路面的平整度（或不平整度）通常是以试验汽车每行驶 1 km 距离，车身和后桥相对垂直位移的累计数(m)来表示。路面表面平整度是反映路面使用质量的一项重要指标。不平整的路表面会增大行车阻力，并使车辆产生附加的振动作用，这种振动作用会造成行车颠簸，影响行车的速度、驾驶的平稳、行车安全和乘客的舒适，同时振动作用还会对路面施加冲击力，从而加剧路面和汽车机件的损坏和轮胎的磨损，并增大油料的消耗，而且不平整的路面还会积滞雨水，加速路面的破坏。因此，为了减少振动冲击力，提高行车速度、增强行车安全性和舒适性，路面应保持一定的平整度，并随着道路等级的提高，对平整度的要求也越高。

(4)具有足够的抗滑性。

路面表面要求平整，但不宜光滑。汽车在光滑的路面上行驶时，车轮与路面之间缺乏足够的摩擦力，尤其在雨天或结冰的路面上高速行车，或紧急制动，或突然起动，或爬陡坡、转急弯时，车轮都易产生空转或打滑，致使行车速度降低，油料消耗增多，甚至引起严重的交通事故。所以，路面表面应具有足够的抗滑性能，即要具有足够的粗糙度。

(5)具有一定的耐久性。

路面耐久性是指衡量路面能否长时间持续保持优良使用品质的性能。通常以路面使用寿命，即使用年限予以表征。路面结构承受行车荷载多次重复作用和温度、湿度等气候因素反复影响之后，各项性能指标将逐渐下降。若超过限度而不再能满足规定的基本使用品质要求时，必须采取相应的技术措施进行修复。

(6)具有尽可能低的噪声和扬尘性。

随着我国交通运输业的发展，机动车保有量剧增，一方面促进了经济的发展和社会的进步，另一方面也带来了交通噪声等问题。近些年我国对环境噪声管理和控制工作取得了明显的成效，但许多城市噪声污染仍相当严重，尤其是城市道路交通噪声，不仅声级高而且变化幅度大。公路虽然不在城市内部，但公路通过许多城郊地区，而且目前生活在干线公路两侧的人越来越多，再加上公路交通中大型车辆占很大比重，交通噪声污染也很严重。实测表明，在公路 50 m 内且高出路堤的民宅，环境噪声水平超过标准值的幅度为 2~5 dB；距公路 65 m 文教区小学教学时段，环境噪声的水平超过标准值的幅值为 5~7 dB。噪声干扰人们的正常生活和休息，严重时甚至影响人们的身体健康，如引发心血管疾病、内分泌疾病等。噪声可导致学习工作效率降低、产品质量下降，在特定条件下甚至成为社会不稳定因素之一。另外，交通噪声还会影响到公路沿线的经济发展。

汽车在中、低级路面上行驶时，车轮后面所产生的真空吸力会将面层中的细料吸起产生扬尘。路面的扬尘不仅会增加机件的磨损，影响乘客的舒适和沿路居民的卫生条件，还会恶化视距条件，造成行车事故，因此应尽量降低路面的扬尘性。

工作任务三　认知路面结构及层位功能

一、路面结构分层及层位功能

行车荷载和自然因素对路面的影响，随深度的增加而逐渐减弱。因此，对路面材料的强度、抗变形能力和稳定性的要求也随深度的增加而逐渐降低。为了适应这一特点，路面结构通常是分层铺筑的，按照使用要求、受力状况、土基支承条件和自然因素影响程度的不同，分成若干层次。

路面结构层指的是构成路面的各铺砌层。《公路沥青路面设计规范》(JTG D50—2017)中指出路面结构层由三部分组成：面层、基层和底基层。之前的垫层，可归为功能层或路基处置层。因此，按照各个层位功能的不同，路面结构可由面层、基层、底基层和必要的功能层组合而成,如图 1-9 和图 1-10 所示。

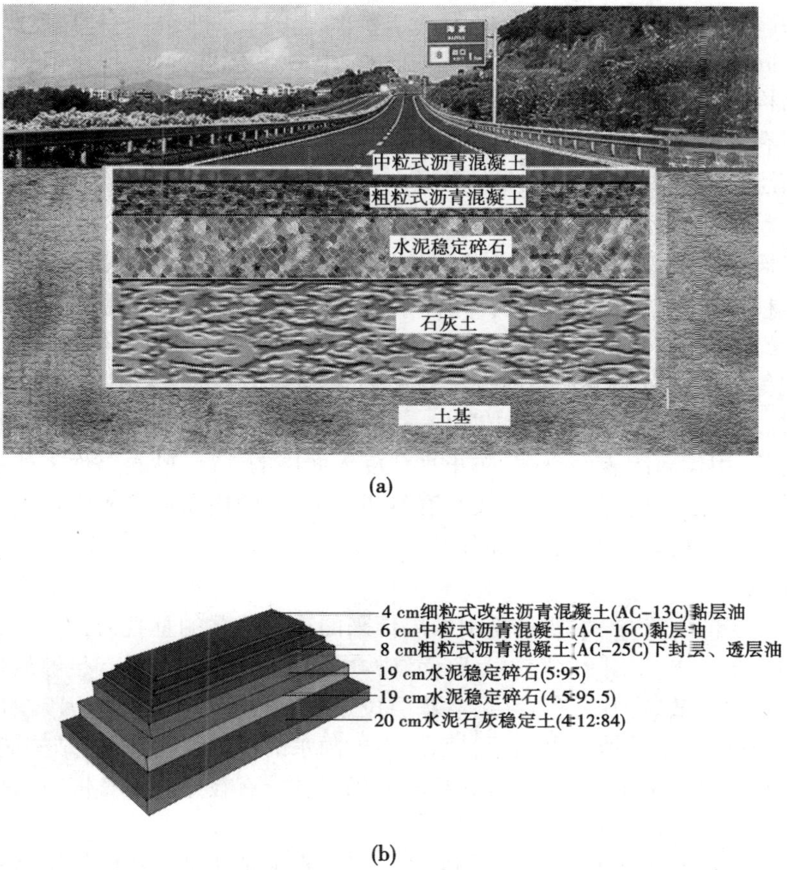

图 1-9　路面结构层次示意图

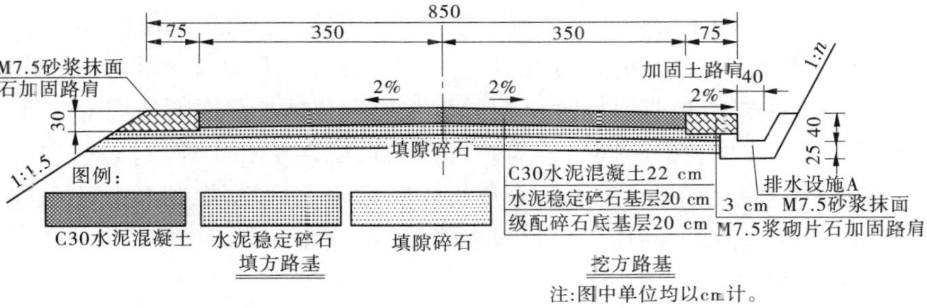

图 1-10　路面结构设计示意图

（一）面层

面层是路面结构最上面的一个层次，它承受较大的行车荷载的垂直力、水平力和冲击力的作用。同时还受到降水的侵蚀和气温变化的影响。因此，同其他层次相比，面层应具备较高的结构强度和抗变形能力，较好的水稳定性和温度稳定性，而且应当耐磨、不透水；其表面还应有良好的抗滑性和平整度。

修筑面层所用的材料主要有水泥混凝土、沥青混合料、沥青碎（砾）石混合料、粒料和块料等。

沥青路面面层往往由 2~3 层构成。表面层有时称磨耗层，用来抵抗水平力和轮后吸力引起的磨耗和松散，可用沥青玛琋脂碎石混合料或沥青混凝土铺筑。中面层、下面层为主面层，它是保证面层强度的主要部分，可用沥青混凝土铺筑，并根据各分层的要求采用不同的级配等级。水泥混凝土路面也有分上、下两层铺筑，分别采用不同强度等级的水泥混凝土材料。水泥混凝土路面上加铺 4 cm 沥青混凝土这样的复合式结构也是常见的。需要指出的是，用作封闭表面空隙，防止水分浸入面层的封层、砂石路面上所铺的 2~3 cm 厚的磨耗层或 1 cm 厚的保护层，以及厚度不超过 1 cm 的简易沥青表面处治，不能作为一个独立的层次，应看作是面层的一部分。

（二）基层

基层是面层的下卧层，主要承受由面层传来的车辆荷载的垂直力，并将其扩散到下面的底基层和土基中去。实际上基层是路面结构中的承重层，它应具有足够的强度和刚度，并应具有良好的扩散应力的能力。虽然基层位于面层之下，遭受大气因素的影响比面层小，但是仍然有可能经受地下水和通过面层渗入雨水的侵蚀，所以基层结构应具有足够的水稳定性。基层表面虽不直接供车辆行驶，但仍然要求有较好的平整度，这是保证面层平整性的基本条件。

修筑基层的材料主要有各种结合料（如石灰、水泥或沥青等）稳定土或稳定碎（砾）石、贫水泥混凝土、天然砂砾、各种碎石或砾石、片石、块石或圆石，各种工业废渣（如煤渣、粉煤灰、矿渣、石灰渣等）和砂、石所组成的混合料等。

高等级公路的基层一般较厚，当基层太厚时，为保证工程质量可分为两层铺筑。

（三）底基层

底基层设置在基层之下，并与面层、基层一起承受车轮荷载的反复作用，是起次要承重作用的层次。它的主要功能是增强基层承重荷载的能力，是基层的辅助层，路面底基层还要求防泥、防冰冻、减少路基顶面的压应力、缓和路基不均匀变形对面层的影响，为面层和基层施工提供方便，以提高路面结构的承载能力和延长路面的使用寿命等。

底基层按组成材料的不同可分为碎石、砾石、稳定土和工业废渣底基层，是铺筑石灰稳定土底基层、水泥稳定土底基层、石灰粉煤灰稳定土底基层、级配碎石底基层。底基层材料质量的要求较低，可使用当地材料来修筑。

（四）功能层

在路面设计与施工中，把为了加强沥青路面各结构层的层间接触，避免层间产生滑动位移，保持路面结构的整体性，在基层表面以及面层之间设置的沥青或沥青混合料联结层；为了防止水分侵入而在沥青面层和基层上铺筑的有一定厚度的沥青混合料薄层；为了排除路面结构内部水和按防冻要求设置的粒料层，这些层统称为路面功能层，它们不作为路面力学计算模型中的结构层，在路面厚度计算中不计其厚度。

功能层一般分为黏层、封层、透层、排水层、防冻层。

(1)黏层是路面结构中起黏结作用的功能层，是为加强路面沥青层与沥青层之间、沥青层与水泥混凝土路面之间的黏结而洒布的沥青材料薄层，也称为黏层沥青或黏层油。

(2)封层是路面结构中用于阻止水下渗的功能层，是为封闭路面表面空隙、防止水分侵入而在沥青面层或基层上铺筑的有一定厚度的沥青混合料薄层。铺筑有沥青面层表面的封层称为上封层，铺筑有沥青面层下面、基层表面的封层称为下封层。封层可采用单层沥青表面处治或稀浆封层，也可为应力吸收层。

(3)透层是用于非沥青类材料层上，能透入表面一定深度，增强非沥青类材料层与沥青混合料层整体性的功能层。为了使沥青面层和非沥青材料基层结合良好，在基层上喷洒液体石油沥青或乳化沥青或煤沥青而形成的透入基层表面一定深度的薄层，也称为透层沥青或透层油。

(4)排水层是排除路面结构内部水的功能层，用于地下水位高、排水不良路段或有裂隙水、泉眼等水文条件不良岩石挖方路段。基层和底基层为非粒料类材料时，可在基层或底基层与路床间设置粒料层。

(5)防冻层是路面结构中按防冻要求设置的功能层。季节性冻土地区路面厚度不满足防冻要求时，应增设防冻层，防冻层宜采用粗砂、砂砾和碎石等粒料类材料。

工作任务四　路面横断面及类型选用

一、路面横断面

在路基顶面铺筑的面层结构，沿横断面方向由行车道、硬路肩和土路肩所组成。路面横断面的形式随道路等级的不同，可选择不同的形式，通常分为槽式横断面和全铺式横断面，如图 1-11 所示。

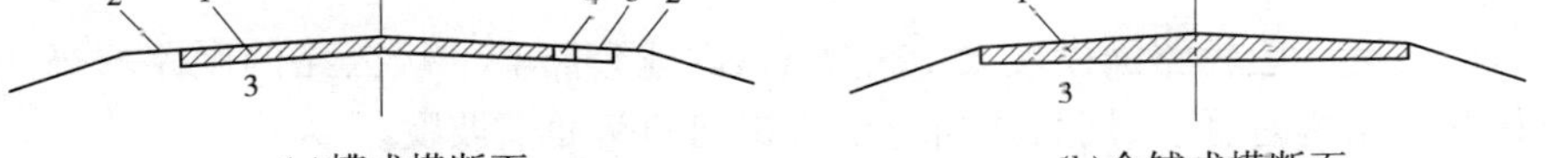

(a)槽式横断面　(b)全铺式横断面

1—路面；2—土路肩；3—路基；4—路缘石(侧石)；5—加固路肩。

图 1-11　路面横断面形式

(一)槽式横断面

在路基上按路面行车道及硬路肩设计宽度开挖路槽，保留土路肩，形成浅槽，在槽内铺筑路面。也可采用培槽方法，在路基两侧培槽，或半填半挖的方法培槽。

(二)全铺式横断面

在路基全部宽度内都铺筑路面。在高等级公路建设中，有时为了将路面结构内部的水分迅速排出，在全宽范围内铺筑基层材料保证水分由横向排入边沟。有时考虑到道路交通的迅速增长，适应扩建的需要，将硬路肩及土路肩的位置全部按行车道标准铺筑面层。在盛产石料的山区或较窄的路基上，全宽铺筑中、低级路面。

二、路拱横坡度

为了保证路面上雨水及时排出，减少雨水对路面的浸润和渗透进而减弱路面结构强度，路面表面应做成中间高两边低的直线形或抛物线形的路拱。等级高的路面，平整度和水稳定性较好，透水性也小，通常采用直线形路拱和较小的路拱横坡度。等级低的路面，为了有利于迅速排除路表积水，一般采用抛物线形路拱和较大的路拱横坡度。表 1-1 列出了各种不同类型路面的路拱平均横坡度。

表 1-1　各类路面的路拱平均横坡度

路面类型	路拱平均横坡度/%
沥青混凝土、水泥混凝土	1~2
厂拌沥青碎石、路拌沥青碎(砾)石、沥青贯入碎(砾)石、沥青表面处治、整齐石块	1.5~2.5
半整齐石块、不整齐石块	2~3
碎石、砾石等粒料路面	2.5~3.5
炉渣土、砾石土、砂砾土等低级路面	3~4

选择路拱横坡度，应充分考虑有利于行车平稳和有利于横向排水两方面的要求。在干旱和有积雪、浮冰地区，应采用低值；多雨地区采用高值；当道路纵坡较大或路面较宽，或行车速度较高时，或交通量和车辆载重较大时，或常有拖挂汽车行驶时，应采用平均横坡度的低值；反之，则应取用高值。

高速公路和一级公路设有中央分隔带。通常采用两种方式布置路拱横断面。若分隔带未设置排水设施，则做成中间高、两侧路面低的路拱，由单向横坡向路肩方向排水。若分隔带设置排水设施，则两侧路面分别单独做成中间高、两边低的路拱，向中间排水设施和路肩两个方向排水。

路肩横坡度一般较路面横坡大 1%。但是高速公路和一级公路的硬路肩采用与路面行车道相同的结构时，应采用与路面行车道相同的路面横坡度。

三、路面类型选用

路面类型按路面材料分为沥青路面、水泥混凝土路面和其他路面。

(一)沥青路面

沥青路面是指在柔性基层、半刚性基层上，铺筑一定厚度的沥青混合料面层的路面结构。沥青面层分为沥青混凝土、沥青混合料(包括沥青混凝土混合料及沥青碎石混合料)、乳化沥青碎石、沥青灌入式、沥青表面处置等类型。

(二)水泥混凝土路面

水泥混凝土路面是指以水泥混凝土面板和基(垫)层组成的路面，又称为刚性路面。

路面种类有：普通混凝土路面、钢筋混凝土路面、碾压式混凝土路面、钢纤维（化学纤维）混凝土路面、连续配筋混凝土路面等。

（三）其他路面

其他路面主要是指在柔性基层上用有一定塑性的细粒土稳定各种骨料的中低级路面。路面种类有：普通水泥混凝土预制块路面、联锁型路面砖路面、石料砌块路面、级配碎石路面及水（泥）结级配碎石路面等。

路面类型应根据公路功能、技术等级、交通量、环境保护、工程造价等因素进行综合论证后选用；路面结构形式应根据当地气候条件、交通荷载、当地材料，并结合路面结构耐久性、资源循环利用等因素进行全寿命周期经济分析后合理确定。

路面结构层材料应满足强度、稳定性和耐久性的要求。路面排水层、防冻层宜采用水稳定性好的粗粒料类材料或稳定类材料。路基填料采用尾矿、矿渣等材料时，应做环保评价，明确利用方案及处置措施。

四、路面结构设计使用年限

随着我国公路网的不断完善，为了确保发挥路网的运营效率，减少路面结构的频繁维修对路网运输效率和交通安全带来的不利影响，对路面结构设计使用年限作出规定是必要的。

欧盟中多数国家的路面结构设计使用年限在15～30 a，普遍比我国的规定要高。英国路面结构设计使用年限为40 a；法国高速公路和快速路设计使用年限为30 a，城镇道路和其他等级公路路面结构设计使用年限为20 a，地方上的低交通量道路路面结构初始设计使用年限为12 a。德国高速公路、州级公路和低等级公路一般为30 a；澳大利亚路面结构设计使用年限为：新建柔性路面为20～40 a，罩面为10～20 a；刚性路面为30～40 a。日本路面结构设计使用年限为：对于主要的干线公路、高速公路为40 a，国道20 a；隧道内的路面为20～40 a，对于大交通量的交叉口（立交和城市的干线公路）为大于20 a。

从我国公路建设与工程实践经验看，京津塘高速公路、广深高速公路、济青高速公路路面结构的设计使用年限都已超过15 a，并超过或接近了20 a，其他等级的公路路面结构的实际使用年限也有很多路段远远超过了初期的设计使用年限。2000年以后，随着针对路面早期损坏开展的相关研究成果的不断应用和公路建设管理技术的不断进步，路面结构的使用年限不断提高，逐步朝耐久性方向发展。通过对过去二十多年路面设计与施工技术进步成功经验的总结看，无论是在原材料控制、混合料设计、施工关键技术方面，还是在路面施工质量控制以及交通运营管理方面，都为路面结构设计使用年限的提高打下了基础。因此，我国公路工程技术标准规定公路路面结构设计使用年限应不低于表1-2的规定。

表1-2　公路路面结构设计使用年限

公路等级		高速公路	一级公路	二级公路	三级公路	四级公路
设计使用年限/a	沥青混凝土路面	15	15	12	10	8
	水泥混凝土路面	30		20	15	10

课后复习题

1. 为了具有良好的使用性能，路面必须满足哪些基本要求？
2. 简述路面各结构层的作用。
3. 简述路面各结构层的结构和材料组成。

情境二　认知路面基层(底基层)

学习目标

【知识目标】

了解路面基层工程的特点、选择原材料、集料级配组成、混合料的配合比设计。

【能力目标】

学生能够独立完成路面基层(底基层)各原材料的选择;学生能进行混合料的配合比设计。

【职业素养】

根据党的二十大精神要求训练学生收集和处理信息的能力、获取新知识的能力、综合运用所学知识分析和解决问题的能力,形成良好的思维习惯、工作方法和科学态度,在未来的岗位上有能力进一步学习新技术,解决新问题。

工作任务一　认知公路路面基层(底基层)

在路面结构中,基层(底基层)是位于面层下的结构层,主要起承重、扩散荷载应力以及改善路基水温状况的作用。路面基层(底基层)是路面结构的重要组成部分,基层(底基层)质量的好坏直接影响路面的整体承载能力和使用性能。随着国民经济持续高速增长,我国公路交通状况产生了明显变化。交通量增长很快,重载货车数量显著增加,超载车辆比较普遍,新交通状况对路面基层(底基层)提出了更高的技术要求,提高路面基层(底基层)施工技术水平势在必行。

基层(底基层)的强弱及好坏对整个路面(无论是沥青路面还是水泥混凝土路面的整体强度)使用质量和使用寿命都有十分重要的影响。系统了解各种路面基层(底基层)的技术特点、适用范围、材料选择、材料组成、施工方法、施工工艺及质量管理方法等,掌握各种施工方法的关键技术及质量控制要点,对提高路面基层(底基层)的施工管理水平及施工质量是十分必要的。

一、基层(底基层)的分类及适用的交通等级

基层(底基层)一般分为四种类型:无机结合料稳定类、粒料类、沥青结合料类和水泥混凝土。《公路沥青路面施工技术规范》(JTG F40—2004)规定新建沥青路面的基层按结

构组合设计要求,根据实际情况选择使用合理的基层结构。

基层和底基层材料的类型及适用的交通荷载等级和层位见表 2-1。

表 2-1　基层和底基层材料的类型及适用的交通荷载等级和层位

类型	材料类型	适用交通荷载等级和层位
无机结合料稳定类	水泥稳定级配碎石或砾石、水泥粉煤灰稳定级配碎石或砾石、石灰粉煤灰稳定级配碎石或砾石	各交通荷载等级的基层和底基层
	水泥稳定类未筛分碎石或砾石、石灰粉煤灰未筛分碎石或砾石、水泥粉煤灰未筛分碎石或砾石	轻交通荷载等级的基层、各交通荷载等级的底基层
	水泥稳定土、石灰稳定土、石灰粉煤灰稳定土	轻交通荷载等级的基层、各交通荷载等级的底基层
粒料类	级配碎石	重及重以下交通荷载等级的基层、各交通荷载等级的底基层
	级配砾石、未筛分碎石、天然砂砾、填隙碎石	中等和轻交通荷载等级的基层、各交通荷载等级的底基层
沥青结合料类	密级配沥青碎石、半开级配沥青碎石、开级配沥青碎石	极重、特重和重交通荷载等级的基层
	沥青贯入碎石	重及重以下交通荷载等级的基层
水泥混凝土	水泥混凝土或贫混凝土	极重、特重交通荷载等级的基层

二、基层(底基层)须满足的基本要求

《公路沥青路面设计规范》(JTG D50—2017)要求基层和底基层应具有足够的承载能力、抗疲劳开裂性能、足够的耐久性和水稳定性。沥青结合料类和粒料类基层尚应具有足够的抗永久变形能力。作为路面的基层,一般必须具备以下几个基本条件。

(一)具有足够的强度和刚度

1. 强度

基层必须能够承受车轮荷载的反复作用,即在预定设计标准荷载反复作用下,基层不会产生过多的残余变形,更不会产生剪切破坏(无结合料的粒料基层)或疲劳弯拉破坏(用各种结合料处治的基层),基层要满足上述的技术要求,除必需的厚度外,主要取决于基层材料本身的强度。对基层材料的强度要求,在重交通道路上要比一般道路上的高。材料的强度包括两个主要方面:一方面是石料颗粒本身的硬度或强度,可用集料压碎值或集料磨耗值表示,我国也用岩石的抗压强度表示;另一方面是材料整体(混合料)的强度和刚度,如回弹模量、承载比、抗压强度、抗剪切强度、抗弯拉强度或间接抗拉强度(劈裂

强度等)。

在我国路面基层施工技术规范中,对于集料,采用集料压碎值作为选择粒料的技术指标,集料压碎值既可用来检验碎石,也可以用来检验砾石及其他粒料。测定该技术指标的仪器构造简单、操作方便、试验精度高。对于用水硬性结合料处治的材料,采用抗压强度指标,而没有采用其他指标。这一方面是因为抗压强度是一个已使用了数十年的大家熟悉的指标,从试件的制备到试验本身都是比较简单易行的,也积累了丰富的资料和经验。另一方面,不同强度指标是相互关联的,同种材料的不同强度指标间具有较好的统计关系。

2. 刚度

基层的刚度(回弹模量)必须与面层的刚度相配。如面层和基层的刚度差别过大,则面层会由于过大的拉应力或拉应变而过早开裂破坏。各种基层材料就其强度和刚度而言,大致可分为三个等级:强度和刚度最高的一级中可包括水泥稳定粒料(土)、石灰粉煤灰稳定粉料(土)、石灰土稳定碎石(或砂砾)或石灰稳定砂砾土、沥青碎石(混合料)及沥青贯入式碎石(这两种含沥青的材料仅指在较低温度下);强度和刚度中等的一级中可包括水泥土、石灰粉煤灰土、石灰土、级配碎石和填隙碎石;强度和刚度最低的是级配砾石和级配碎砾石。当然,在同一等级中的不同材料的强度和刚度也是有明显差别的。例如,水泥稳定粒料和石灰粉煤灰粒料的强度和刚度大致相同,但它们的强度却明显高于石灰土碎石和石灰砂砾土。又如,同样是石灰粉煤灰粒料,石灰粉煤灰矿渣的强度大于石灰粉煤灰碎石,而后者的强度又大于石灰粉煤灰砂砾。因此,在沥青面层下,应该选用结合料稳定材料做基层,特别是用水泥或石灰粉煤灰等稳定粒料。

在普通道路上,沥青面层一般较薄,整个路面的承载能力将主要依靠基层来满足。这就要求基层材料具有较高的强度和刚度,而且基层的厚度也较大。使用强度大、承载能力高的基层,以适应较薄的沥青面层,或适当减薄沥青面层,在我国的具体情况下具有很大的现实意义和经济意义。对于普通道路,采用水泥混凝土路面时,也希望采用强度大、承载能力高的基层。

在重交通道路、一级公路和高速公路上,基层材料还应该有高的抗疲劳破坏能力。就各种材料的抗疲劳破坏能力而言,由强到弱的排序为:沥青混凝土、沥青碎石、石灰粉煤灰粒料(矿渣、碎石、砾石)、水泥粒料(碎石、砾石、砂砾土)以及石灰土粒料或石灰粒料土。

目前,在我国的高等级道路上,特别是在高速公路上,无论是沥青面层,还是水泥混凝土面层,几乎全部采用半刚性材料做基层。这是因为半刚性材料,特别是厚层的半刚性材料(它可以是同一种材料,也可以是两种不同半刚性材料的组合),可使路面具有很高的承载能力。国内高级公路基层多采用水泥稳定粒料或二灰碎石(粒料),但这种结构组合也是有争议的,主要是全柔性路面(沥青面层采用级配碎石或级配碎砾石,或采用沥青碎石作为基层)及刚性路面柔性基层(水泥混凝土路板下采用级配碎石或级配碎砾石或沥青碎石),级配集料基层国内采用得少。国内慎用的原因,主要是集料规格级配掌握不当、控制不严、施工机械化程度低。柔性基层的最大特点在于粉细料含量低,排水效果好、抗冲刷。

(二)具有足够的水稳定性和冰冻稳定性

沥青面层,特别是喷洒型(俗称层铺法)的沥青表面处治和沥青贯入式面层,往往是透水的,尤其在使用初期,其透水性较大。因此,雨季表面水有可能透过沥青面层进入基层和底基层,也可能从两侧路肩或路面与路肩的结合处以及中央分隔带缘石(通常是预制混凝土块)与路面结合处透入路面结合层中。如果沥青面层产生了裂缝,表面水更将从裂缝透入路面结构层中。在地下水位接近地表的地段,特别是在路基填土不高时,地下水可通过毛细作用进入路面结构层;在冰冻地区,由于冬季水分重分布的结果,路基上层和路面底基层都可能处于潮湿或过分潮湿状态。沥青面层虽不是完全不透水的,但却能阻碍路面结构层和土基中的水分蒸发。调查试验表明,水分从沥青面层蒸发出来,要比透进去困难得多、慢得多。

水泥混凝土路面面板,由于横缝、纵缝及胀缝的存在,尽管广泛采取填缝料灌缝密封,但事实上表面水不可避免地沿缝进入基层、底基层甚至路基。在通常情况下,水进入基层顶面,并滞留在那里,在高速行车作用下产生高压水,对基层顶面产生冲刷,致使板下脱空、碎裂、断板。

进入路面结构层的水(包括气态水)能使含土较多、土的塑性指数较大的基层或底基层材料的含水量增加及强度大大降低,从而导致沥青路面过早破坏,或刚性路面损坏。在冰冻地区,这种水造成的危害更大。因此,必须用水稳定性好的材料做路面的基层和底基层。

就各种基层材料的水稳定性而言,水泥粒料的水稳定性最好,石灰粉煤灰粒料次之,细土含量多且塑性指数大的级配碎石和级配砾石的水稳定性最差;水泥处治粒料及石灰处治粒料土的水稳定性随其中细土含量的增加及其塑性指数增大而降低。

必须特别注意,在确定基层材料的强度时,必须考虑表面水不可避免地要进入基层的最不利情况。

用于冰冻地区,特别是重冰冻地区的路面基层材料还应该有足够的冰冻稳定性。在冰冻地区,在地下水位接近地表或路基两侧有长期积水的情况下,如果路基填土高度不大,在冬季土路基中会发生水分重分布,在$-3\sim0$ ℃温度下,长期滞留水的土层会形成严重的聚冰现象,土层会有很多冰晶体,甚至冰夹层,这层土常称作路基中的聚冰带。到春融期间该聚冰带化冻时,上层变得过分潮湿,使土基的强度急剧下降。如果在这种可能变得过分潮湿的土基上(例如含细土较多的粒料土、石灰土、水泥土等)直接铺筑与土基相接触的路面结构层的材料,将产生明显的毛细水作用。在这种材料层内也会发生水分重分布现象。如这些材料层又位于冰冻深度范围,在这些材料层内也可能发生聚冰带,到春融化冻期间,这些材料层强度也会明显下降,导致路面整体承载能力明显下降,甚至发生破坏。

在冰冻地区,当石灰土用在过分潮湿路段时,常发生路面破坏,就是因为石灰土的冰冻稳定性不好。因此,在冰冻地区的潮湿路段上,在路面的底基层或基层内有可能产生聚冰带时,应该采用冰冻稳定性好的材料。各种粒料、含土少的粒料土、结合料稳定粒料和稳定粒料土都是冰冻稳定性好的材料。在冰冻地区的潮湿路段上,当只能使用石灰土时,应采取隔水措施使冰冻期间水分不会明显进入石灰土层中。

特别注意,在重冰冻地区,即使在干燥路段上,石灰土和水泥土,特别是剂量不足或强度达不到要求的上层石灰土和水泥土,经过冬季的冰冻作用,其强度也会明显降低。

(三)具有足够的抗冲刷能力

随着交通量和汽车载重量的增加,对路面基层材料提出了新的抗冲刷的要求。

1. 冲刷唧浆现象

国内外的调查研究表明,基层材料的冲刷及由之而产生的唧浆现象是经常存在的。前面已经说明,表面水会通过多种途径进入沥青路面结构层内,同样会进入水泥混凝土路面结构层内。如果进入的水不能及时排出,而是停留在面层与基层的交界面上,就会使得基层局部潮湿甚至接近饱和。例如,从沥青面层的裂缝进入的自由水,往往使裂缝附近的基层材料过分潮湿,特别是面层裂缝下无机结合料稳定基层也开裂的情况下,基层裂缝中往往充满自由水,在行车荷载作用下,路面结构层内或基层材料中的自由水会产生相当大的水压力。这种有压力的水会冲刷基层材料中的细料。一次冲刷的量是很小的,在行车荷载作用下反复多次冲刷,就会积少成多,在裂缝中形成细料浆,细料浆被逐渐挤压挤出裂缝,形成沥青面层上裂缝处的唧浆现象。显然,路面结构层内自由水产生的水压力随行车荷载的增加而增加,同时冲刷量随行车反复作用的次数而增加。因此,在轻交通道路上不易发生的冲刷唧浆现象,在重交通道路上就容易发生。

行车荷载在路面结构层内引起的水压力是如此之大,它不但可以冲刷级配集料基层中的细料,而且可以冲刷石灰稳定基层材料中的细料。虽然水泥稳定基层材料的 7 d 龄期无侧限抗压强度超过 2 MPa,但只要原集料中含有较多的细料(特别是小于 0.075 mm 的颗粒),仍然会产生冲刷现象。

半刚性基层沥青路面的唧浆现象,多雨地区较为常见,在干旱地区也有发生。我国的高速公路沥青路面几乎全部采用水泥稳定级配集料或石灰粉煤灰稳定级配集料做基层,冲刷唧浆现象是一些高速公路沥青路面早期损坏的主要现象之一。无论是多雨地区,还是干旱地区都有,一般都在雨后发生。

水泥混凝土路面的混凝土面板下的基层同样会产生冲刷现象,早在 20 世纪 50 年代,美国等国家就有报道。20 世纪 70 年代以来,我国各省,特别是水泥混凝土路面较多的省份,如浙江、安徽、湖南、广东等都有类似情况,由于板在行车作用下的泵吸作用,在混凝土板的接缝处造成唧浆现象。由于唧浆使混凝土板的边、角脱空而造成边、角断裂。为了避免这种现象,改善水泥混凝土路面的使用性能和延长其使用寿命,现在普遍地采用水泥稳定碎石集料或水泥稳定砾石集料作为混凝土面的基层。在美国为了建设优质水泥混凝土路面,采用贫混凝土做基层,以避免基层产生冲刷和导致混凝土面板错台等损坏现象。安徽等省也有采用碾压混凝土或经济碾压混凝土做基层的;在一些机场、码头堆场也有采用贫混凝土做基层的。

2. 影响冲刷程度的因素

基层的冲刷程度与进入路面结构的水量大小有很大关系。进入的水愈多,冲刷程度愈大,冲刷程度还与基层材料本身有很大关系,对于未处治的级配集料来说,集料中小于 0.075 mm 的粉粒与黏粒愈多,冲刷愈严重。对于无机结合料处治基层材料,稳定细粒土(如石灰土、水泥土和石灰粉煤灰土)的冲刷最严重;稳定粒料土(中粒土或粗粒土)的冲刷程度随集料中 0.075 mm 以下的颗粒含量而变，细料含量愈多，冲刷愈严重。对于同一种稳定粒料土而言，其冲刷程度随水泥剂量增加而减少，水泥剂量在 4%~5%以上时，抗冲刷能力大幅度提高。

应该指出，无机结合料处治材料用作基层时的冲刷问题是多个因素综合作用的结果，因此它不是绝对的。对于稳定细粒土，例如石灰土，也并不是必然会产生冲刷和唧浆现象。石灰土组成设计合适、施工质量好、施工后经过夏季高温天气强度形成得好、强度得到充分发展、气候较干燥（雨量不大）以及交通量不大等有利因素综合在一起，即使是开裂严重的薄沥青面层，也不一定产生明显的唧浆现象，这在多条试验路段和生产路段上都能得到验证。

3. 提高基层抗冲刷性的措施

为了提高高等级道路上路面基层的抗冲刷性能，应采取以下措施：

（1）在采用水泥稳定粒料基层时，粒料的级配应依照基层施工规范中规定的级配碎石或级配砾石基层的集料级配范围而定，同时限制集料中小于 0.075 mm 的颗粒含量不超过 5%（有塑性指数）或 7%（无塑性指数）。

（2）在采用石灰粉煤灰粒料基层时，混合料中粒料的比例应是 80%~90%，同时粒料需具有良好的级配，且其中小于 0.075 mm 的颗粒含量应等于 0。

（3）在采用石灰稳定级配粒料土或石灰土稳定级配粒料时，混合料中粒料的比例应接近 85%。

（四）具有良好的抗裂性能

基层材料随着温度和湿度的变化，产生一定的拉应变，如果超过材料允许拉应变，基层就会开裂。基层的收缩开裂不仅破坏基层结构的整体性而降低其强度，并且这种裂缝很容易在面层上形成反射裂缝，因此基层的收缩量应越小越好。基层材料的收缩主要包括由于失水而产生的干燥收缩和因温度降低而产生的温度收缩两个方面。一般认为基层材料的两类收缩中以温度收缩较为重要，这是因为：

（1）在一般道路建筑条件下，路面开裂现象主要发生在低于-5 ℃的气温时，细的横向裂缝宽度在 0.2~2 mm。这种情况下致使路面结构层变形的主要原因是温度收缩。

（2）施工中若能认真地控制二灰碎石基层的水分散失，便能够减少甚至完全消除干缩裂缝的发生。基层一旦覆盖上面层之后，其水分散失变得困难。

（五）具有良好的抗疲劳性能

疲劳是在小于材料极限强度的应力反复作用下材料所产生的累积破坏。混合料在使用期间经受车轮荷载的反复作用，加之气温环境影响使其长期处于应力应变交叠变化状态，致使路面结构强度逐渐下降。当荷载重复作用超过一定次数后，在荷载作用下路面内产生的应力就会超过强度下降后的结构抗力，当混合料内的弯拉应力接近或达到抗弯拉强度值时，裂缝迅速发展并贯穿全截面，继而发生断裂。因此，在重交通道路、一级公路和高速公路上，要求混合料还应该具有较强的抗疲劳破坏能力。

（六）有足够的平整度

基层的平整度对薄沥青面层的平整度有十分重大的影响。薄沥青面层的平整度取决于基层的平整度。基层的平整度对较厚沥青混凝土面层平整度的影响虽不如对薄沥青面层的影响那么大,但基层的不平整会引起沥青混凝土面层厚薄不均,使沥青面层在使用过程中的平整度降低较快,并导致沥青混凝土面层产生一些薄弱面。它会成为路面使用期间产生温度收缩裂缝的起点。因此,基层的平整度对较厚沥青面层的使用性能也有很重要的影响。

(七)与面层结合良好

面层与基层之间的良好结合,对于沥青面层的使用质量是非常重要的;与不结合的情况比较,它可以减少面层底面由于行车荷载引起的拉应力和拉应变(一般情况下可减小50%以上有时甚至可减小到1/4),它还可以明显减小由温度变化引起的沥青面层内的拉应力和拉应变。基层与面层良好结合可以使薄沥青面层不产生滑动、推移等破坏。为此,基层表面应该稳定并且具有一定的粗糙度,表面还应该结构均匀、无松散颗粒。对于无机结合料处治基层,不应有局部松散不结合的情况。基层上的局部松散常是沥青面层发生碎裂破坏的根源。含有石灰土或石灰粉煤灰的稳定粒料基层表面,应使粒料颗粒外露,在喷洒透层或黏层沥青前,应将表面的浮尘及粒料颗粒表面的薄层石灰粉煤灰或石灰土扫除;级配碎(砾)石基层表面不能有薄层砂土;无机结合料处治基层的表层不应有薄层找补,薄层找补往往是薄沥青面层在使用过程中产生推移破坏的根源。

高等级公路上和其他等级公路上的石灰粉煤灰稳定级配集料基层和石灰土级配集料基层在竣工后表面往往有一面层石灰粉煤灰或石灰土覆盖。这种薄面细料通常与其下整体结合不好,即使在有透层沥青或下封层的情况下,它实际上也妨碍沥青面层与基层间的黏结。开放交通后,雨水一旦浸入,此薄层细料容易形成浆,导致产生了唧浆现象并使面层与基层脱开。

综上所述,为了发挥应起到的承重、扩散荷载应力和改善路基水温状况的作用,基层必须具有良好的力学性能、水稳定性能、耐久性能、抗冲刷性能及疲劳性能等。

工作任务二　认识无机结合料稳定类基层(底基层)

在粉碎的或原状松散的土中掺入一定量的无机结合料(包括水泥、石灰或工业废渣等)和水,经拌和得到的混合料在压实与养护后,其抗压强度符合规定要求的材料称为无机结合料稳定材料,以此修筑的路面称为无机结合料稳定路面。由于无机结合料稳定材料的刚度介于柔性路面材料和刚性路面材料之间,因此这种材料常被称为半刚性材料,以此修筑的基层或底基层亦称为半刚性基层(底基层)。

一、无机结合料稳定类基层(底基层)的特点

无机结合料稳定类基层(底基层)具有强度高、稳定性好、抗冻性能强、抗冲刷性好、结构本身自成板体等优点,还存在耐磨性差、易产生干缩和温缩裂缝等缺点。无机结合料稳定类基层(底基层)广泛用于修筑路面结构的基层和底基层,在我国已建成的高速公路和一级公路中,大多数路面采用了无机结合料稳定类基层和底基层。

二、无机结合料稳定类基层(底基层)的分类

土作为基层和底基层材料的骨架,粉碎的或原状松散的土按照土中单个颗粒(指碎石、砾石、砂和土颗粒)的粒径大小和组成,将土分成细粒土、中粒土和粗粒土。

细粒土:颗粒的最大粒径小于 10 mm,且其中小于 2 mm 的颗粒含量不少于 90%。

中粒土:颗粒的最大粒径小于 30 mm,且其中小于 20 mm 的颗粒含量不少于 85%。

粗粒土:颗粒的最大粒径小于 50 mm,且其中小于 40 mm 的颗粒含量不少于 85%。

水泥和石灰则属于材料的胶凝物质,由于胶凝的机理不同,水泥属于水硬性胶凝材料,而石灰属于气硬性胶凝材料,所以无机结合料稳定材料种类较多,其物理、力学性质各有特点。其基层与底基层主要分为水泥稳定类、石灰稳定类、综合稳定类和工业废渣稳定类四类。

(1)水泥稳定类材料:以水泥为结合料,通过加水与被稳定材料共同拌和形成的混合料,包括水泥稳定级配碎石、水泥稳定级配砾石、水泥稳定石屑、水泥稳定土、水泥稳定砂等。

(2)石灰稳定类材料:以石灰为结合料,通过加水与被稳定材料共同拌和形成的混合料,包括石灰碎石土、石灰土等。

(3)综合稳定类材料:以两种或两种以上材料为结合料,通过加水与被稳定材料共同拌和形成的混合料,包括水泥石灰稳定材料、水泥粉煤灰稳定材料、石灰粉煤灰稳定材料等。

(4)工业废渣稳定类材料:以石灰或水泥为结合料,以煤渣、钢渣、矿渣等工业废渣为主要被稳定材料,通过加水拌和形成的混合料。

使用时应根据结构要求、采用符合规范要求的原材料、施工配合比、施工工艺和质量标准与控制规定。在满足实际工程技术要求的前提下,应优先选用技术可靠、经济合理的当地材料,并注重节约用地,降低能源和材料消耗,保护环境。应积极稳妥地采用技术可靠、经济合理的新技术、新材料、新设备和新工艺。

三、无机结合料稳定材料的力学特性

无机结合料稳定材料的力学特性包括应力-应变关系、疲劳特性、收缩(温缩和干缩)特性。

(一)无机结合料稳定材料的应力-应变特性

无机结合料稳定路面的重要特点之一是强度和模量随龄期的增长而不断增长,逐渐具有一定的刚性性质。一般规定水泥稳定类材料设计龄期为 3 个月,石灰或石灰粉煤灰(简称二灰)稳定类材料设计龄期为 6 个月。

半刚性材料应力-应变特性试验方法有顶面法、粘贴法、夹具法和承载板法等。试件有圆柱体试件和梁式(分大梁、中梁、小梁)试件。试验内容有抗压强度、抗压回弹模量、劈裂强度和劈裂模量、抗弯拉强度和抗弯拉模量等。

由于材料的变异性和试验过程的不稳定性,同一种材料有不同的试验方法。同一种试验方法不同的材料及同一种试验方法不同龄期试验结果存在差异性。通过各种试验方

法的综合比较,认为抗压试验和劈裂试验较符合实际。表 2-2 给出了水泥稳定碎石抗压强度(R)、抗压回弹模量(E_p)、劈裂强度(σ_{sp})和劈裂模量(E_{sp})与龄期之间的关系。表 2-3 则为石灰粉煤灰稳定碎石的测试结果。

表 2-2　水泥稳定碎石的力学特性指标与龄期的关系　　单位:MPa

力学参数	龄期				
	28 d	90 d	180 d	28 d/180 d	90 d/180 d
R	4.49	5.57	6.33	0.71	0.88
E_p	2 093	3 097	3 872	0.54	0.80
σ_{sp}	0.413	0.634	0.813	0.51	0.78
E_{sp}	533	926	1 287	0.41	0.72

表 2-3　石灰粉煤灰稳定碎石的力学特性指标与龄期关系　　单位:MPa

力学参数	龄期				
	28 d	90 d	180 d	28 d/180 d	90 d/180 d
R	3.10	5.75	8.36	0.37	0.69
E_p	1 086	1 993	2 859	0.38	0.70
σ_{sp}	0.219	0.536	0.913	0.41	0.59
E_{sp}	359	950	1 720	0.37	0.56

无机结合料稳定材料的应力-应变特性与原材料的性质、结合料的性质和剂量及密实度、含水量、龄期、温度等有关。

(二)无机结合料稳定材料的疲劳特性

材料的抗压强度是材料组成设计的主要依据,由于无机结合料稳定材料的抗拉强度远小于其抗压强度,材料的抗拉强度是路面结构设计的控制指标。

抗拉强度试验方法有直接抗拉试验、间接抗拉试验和弯拉试验。常用的疲劳试验有弯拉疲劳试验和劈裂疲劳试验。

无机结合料稳定材料的疲劳寿命主要取决于重复应力与极限应力之比 $\frac{\sigma_f}{\sigma_s}$,原则上当 $\frac{\sigma_f}{\sigma_s}$ 小于 50%,无机结合料稳定材料可经受无限次重复加荷次数而无疲劳破裂,但是由于材料的变异性,实际试验时其疲劳寿命要小得多。

疲劳性能通常用 $\frac{\sigma_f}{\sigma_s}$ 与达到破坏时反复作用次数(N_f)所绘成的散点图来表示,如图 2-1 和图 2-2 所示。试验证明,$\frac{\sigma_f}{\sigma_s}$ 与 N_f 之间关系通常用双对数疲劳方程($\lg N_f = a + b\lg \sigma_f/\sigma_s$)及单对数疲劳方程($\lg N_f = a + b\sigma_f/\sigma_s$)来表示比较合理。

在一定的应力条件下，材料的疲劳寿命取决于材料的强度和刚度。强度愈大，刚度愈小，其疲劳寿命就愈长。

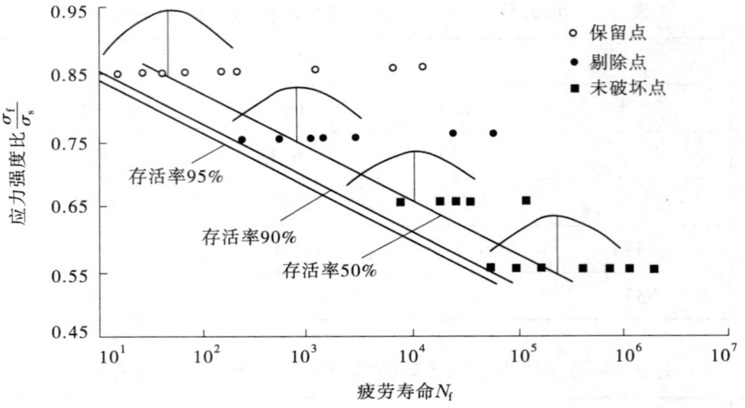

图 2-1 二灰砂砾(小梁)应力强度比与疲劳寿命关系曲线

由于材料的不均匀性，无机结合料稳定材料的疲劳方程还与材料试验的变异性有关。不同的存活率(到达疲劳寿命时出现破坏的概率)将得出不同的疲劳方程。

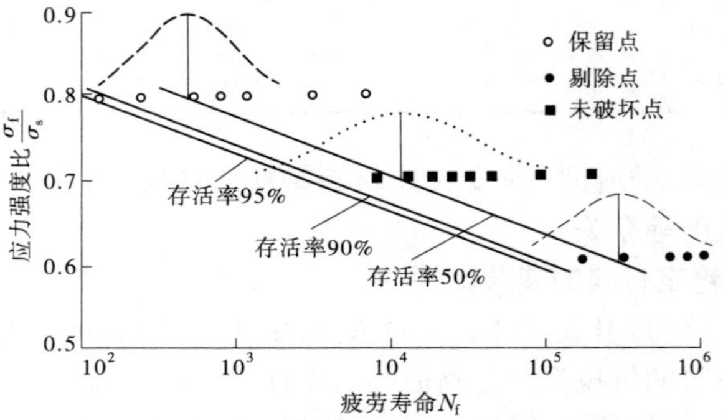

图 2-2 水泥砂砾(小梁)应力强度比与疲劳寿命关系曲线

(三)无机结合料稳定材料的干缩特性

无机结合料稳定材料经拌和压实后，由于水分挥发和混合料内部的水化作用，混合料的水分会不断减少。由此发生的毛细管作用、吸附作用、分子间力的作用、材料矿物晶体或凝胶体间层间水的作用和碳化收缩作用等会引起无机结合料稳定材料体积收缩。

描述材料干缩特性的指标主要有干缩应变、干缩系数、干缩量、失水量、失水率和平均干缩系数。

(1)干缩应变 ε_d 是水分损失引起的试件单位长度的收缩量($\times 10^{-6}$)。

(2)干缩系数是某失水量时，试件单位失水率的干缩应变($\times 10^{-6}$)。

(3)平均干缩系数 α_d 是某失水量时，试件的干缩应变与试件的失水率之比($\times 10^{-6}$)。

(4)失水量是试件失去水分的重量(g)。

(5)失水率是试件单位重量的失水量(%)。

(6)干缩量是水分损失时试件的收缩量(10^{-3} mm)。其中,ε_d 和 α_d 用下式表示:

$$\varepsilon_d = \frac{\Delta l}{l}$$

$$\alpha_d = \varepsilon_d / \Delta W \tag{2-1}$$

式中　Δl ——含水量损失 ΔW 时,试件的整体收缩量;

l ——试件的长度。

无机结合料稳定材料的干缩特性(最大干缩应变和平均干缩系数)的大小与结合料的类型、剂量、被稳定材料的类别、粒料含量、小于 0.5 mm 的细颗粒的含量、试件含水量和龄期等有关。

例如二灰(石灰+粉煤灰):碎石=15:85(重量比)与二灰(石灰+粉煤灰):碎石=20:80 时,7 d 龄期的最大干缩应变分别为 273×10^{-6}、233×10^{-6},而平均干缩系数分别为 65×10^{-6}、55×10^{-5}。

对于稳定粒料类,三类半刚性材料的干缩特性的大小次序为:石灰稳定类>水泥稳定类>石灰粉煤灰稳定类。

对于稳定细粒土,三类半刚性材料的收缩性的大小排列为:石灰土>水泥土和水泥石灰土>石灰粉煤灰土。

(四)半刚性材料的温度收缩特性

半刚性材料是由固相(组成其空间骨架的原材料的颗粒和其间的胶结物)、液相(存在于固相表面与空隙中的水和水溶液)和气相(存在于空隙中的气体)组成。所以,半刚性材料的外观胀缩性是三相的不同温度收缩性的综合效应的结果。一般气相大部分与大气贯通,在综合效应中影响较小,可以忽略;原材料中砂粒以上颗粒的温度收缩系数较小,粉粒以下的颗粒温度收缩系数较大。

半刚性材料温度收缩的大小与结合料类型和剂量、被稳定材料的类别、粒料含量、龄期等有关。试验结果表明:石灰土砂砾(16.7×10^{-6})>悬浮式石灰粉煤灰粒料(15.3×10^{-6})>密实式石灰粉煤灰粒料(11.4×10^{-6})和水泥砂砾(5%～7%水泥剂量为 10×10^{-6}～15×10^{-6})。

半刚性基层一般在高温季节修建,成型初期基层内部含水量大,且尚未被沥青面层封闭,基层内部的水分必然要蒸发,从而发生由表及里的干燥收缩,同时环境温度也存在昼夜温度差。因此,修建初期的半刚性基层同时受到干燥收缩和温度收缩的综合作用,必须注意养生保护,但此时以干燥收缩为主。

经过一定龄期的养护,半刚性基层上铺筑沥青面层后,基层内相对湿度略有增大,使材料的含水量由回升趋于平衡,这时半刚性基层的变形以温度收缩为主。

工作任务三　选用基层(底基层)材料

一、水泥及添加剂

水泥是水硬性结合料,绝大多数的土类(高塑性黏土和有机质较多的土除外)都可以用水泥来稳定，改善其物理力学性质，适应各种不同的气候条件与水文地质条件。水泥稳定类基层具有良好的整体性、足够的力学强度、抗水性和耐冻性。其初期强度较高，且随龄期增长而增长，所以应用范围很广。

（一）水泥

普通硅酸盐水泥、矿渣硅酸盐水泥和火山灰质硅酸盐水泥均可用于稳定土，但不应使用快硬水泥、早强水泥以及已受潮变质的水泥；宜采用强度等级 32.5 或 42.5 的水泥；应选用初凝时间大于 3 h 和终凝时间大于 6 h 且小于 10 h 的水泥；并要求施工的延迟时间应小于水泥的初凝时间。

1. 水泥品种和强度等级

水泥的种类决定了水泥的矿物成分，直接影响混合料的强度。普通硅酸盐水泥均可用于路面基层（底基层）混合料的稳定。一般情况下，水泥的强度等级也不易过高，因为高强度等级水泥的凝结时间比较短，不利于混合料的施工和强度形成；同时也是为了避免在达到强度要求的前提下，因水泥强度等级高而导致水泥用量减少，降低了混合料的浆集比和致密性。因此，一般选择强度等级为 32.5 或 42.5 的水泥用于路面基层（底基层）混合料的稳定。

2. 水泥的初凝和终凝时间

《公路水泥混凝土路面施工技术细则》（JTG/T F30—2014）规定：所用水泥的初凝时间应大于 3 h，终凝时间应大于 6 h 且小于 10 h。凝结时间是水泥从加水开始到水泥浆失去可塑性的时间。凝结时间分为初凝时间和终凝时间。初凝时间是从水泥加水到水泥浆开始失去塑性的时间；终凝时间是从水泥加水到水泥浆完全失去塑性的时间。水泥的凝结时间对水泥稳定碎石基层的施工具有重要的意义。初凝和终凝时间太短，将影响水泥稳定碎石拌和料的运输、摊铺和碾压，并将最终影响水泥稳定碎石基层强度的形成。终凝时间太长，则影响工程的施工进度。从加水拌和到碾压终了的延迟时间对水泥稳定碎石混合料的强度和其所能达到的干密度有明显的影响。延迟时间愈长，混合料强度和干密度的损失愈大，如图 2-3 所示。国外通常规定延迟时间为 2 h，考虑到我国公路施工中采用路拌法的实际情况，为了能合适地确定延迟时间，需要在施工前做延迟时间对混合料强度影响的试验，并通过试验确定应该控制的延迟时间。

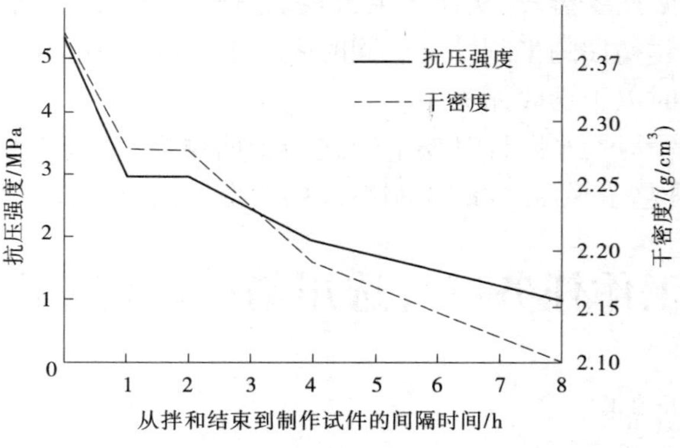

图 2-3　延迟时间对水泥砂砾的强度和干密度的影响

水泥从水加入后就开始水化反应,如果施工的延迟时间过长,大于水泥的初凝时间,碾压时,就会破坏已形成的水泥胶体,额外耗费压实功,影响压实度,而且已形成的水泥胶结体被破坏后就再不能发挥其胶凝作用,结果造成强度损失。从现场施工的具体情况可以看出,只要使用正确的施工方法和施工程序,水泥稳定土的延迟时间一般都能控制在 3 h 的初凝时间之内,如个别地方还不能做厂拌与机铺,则建议使用缓凝水泥或掺加缓凝剂。

3. 水泥的剂量

水泥稳定类材料的强度随水泥剂量的增加而增长,所以不存在最佳剂量。但过多的水泥用量,虽获得强度的增加,经济上却不一定合理,又因为水泥稳定类基层容易开裂,影响公路路面整体的路用性能,所以水泥剂量不宜过大。试验和研究证明,水泥剂量为 3%~6%较为合理。

(二)添加剂

水泥稳定材料中掺加缓凝剂或早强剂时,应对混合料进行试验验证。缓凝剂和早强剂的技术要求应符合《公路水泥混凝土路面施工技术细则》(JTG/T F30—2014)的规定。

二、石灰

(一)影响石灰活性的主要因素

1. 有效氧化钙和氧化镁含量

石灰中有效氧化钙和氧化镁的含量对二灰类材料的强度有明显的影响,有效钙、镁含量越高,其活性就越高。有效钙含量小于 20%时,二灰混合料的强度就会明显下降。所以,应该严格监控生石灰粉的生产质量,保证出厂的生石灰粉的有效含量。严格对生石灰粉的化验制度,进场生石灰粉的有效钙加氧化镁含量应符合表 2-4 的要求。

表 2-4　生石灰技术要求

指标	钙质生石灰			镁质生石灰		
	Ⅰ	Ⅱ	Ⅲ	Ⅰ	Ⅱ	Ⅲ
有效氧化钙加氧化镁含量/%	≥85	≥80	≥70	≥80	≥75	≥65
未消化残渣含量/%	≤7	≤11	≤17	≤10	≤14	≤20
钙镁石灰的分类界限,氧化镁含量/%	≤5			>5		

2. 石灰粉细度

颗粒越细,能与粉煤灰反应的表面积就越大,其活性就越高。石灰粉细度应符合表 2-5 的要求。

表 2-5　消石灰技术要求

指标		钙质消石灰			镁质消石灰		
		Ⅰ	Ⅱ	Ⅲ	Ⅰ	Ⅱ	Ⅲ
有效氧化钙加氧化镁含量/%		≥65	≥60	≥55	≥60	≥55	≥50
含水率/%		≤4	≤4	≤4	≤4	≤4	≤4
细度	0.60 mm 方孔筛的筛余/%	0	≤1	≤1	0	≤1	≤1
	0.15 mm 方孔筛的筛余/%	≤13	≤20	—	≤13	≤20	—
钙镁石灰的分类界限,氧化镁含量/%		≤4			>4		

3. 石灰的消解程度

石灰消解:①生石灰消解时每吨用水0.7 t左右;②将水管插入生石灰底部,从下往上消解,水管采用钢管,头部封死,管壁钻孔(5 mm)间距10 cm,梅花形布置;③生石灰消解后用机械翻捣一遍,进行闷料,充分消解后过筛;④石灰消解≥7 d。消解得越充分,粉状颗粒就越多,其活性就越高;当使用消石灰粉时,生石灰应在使用前7~10 d消解(指钙石灰)。由于镁石灰不容易消解,在使用镁石灰时,一定要延长消解时间(以提前10~15 d为宜)。消解后的石灰应过筛(筛孔一般为5 mm,用钢筋焊制),以剔除石头和未充分消解的石灰块。石灰有结团现象时须用振动筛过筛。石灰消解应大于48 h。

4. 消石灰粉的含水量

石灰应加水充分消解,用水应均匀。加水速度应当缓慢,陆续加入,以润湿为主,不可用大水浸泡,也要防止结团和消解不充分的现象。同时消石灰应保持一定的湿度,使其成为粉状,但其含水量不能超过25%,由于粉状颗粒中含有较多水分时,容易絮凝成团,影响石灰活性的发挥。因此,当施工现场按体积铺料时,应做消石灰的密度随含水量变化的试验,绘出曲线,供施工时查对,以减少剂量误差。

5. 石灰的存放时间

石灰粉的存放时间和存放方式影响其有效含量的变化(见图2-4),这是由于其在空气中存放时,空气中的二氧化碳会与石灰中的$Ca(OH)_2$发生反应,使石灰的活性降低,所以存放时间越长,其活性就越低。因此,合格的石灰应妥善保管,并采取覆盖封存措施。对不能立即进入工地的生石灰粉存放时,最好加盖塑料布或塑料薄膜,并尽量缩短其存放时间,而且使用前应重新化验其有效含量,不合格的生石灰粉禁止使用。当存放不当或存放时间过长而导致质量变化时,可以在满足混合料强度要求的前提下,提高石灰剂量后再使用。

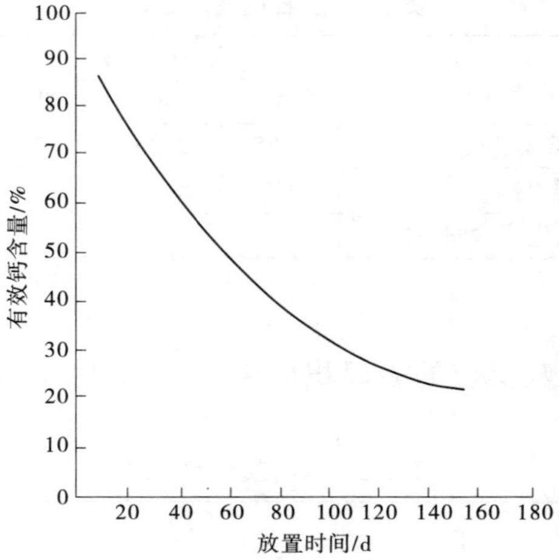

图2-4 存放时间对水泥有效钙含量的影响

6. 消石灰的筛余量

石灰中的残渣包括未消化的生石灰及欠火石灰颗粒。生石灰中常含有或多或少的欠火石灰和过火石灰。欠火石灰不能全部消解,降低石灰的利用率。过火石灰的颜色变深,表面常被黏土杂质融化形成的玻璃釉状物质所包裹,消解很慢。在石灰已经硬化后,过火石灰的颗粒才会渐渐消解、体积膨胀,会引起做好的基层隆起和开裂。因此,应对消石灰的筛余量进行控制,石灰在使用前必须过筛(10 mm)并尽快使用。高等级公路大于 25 mm 的颗粒应小于 40%,具体应符合《公路工程质量检验评定标准 第一册 土建工程》(JTG F80/1—2017)的要求。

(二)石灰的使用要求

高速公路和一级公路用石灰应不低于Ⅱ级技术要求,二级公路用石灰应不低于Ⅲ级技术要求,二级以下公路用石灰宜不低于Ⅲ级技术要求。高速公路和一级公路的基层,宜采用磨细消石灰,二级以下公路使用等外石灰时,有效氧化钙含量应在 20%以上,且混合料强度应满足要求。

三、粉煤灰等工业废渣

(一)工业废渣

随着工业的发展,工业废渣逐渐增多,怎样综合利用工业废渣引起了国内外重视。近年来,我国利用工业废渣铺筑路面基层,取得显著成效,不但提高了路面使用品质,而且降低了工程造价,“变废为宝”,具有很大的经济意义。公路上常用的工业废渣有:火力发电厂的粉煤灰和煤渣,钢铁厂的高炉渣和钢渣,化肥厂的电石渣,以及煤矿的煤矸石等。粉煤灰和煤渣中含有较多的二氧化硅、氧化钙或氧化铝等活性物质。煤矸石、煤渣、高炉矿渣、钢渣及其他冶金矿渣等工业废渣可用于修筑基层或底基层,使用前应崩解稳定,且宜通过不同龄期条件下的强度和模量试验以及温度收缩和干湿收缩试验等评价混合料性能。

水泥稳定煤矸石不宜用于高速公路及一级公路,工业废渣类作为集料使用时,公称最大粒径应不大于 31.5 mm,颗粒组成宜有一定级配,且不宜含杂质。

(二)粉煤灰

干排或湿排的硅铝粉煤灰和高钙粉煤灰等均可用作基层或底基层的结合料。

1. 影响粉煤灰活性的主要因素

粉煤灰是热电厂排出的废渣,通过调研发现目前工地上大多采用湿排灰。粉煤灰本身并无胶凝性,但是它在石灰中 $Ca(OH)_2$ 的作用下,能够产生胶凝性,所以它是一种具有潜在活性的材料,其活性对二灰级配集料基层强度有较大的影响。它的活性主要取决于以下因素。

1)活性氧化物的含量

通常用 $SiO_2+Al_2O_3+Fe_2O_3$ 的总含量表示,其值越大,活性越高,抗压强度也越高。我国规定粉煤灰中氧化物的总含量要大于 70%。

2)颗粒粗细程度

粉煤灰颗粒的粗细直接影响与石灰混合后反应生成物的数量,从而影响混合料的强度。粉煤灰的颗粒越细,比表面积越大,其活性越高。我国规定粉煤灰的比表面积宜大于 2 500 cm^2/g、90%通过 0.3 mm 筛孔和 70%通过 0.075 mm 筛孔。

3）含水量

在露天中的粉煤灰堆，为了防止干灰在空气中飞扬，往往向干灰堆浇水。在某些情况下，粉煤灰被排放在池中，会有很多水，需用时从池中回收。一般认为干粉煤灰和湿粉煤灰都可应用。但由于粉煤灰中含水量太大时，容易产生黏结性并絮凝成团，这样其活性会降低，因此我国《公路路面基层施工技术细则》（JTG/T F20—2015）和国外都规定湿粉煤灰的含水量不宜超过35%。

4）存放时间

由于存放过程中粉煤灰中的 SiO_2、Al_2O_3、Fe_2O_3 会与 CaO 反应，同时吸收空气中的 CO_2 产生碳化作用使活性氧化物的含量减少，所以存放时间越长，其活性就越低。就这一点而言，低钙粉煤灰（CaO 含量小于 5%）的影响比高钙粉煤灰要小。

5）含碳量（在 800~900 ℃温度下能烧失的量）

由于粉煤灰中的含碳量过多会影响其活性，所以美国一些州的运输部规定最大烧失量不超过 10%，也有一些州不作规定。在我国规定烧失量不应超过 20%，这是因为有些地区粉煤灰中的含碳量高达 18%以上，在与石灰一起稳定集料和土时，仍能达到规定的强度要求。

2. 粉煤灰的使用要求

粉煤灰技术要求应符合表 2-6 的规定。

表 2-6　粉煤灰技术要求

检测项目	技术要求
SiO_2、Al_2O_3 和 Fe_2O_3 总含量/%	>70
烧失量/%	≤20
比表面积/（cm^3/g）	>2 500
0.3 mm 筛孔通过率/%	≥90
0.075 mm 筛孔通过率/%	≥70
湿粉煤灰含水率/%	≤35

绝大多数粉煤灰的主要成分是二氧化硅（SiO_2）和三氧化二铝（Al_2O_3），其总含量常超过 70%，氧化钙（CaO）含量一般在 2%~6%，这种粉煤灰可称作硅铝粉煤灰。个别地方的粉煤灰含有 10%~40%的氧化钙，这种粉煤灰可称作高钙粉煤灰。

各等级公路的底基层和二级及二级以下公路的基层使用的粉煤灰，通过率指标不满足表 2-6 要求时，应进行混合料强度试验，达到规范相关要求的强度指标时，方可使用。

四、水

符合《生活饮用水卫生标准》(GB 5749—2022)的饮用水可直接作为基层、底基层材料拌和与养生用水。

拌和使用的非饮用水应进行水质检测,技术要求应符合表2-7的规定;养生用水可不检验不溶物含量,其他指标应符合表2-7的规定。

表2-7　非饮用水技术要求

项次	项目	技术要求
1	pH值	≥4.5
2	Cl^-含量/(mg/L)	≤3 500
3	SO_4^{2-}含量/(mg/L)	≤2 700
4	碱含量/(mg/L)	≤1 500
5	可溶物含量/(mg/L)	≤10 000
6	不可溶物含量/(mg/L)	≤5 000
7	其他杂质	不应有漂浮的油脂和泡沫及明显的颜色和异味

五、粗集料

用作被稳定材料的粗集料宜采用各种硬质岩石或砾石加工成的碎石,也可直接采用天然砾石。

(一)集料的最大粒径

无机结合料稳定类材料用于高速公路、一级公路基层时,粗集料最大粒径不宜大于31.5 mm;用于高速公路和一级公路底基层或二级及二级以下公路基层时,公称最大粒径不宜大于37.5 mm;用于二级及二级以下公路底基层时,公称最大粒径不宜大于53.0 mm。级配碎石或砾石用作基层时,高速公路和一级公路公称最大粒径应不大于26.5 mm,二级及二级以下公路公称最大粒径应不大于31.5 mm;用作底基层时,公称最大粒径应不大于37.5 mm。

(二)集料的压碎值

水泥稳定土中碎石或砾石的压碎值应符合表2-8的要求。

(三)集料含泥量和针叶片状颗粒含量的要求

调查发现碎石集料中含有较多杂质,常含有泥土和泥块,或由于质量控制不严,导致集料中的含泥量和风化岩含量大大增加,级配变化较大。

(四)小于0.075 mm颗粒的含量

碎石中0.075 mm以下颗粒的含量对水泥稳定混合料的弯拉强度、抗压强度和弹性模量有明显的影响。通常是0.075 mm以下颗粒的含量越多,水泥稳定混合料的强度和弹性模量就越小。因此,施工现场对于集料的级配控制一定要把好关,严格限制粉料(粒径小于0.075 mm)的含量。

粗集料应符合表2-8中Ⅰ类规定,用作级配碎石的粗集料应符合表2-8中Ⅱ类的规定。

表 2-8　粗集料技术要求

指标	层位	高速公路和一级公路				二级及二级以下公路	
		极重、特重交通		重、中、轻交通			
		Ⅰ类	Ⅱ类	Ⅰ类	Ⅱ类	Ⅰ类	Ⅱ类
压碎值/%	基层	≤22[1]	≤22	≤26	≤26	≤35	≤30
	底基层	≤30	≤26	≤30	≤26	≤40	≤35
针片状颗粒含量/%	基层	≤18	≤18	≤22	≤18	—	≤20
	底基层	—	≤20	—	≤20	—	≤20
0.075 mm 以下粉尘含量/%	基层	≤1.2	≤1.2	≤2	≤2	—	—
	底基层	—	—	—	—	—	—
软石含量/%	基层	≤3	≤3	≤5	≤5	—	—
	底基层	—	—	—	—	—	—

注：[1]对花岗岩石料，压碎值可放宽至25%。

一般来说，花岗岩的压碎值比较大，玄武岩类和石灰岩类压碎值比较小。如若采用石灰岩类的压碎值指标要求花岗岩，在一些地区将难以找到合适的建筑材料，不利于广泛就地取材；相反，如采用花岗岩类的压碎值指标要求石灰岩，则放宽了对原材料的技术要求，不利于工程的质量控制。因此，对高速公路和一级公路极重、特重交通荷载等级下的用于被稳定材料的粗集料压碎值提出两个标准。

（五）集料级配

基层、底基层的粗集料规格要求宜符合表 2-9 的规定。

表 2-9　基层、底基层的粗集料级配范围

规格名称	工程粒径/mm	通过下列筛孔（mm）的质量百分率/%									公称粒径/mm
		53	37.5	31.5	26.5	19.0	13.2	9.5	4.75	2.36	
G1	20~40	100	90~100	—	—	0~10	0~5	—	—	—	19~37.5
G2	20~30	—	100	90~100	—	0~10	0~5	—	—	—	19~31.5
G3	20~25	—	—	100	90~100	0~10	0~5	—	—	—	19~26.5
G4	15~25	—	—	100	90~100	—	0~10	0~5	—	—	13.2~26.5
G5	15~20	—	—	—	100	90~100	0~10	0~5	—	—	13.2~19
G6	10~30	—	100	90~100	—	—	—	0~10	0~5	—	9.5~31.5
G7	10~25	—	—	100	90~100	—	—	0~10	0~5	—	9.5~26.5
G8	10~20	—	—	—	100	90~100	—	0~10	0~5	—	9.5~19
G9	10~15	—	—	—	—	100	90~100	0~10	0~5	—	9.5~13.2
G10	5~15	—	—	—	—	100	90~100	40~70	0~10	0~5	4.75~13.2
G11	5~10	—	—	—	—	—	100	90~100	0~10	0~5	4.75~9.5

高速公路和一级公路极重、特重交通荷载等级基层的 4.75 mm 以上粗集料应采用单一粒径的规格料。作为高速公路、一级公路底基层和二级及二级以下公路基层、底基层被稳定材料的天然砾石材料宜满足表 2-8 的要求，并应级配稳定、塑性指数不大于 9。应选择适当的碎石加工工艺，用于破碎的原石粒径应为破碎后碎石公称最大粒径的 3 倍以上。

高速公路基层用碎石,应采用反击破碎的加工工艺。碎石加工中,根据筛网放置的倾斜角度和工程经验,应选择合理的筛孔尺寸。粒径尺寸与筛孔尺寸对应关系宜符合表 2-10 的规定。根据破碎方式和石质的不同,可适当调整筛孔尺寸,调整范围宜为 1~2 mm。

表 2-10 粒径尺寸与筛孔尺寸对应表

单位:mm

粒径尺寸	4.75	9.5	13.2	16	19	26.5	31.5	37.5
筛孔尺寸	5.5	11	15	18	22	31	36	43

用作级配碎石或砾石的粗集料应采用具有一定级配的硬质石料,且不应含有黏土块、有机物等。

六、细集料

细集料应洁净、干燥、无风化、无杂质,并有适当的颗粒级配。高速公路和一级公路用细集料技术要求应符合表 2-11 的规定。

表 2-11 细集料技术要求

项目	水泥稳定[1]	石灰稳定	石灰粉煤灰综合稳定	水泥粉煤灰综合稳定
颗粒分析	满足级配要求			
塑性指数[2]	≤17	适宜范围 15~20	适宜范围 12~20	—
有机质含量/%	<2	≤10	≤10	<2
硫酸盐含量/%	≤0.25	≤0.8	—	≤0.25

注:[1]水泥稳定包含水泥石灰综合稳定。

[2]应测定 0.075 mm 以下材料的塑性指数。

细集料规格要求应符合表 2-12 的规定。

表 2-12 细集料规格要求

规格名称	工程粒径/mm	通过下列筛孔(mm)的质量百分率/%								公称粒径/mm
		9.5	4.75	2.36	1.18	0.6	0.3	0.15	0.075	
XG1	3~5	100	90~100	0~15	0~5	—	—	—	—	2.36~4.75
XG2	0~3	—	100	90~100	—	—	—	—	0~15	0~2.36
XG3	0~5	100	90~100	—	—	—	—	—	0~20	0~4.75

表 2-12 中,控制细集料 0.075 mm 的通过率主要是为了控制生产混合料中 0.075 mm 以下的颗粒含量。对 0~3 mm 和 0~5 mm 的细集料应分别严格控制大于 2.36 mm 和 4.75 mm 的颗粒含量。对 3~5 mm 的细集料应严格控制小于 2.36 mm 的颗粒含量。高速公路和一级公路,细集料中小于 0.075 mm 的颗粒含量应不大于 15%;二级及二级以下公路,细集料中小于 0.075 mm 的颗粒含量应不大于 20%。

级配碎石或砾石中的细集料可使用细筛余料,或专门轧制的细碎石集料。天然砾石或粗砂作为细集料时,其颗粒尺寸应满足工程需要,且级配稳定,超尺寸颗粒含量超过本细则或实际工程的规定时应筛除。

七、材料的分档与掺配

材料分档应符合表2-13的规定。

表2-13 材料分档要求

层位	高速公路和一级公路		二级及二级以下公路
	极重、特重交通	重、中、轻交通	
基层	≥5	≥4	≥3或4[1]
底基层	≥4	≥3或4[1]	≥3

注：[1]对一般工程可选择不少于3档备料，对极重、特重交通荷载等级且强度要求较高时，为了保证级配的稳定，宜选择不少于4档备料。

公称最大粒径为19 mm、26.5 mm和31.5 mm的无机结合料稳定碎石或砾石的备料规格宜符合表2-14的规定。

表2-14 不同粒径混合料的备料规格

公称最大粒径/mm	类型	一档	二档	三档	四档	五档	六档
19	三档备料	XG3	G11	G8	—	—	—
	四档备料Ⅰ	XG2	XG1	G11	G8	—	—
	四档备料Ⅱ	XG3	G11	G9	G5	—	—
	四档备料Ⅲ[1]	XG3 (1)	XG3(2)	G11	G8	—	—
	五档备料Ⅰ	XG2	XG1	G11	G9	G5	—
	五档备料Ⅱ[1]	XG3(1)	XG3(2)	G11	G9	G5	—
26.5	四档备料	XG3	G11	G8	G3	—	—
	五档备料Ⅰ	XG3	XG11	G9	G5	—	—
	五档备料Ⅱ	XG2	XG1	G11	G8	G3	—
	五档备料Ⅲ[1]	XG3(1)	XG3(2)	G11	G8	G3	—
	六档备料Ⅰ	XG2	XG1	G11	G9	G5	G3
	六档备料Ⅱ[1]	XG3(1)	XG3(2)	G11	G9	G5	G3
31.5	四档备料	XG3	G11	G8	G2	—	—
	五档备料Ⅰ	XG3	G11	G9	G5	G2	—
	五档备料Ⅱ	XG3	G11	G9	G4	G2	—
	五档备料Ⅲ[1]	XG3(1)	XG3(2)	G11	G8	G2	—
	六档备料Ⅰ	XG2	XG1	G11	G9	G5	G2
	六档备料Ⅱ[1]	XG3(1)	XG3(2)	G11	G9	G5	G2

注：[1]表中XG3(1)和XG3(2)为两种不同级配规律的0~5 mm的细集料。

用于二级及二级以上公路的基层和底基层的级配碎石或砾石，应由不少于4种规格的材料掺配而成。天然材料用于高速公路和一级公路的基层时应筛分成表2-9中规定的规格，并按表2-14中的备料规格掺配。天然材料的规格不满足设计级配的要求时，可掺配一定比例的碎石或砾石。级配碎石或砾石类材料中宜掺加石屑、粗砂等材料。级配碎石或砾石细集料的塑性指数应不大于12。不满足要求时，可加石灰、无塑性的砂或石屑掺配处理。

工作任务四　基层(底基层)材料组成设计

混合料组成设计应按设计要求,选择技术经济合理的混合料类型和配合比。应根据公路等级、交通荷载等级、结构形式、材料类型等因素确定材料技术。

一、无机结合料稳定类材料组成设计

无机结合料稳定类材料组成设计应包括原材料检验、混合料的目标配合比设计、混合料的生产配合比设计和施工参数确定四部分。无机结合料稳定材料组成设计流程如图2-5所示。

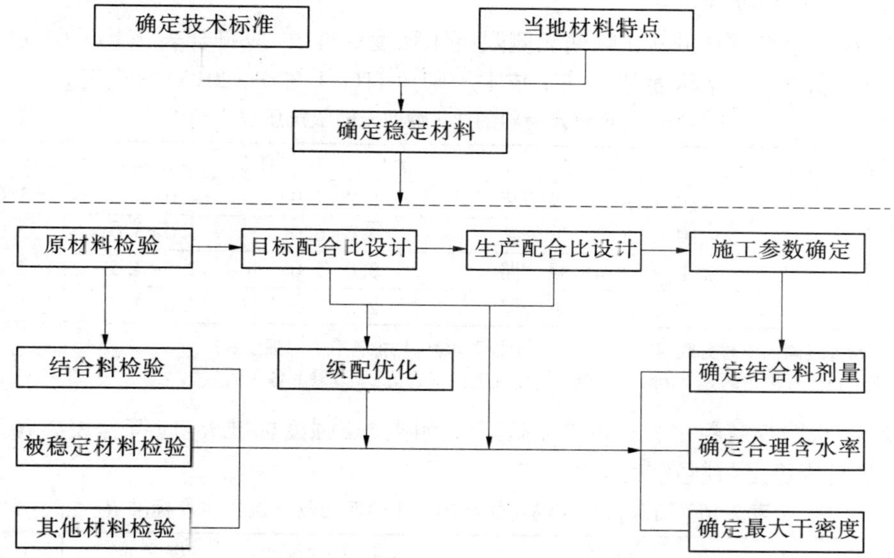

图2-5　无机结合料稳定材料组成设计流程图

(一)一般规定

(1)原材料检验应包括结合料、被稳定材料及其他相关材料的试验。所有检测指标均应满足相关设计标准或技术文件的要求。

(2)目标配合比设计应包括下列技术内容:①选择级配范围;②确定结合料类型及掺配比例;③验证混合料相关的设计及施工技术指标。

(3)生产配合比设计应包括下列技术内容:①确定料仓供料比例;②确定水泥稳定材料的容许延迟时间;③确定结合料剂量的标定曲线;④确定混合料的最佳含水率、最大干密度。

(4)施工参数确定应包括下列技术内容:①确定施工中结合料的剂量;②确定施工合理含水率及最大干密度;③验证混合料强度技术指标。

(5)确定无机结合料稳定材料最大干密度指标时宜采用重型击实方法,也可采用振动压实方法。

(6)应根据当地材料的特点和混合料设计要求,通过配合比设计选择最优的工程级配。

(7)用于基层的无机结合料稳定材料,强度满足要求时,尚宜检验其抗冲刷和抗裂性能。

(8)在施工过程中,材料品质或规格发生变化、结合料品种发生变化时,应重新进行材料组成设计。

(二)强度要求

无机结合料稳定材料应满足《公路路面基层施工技术细则》(JTG/T F20—2015)规定的强度要求,应采用7 d龄期无侧限抗压强度作为无机结合料稳定材料施工质量控制的主要指标。高速公路和一级公路应验证所用材料的7 d龄期无侧限抗压强度与90 d或180 d龄期弯拉强度的关系。

(1)水泥稳定材料的7 d龄期无侧限抗压强度标准 R_d 应符合表2-16的规定,其他稳定材料强度详见《公路路面基层施工技术细则》(JTG/T F20—2015)的规定。

表2-15 水泥稳定材料的7 d龄期无侧限抗压强度标准 R_d 单位:MPa

结构层	公路等级	极重、特重交通	重交通	中、轻交通
基层	高速公路和一级公路	5.0~7.0	4.0~6.0	3.0~5.0
	二级及二级以下公路	4.0~6.0	3.0~5.0	2.0~4.0
底基层	高速公路和一级公路	3.0~5.0	2.5~4.5	2.0~4.0
	二级及二级以下公路	2.5~4.5	2.0~4.0	1.0~3.0

注:1. 公路等级高或交通荷载等级高或结构安全性要求高时,推荐取上限强度标准。
2. 表中强度标准指的是7 d龄期无侧限抗压强度的代表值,本节以下各表同。

(2)石灰粉煤灰稳定材料的7 d龄期无侧限抗压强度标准 R_d 应符合表2-16的规定,其他工业废渣稳定材料宜参照此标准。

表2-16 石灰粉煤灰稳定材料的7 d龄期无侧限抗压强度标准 R_d 单位:MPa

结构层	公路等级	极重、特重交通	重交通	中、轻交通
基层	高速公路和一级公路	≥1.1	≥1.0	≥0.9
	二级及二级以下公路	≥0.9	≥0.8	≥0.7
底基层	高速公路和一级公路	≥0.8	≥0.7	≥0.6
	二级及二级以下公路	≥0.7	≥0.6	≥0.5

注:石灰粉煤灰稳定材料强度不满足表2-16的要求时,可外加混合料质量1%~2%的水泥。

(3)水泥粉煤灰稳定材料的7 d龄期无侧限抗压强度标准 R_d 应符合表2-17的规定,其他稳定材料强度详见《公路路面基层施工技术细则》(JTG/T F20—2015)的规定。

表2-17 水泥粉煤灰稳定材料的7 d龄期无侧限抗压强度标准 R_d 单位:MPa

结构层	公路等级	极重、特重交通	重交通	中、轻交通
基层	高速公路和一级公路	4.0~5.0	3.5~4.5	3.0~4.0
	二级及二级以下公路	3.5~4.5	3.0~4.0	2.5~3.5
底基层	高速公路和一级公路	2.5~3.5	2.0~3.0	1.5~2.5
	二级及二级以下公路	2.0~3.0	1.5~2.5	1.0~2.0

(4)石灰稳定材料的 7 d 龄期无侧限抗压强度标准 R_d 应符合表 2-18 的规定,其他工业废渣稳定材料宜参照此标准执行。

表 2-18 石灰稳定材料的 7 d 龄期无侧限抗压强度标准 R_d 单位:MPa

结构层	高速公路和一级公路	二级及二级以下公路
基层	—	≥0.8[1]
底基层	≥0.8	0.5~0.7[2]

注:[1]在低塑性材料(塑性指数小于 7)地区,石灰稳定砾石土和碎石土的 7 d 期龄无侧限抗压强度应大于 0.5 MPa(100 g 平衡锥测液限)。

[2]低限用于塑性指数小于 7 的黏性土,且低限值宜仅用于二级以下公路。高限用于塑性指数大于 7 的黏性土。

石灰强度达不到表 2-18 规定的抗压强度标准时,可添加部分水泥,或改用另一种土。塑性指数过小的土,不宜用石灰稳定,宜改用水泥稳定。

水泥稳定类材料强度要求较高时,宜采取控制原材料技术指标和优化级配设计等措施,不宜单纯通过增加水泥剂量来提高材料强度。

影响无机结合料稳定材料强度的因素较多,不仅仅是水泥剂量的多少。试验表明,对相同级配、相同水泥品种和剂量,采用反击破碎的碎石和一般破碎的碎石,两种混合料的强度可能会相差 20%~30%。

石灰稳定砾石土或碎石土材料可仅对其中公称最大粒径小于 4.75 mm 的石灰土进行 7 d 龄期无侧限抗压强度验证,且无侧限抗压强度应不小于 0.8 MPa。

(三)强度试验及计算

强度试验时,应按现场压实度标准采用静压法成型试件。

强度试验试件的径高比应为 1:1。无机结合料稳定细粒材料的试件直径应为 100 mm,无机结合料稳定中、粗粒材料的试件直径应为 150 mm。

强度试验时,平行试验的最少试件数量应符合表 2-19 的规定。试验结果的变异系数大于表中规定值时,应重做试验或增加试件数量。

表 2-19 平行试验的最少试件数量

材料类型	变异系数要求		
	<10%	10%~15%	15%~20%
细粒材料[1]	6	9	—
中粒材料[2]	6	9	13
粗粒材料[3]	—	9	13

注:[1]公称最大粒径小于 16 mm 的材料。

[2]公称最大粒径不小于 16 mm,且小于 26.5 mm 的材料。

[3]公称最大粒径不小于 26.5 mm 的材料。

表 2-19 中的最少试件数量是采用容许误差 10%和 90%概率得出的。

(1)试件在规定温度下保湿养生 6 d,浸水 24 h 后,按《公路工程无机结合料稳定材料试验规程》(JTG E51—2009)进行无侧限抗压强度试验。

(2)计算试验结果的平均值和偏差系数。

(3)根据稳定类材料的强度标准,选定混合料的配合比。在此配合比下试件室内试验结果的平均抗压强度 $\overline{R}$ 应符合式(2-2)的要求:

$$\overline{R} \geqslant R_d/(1 - Z_\alpha C_v) \tag{2-2}$$

式中 R_d——设计抗压强度；

C_v——试验结果的偏差系数(以小数计)；

Z_α——标准正态分布表中随保证率(或置信度 α)而变的系数,高速公路和一级公路应取保证率 95%,即 $Z_\alpha=1.645$,其他公路应取保证率 90%,即 $Z_\alpha=1.282$。

强度数据处理时,宜按 3 倍标准差的标准剔除异常数值,且同一组试验样本异常值剔除应不多于 2 个。

强度代表值 R_d^0 应不小于强度标准 R_d,见式(2-3)。当 $R_d^0<R_d$ 时,应重新进行配合比试验。

$$R_d^0 > R_d \tag{2-3}$$

(四)无机结合料的计算和比例

水泥稳定材料的水泥剂量应以水泥质量占全部干燥被稳定材料质量的百分率表示;石灰稳定材料的石灰剂量应以石灰质量占全部干燥被稳定材料质量的百分率表示;石灰工业废渣混合料应采用质量配合比计算,以石灰:工业废渣:被稳定材料的质量比表示。

石灰粉煤灰稳定材料和石灰煤渣稳定材料比例可采用表 2-20 中的推荐值。

表 2-20 石灰粉煤灰稳定材料和石灰煤渣稳定材料推荐比例

材料类型	材料名称	使用层位	结合料间比例	结合料与被稳定材料间比例
石灰粉煤灰	硅铝粉煤灰的石灰粉煤灰类[1]	基层或底基层	石灰:粉煤灰=1:2~1:9	—
	石灰粉煤灰土	基层或底基层	石灰:粉煤灰=1:2~1:4[2]	石灰粉煤灰:细粒材料=30:70[3]~10:90
	石灰粉煤灰稳定级配碎石或砾石	基层	石灰:粉煤灰=1:2~1:4	石灰粉煤灰:被稳定材料=20:80~15:85[4]
石灰煤渣	石灰煤渣稳定材料	基层或底基层	石灰:煤渣=20:80~15:85	—
	石灰煤渣土	基层或底基层	石灰:煤渣=1:1~1:4	石灰煤渣:细粒材料=1:1~1:4[5]
	石灰煤渣稳定材料	基层或底基层	石灰:煤渣:被稳定材料=(7~9):(26~33):(67~58)	

注:[1]CaO 含量为 2%~6%的硅铝粉煤灰。

[2]粉土以 1:2为宜。

[3]采用此比例时,石灰与粉煤灰之比宜为 1:2~1:3。

[4]石灰粉煤灰与粒料之比为 15:85~20:80 时,在混合料中,粒料形成骨架,石灰粉煤灰起填充孔隙和胶结作用。这种混合料称骨架密实式石灰粉煤灰粒料。

[5]混合料中石灰应不少于 10%,可通过试验选取强度较高的配合比。

水泥粉煤灰稳定材料应采用质量配合比计算,以水泥:粉煤灰:被稳定材料的质量比表示。水泥粉煤灰稳定材料和水泥煤渣稳定材料比例可采用表 2-21 中的推荐值。

表 2-21 水泥粉煤灰稳定材料和水泥煤渣稳定材料推荐比例

材料类型	材料名称	使用层位	结合料间比例	结合料与被稳定材料间比例
石灰粉煤灰	硅铝粉煤灰的水泥粉煤灰类[1]	基层或底基层	水泥:粉煤灰=1:3~1:9	—
	水泥粉煤灰土	基层或底基层	水泥:粉煤灰=1:3~1:5	水泥粉煤灰:细粒材料=30:70[2]~10:90
	水泥粉煤灰稳定级配碎石或砾石	基层	水泥:粉煤灰=1:3~1:5	水泥粉煤灰:被稳定材料=20:80~15:85[3]
水泥煤渣	水泥煤渣稳定材料	基层或底基层	水泥:煤渣=5:95~15:85	—
	水泥煤渣土	基层或底基层	水泥:煤渣=1:2~1:5	水泥煤渣:细粒材料=1:2~1:5[4]
	水泥煤渣稳定材料	基层或底基层	水泥:煤渣:被稳定材料=(3~5):(26~33):(71~62)	

注:[1]CaO 含量为 2%~6%的硅铝粉煤灰。

[2]采用此比例时,水泥与粉煤灰之比宜为 1:2~1:3。

[3]水泥粉煤灰与粒料之比为 15:85~20:80 时,在混合料中,粒料形成骨架,水泥粉煤灰起填充孔隙和胶结作用。

[4]混合料中水泥应不少于 4%,可通过试验选取强度较高的配合比。

水泥、石灰综合稳定时,水泥用量占结合料总量不小于 30%时,应按水泥稳定材料的技术要求进行组成设计,水泥和石灰的比例宜取 60:40、50:50 或 40:60。水泥用量占结合料总量小于 30%时,应按石灰稳定材料设计。

二、级配碎石基层(底基层)配合比设计

用于不同公路等级、交通荷载等级和结构层位的级配碎石,CBR 强度标准应满足表 2-22 的要求。CBR 称作加州承载比,是评定土基及路面材料承载能力的指标。简单来说,以标准碎石的承载能力为标准,试验材料承载力除以标准承载力,得到的百分数(单位是%,比如说试验材料的承载力是标准材料的 1.2 倍,那它的 CBR 值便是 120)。不同公路等级、交通荷载等级和结构层位的级配碎石的 CBR 值要求不同,具体见表 2-22。

表 2-22 级配碎石材料的 CBR 强度标准

结构层	公路等级	极重、特重交通	重交通	中、轻交通
基层	高速公路和一级公路	≥200	≥180	≥160
	二级及二级以下公路	≥160	≥140	≥120
底基层	高速公路与一级公路	≥120	≥100	≥80
	二级及二级以下公路	≥100	≥80	≥60

应以实际工程使用的材料为对象,根据《公路路面基层施工技术细则》(JTG/T F20—2015)推荐的级配范围和以往工程经验或按该细则附录 A 的方法,构造 3~4 条试验级配

曲线,通过配合比试验,优化级配。混合料配合比应采用重型击实或振动成型试验方法,确定最佳含水率和最大干密度。应按试验确定的级配和最佳含水率,以及现场施工的压实标准成型标准试件,进行 CBR 强度试验和模量试验。应选择 CBR 强度最高的级配作为工程使用的目标级配,并确定相应的最佳含水率。选定目标级配曲线后,应针对各档材料进行筛分,确定各档材料的平均筛分曲线以及相应的变异系数,并按 2 倍标准差计算各档材料筛分级配的波动范围。应按下列步骤合成目标级配曲线并验证性能:

(1)按确定的目标级配,根据各档材料的平均筛分曲线,确定其使用比例,得到混合料的合成级配。

(2)根据合成级配进行混合料的 CBR 强度试验或模量试验,验证混合料性能。

应根据已确定的各档材料使用比例和各档材料级配的波动范围,计算实际生产中混合料的级配波动范围;并应针对这个波动范围的上、下限验证性能。应根据目标配合比确定的各档材料比例,调试和标定拌和设备,确保生产出的混合料满足目标级配的要求。拌和设备的调试和标定应包括料斗称量精度的标定、设备加水量的控制等内容,并应符合下列规定:

(1)按各档材料的比例关系,设定相应的称量装置,调整拌和设备各个料仓的进料速度。

(2)按设定好的施工参数进行第一阶段试生产,验证生产级配。不满足要求时,应进一步调整施工参数。

应在第一阶段试生产试验的基础上进行第二阶段试验。按不同含水率试拌混合料,并取样、试验。试验应符合下列规定:

(1)通过混合料中实际含水率的测定,确定施工过程中水流量计的设定范围。

(2)通过击实试验,确定含水率变化对混合料最大干密度的影响。

(3)通过 CBR 强度试验,确定材料的实际强度水平和拌和工艺的变异水平。

混合料生产含水率应依据配合比设计结果确定,可根据施工因素和气候条件增加 0.5~1.5 个百分点。

课后复习题

1. 为了具有良好的使用性能,作为路面的基层,一般都应具备哪些基本要求?
2. 水泥稳定类基层如何进行水泥的选择?
3. 水泥稳定类基层如何进行集料的选择?
4. 影响粉煤灰活性的主要因素有哪些?
5. 简述影响石灰活性的主要因素有哪些?

情境三　基层(底基层)施工

学习目标

【知识目标】

了解路面基层和底基层施工。

【能力目标】

学生能够组织路面基层;能编写路面基层和底基层的施工方案。

【职业素养】

根据党的二十大精神要求学生能在学习路面施工的过程中培养独立思考、钻研探索的兴趣,在平时学习实践中培养团体协作意识和劳动纪律,以不断获取成就感、满足感和兴奋感,并引发对后续课程的学习热情和渴望。

工作任务一　基层(底基层)施工前的准备

一、准备下承层

在基层与底基层施工前,应该检查下承层,确认其表面平整、坚实,且具有规定的路拱,下承层的平整度和压实度也应符合规范相关规定。

当下承层为路基时,宜用12~15 t三轮压路机或等效的碾压机械碾压3~4遍,并应符合下列规定:

(1)在碾压过程中,发现表层松散时,宜适当洒水。

(2)发现“弹簧”现象时,宜采用挖开晾晒、换土、掺石灰或水泥等措施处理。

当下承层为粒料底基层时,应检测弯沉值。不符合设计要求时,应根据具体情况,采取措施,使之达到规范规定的标准。下承层为原路面时,应检查其材料是否符合底基层材料的技术要求;不符合要求时,应翻松原路面并采取必要的处理措施。底基层或原路面上存在低洼和坑洞时,应填补及压实;对搓板和辙槽应刮除;对松散应耙松洒水并重新碾压,达到平整密实。

在槽式断面的路段,宜在两侧路肩上每隔5~10 m交错开挖泄水沟。应在底基层或原路面或路基上恢复中线,直线段应每15~20 m设一桩,平曲线段应每10~15 m设一桩,并应在两侧路肩边缘外设指示桩。在两侧指示桩上应用明显标记标出稳定材料层边缘的设计高程。使用原路面或路基上部材料备料时，应符合下列规定：

（1）清除原路面上或路基表面的石块等杂物。

（2）每隔 10~20 m 挖一小洞，使洞底高程与预定的无机结合料稳定材料层的底面高程相同，并在洞底做一标记，控制翻松及粉碎的深度。

（3）用犁、松土机或装有强固齿的平地机或推土机将原路面或路基的上部翻松到预定的深度，土块应粉碎到符合要求。

（4）用犁将土向路中心翻松，使预定处治层的边部呈一个垂直面。用专用机械粉碎黏性土。无专用机械时，也可用旋转耕作机、圆盘耙等设备粉碎塑性指数不大的土。

新完成的底基层或路基，应按相关标准的规定验收，验收合格后方可铺筑上层稳定材料层。

二、备料

使用料场的材料备料时，应符合下列规定：

（1）采集材料前，应将树木、草皮和杂土清除干净。

（2）应筛除材料中的超尺寸颗粒。

（3）应在预定的深度范围内采集材料，不宜分层采集，不应将不合格的材料与合格的材料一起采集。

（4）对塑性指数大于 12 的黏性土，可视土质和机械性能确定是否需要过筛。

应按下列方法计算现场拌和时的工程数量：

（1）根据各路段无机结合料稳定材料层的宽度、厚度及预定的干密度，计算各路段需要的干燥材料的数量。

（2）根据料场材料的含水率和所用运料车辆的吨位，计算每车料的堆放距离。

（3）根据无机结合料稳定材料层的厚度和预定的干密度及水泥剂量，计算每平方米无机结合料的用量，并确定摆放的纵横间距。

堆料前应用两轮压路机碾压 1~2 遍，整平表面，并在预定堆料的路段上洒水，使其表面湿润，但不宜过分潮湿。

三、铺筑试验段

在底基层和基层正式开工之前，应铺筑试验段，通过铺筑无结合料的集料基层试验段，确定以下主要项目：

码 3-1　半刚性基层摊铺基准设置

（1）用于施工的集料配合比例。

（2）材料的松铺系数。

（3）确定标准施工方法：①集料数量的控制；②集料摊铺方法和适用机具；③合适的拌和机械、拌和方法、拌和深度和拌和遍数；④集料含水量的增加和控制方法；⑤整平和整形的合适机具和方法；⑥压实机械的选择和组合，压实的顺序、速度和遍数；⑦拌和、运输、摊铺和碾压机械的协调和配合；⑧密实度的检查方法，初定每一作业段的最小检查数量。

（4）确定每一作业段的合适长度。

(5)确定一次铺筑的合适厚度。

通过铺筑水泥稳定土、石灰稳定土和石灰工业废渣稳定土基层试验段,还应确定控制结合料数量和拌和均匀性的方法

对于水泥稳定土基层,还包括通过严密组织拌和、洒水、整形、碾压等工序,缩短延迟时间,规定允许的拌和时间。

工作任务二　路面无机结合料稳定类基层(底基层)施工

一、无机结合料稳定类基层(底基层)分类及适用范围

(一)分类

半刚性基层、底基层应具有足够的强度和稳定性、较小的收缩(温缩及干缩)变形和较强的抗冲刷能力,在中冰冻、重冰冻区应检验半刚性基层、底基层的抗冰冻性。

码 3-2　半刚性基层施工

(1)水泥稳定土:包括水泥稳定级配碎石、未筛分碎石、砂砾、碎石土、砂砾土、煤矸石、各种粒状矿渣等。

(2)石灰稳定土:包括石灰稳定级配碎石、未筛分碎石、砂砾、碎石土、砂砾土、煤矸石、各种粒状矿渣等。

(3)石灰工业废渣稳定土:可分为石灰粉煤灰类与石灰其他废渣类两大类。除粉煤灰外,可利用的工业废渣包括煤渣、高炉矿渣、钢渣(已经过崩解达到稳定)及其他冶金矿渣、煤矸石等。

(二)适用范围

(1)水泥稳定集料类、石灰粉煤灰稳定集料类材料适用于各级公路的基层、底基层。冰冻地区、多雨潮湿地区,石灰粉煤灰稳定集料类材料宜用于高速公路、一级公路的下基层或底基层。石灰稳定类材料宜用于各级公路底基层以及三级、四级公路的基层。

(2)高速公路、一级公路的基层或上基层宜选用骨架密实型混合料。二级及二级以下公路的基层和各级公路底基层可采用悬浮密实型骨架混合料。均匀密实型混合料适用于高速公路、一级公路的底基层,二级及二级以下公路的基层。骨架空隙型混合料具有较高的空隙率,适用于需要考虑路面内部排水要求的基层。

二、无机结合料稳定类基层(底基层)混合料生产、摊铺及碾压

(一)一般规定

根据公路等级的不同,宜按表 3-1 选择基层、底基层材料施工工艺措施。对于边角部位施工,混合料拌和方式应与主线相同,可采用推土机摊铺、平地机整平的人工方式摊铺,并与主线同步碾压成型。稳定材料层宽 11~12 m 时,每一流水作业段长度以 500 m 为宜;稳定材料层宽大于 12 m 时,作业段宜相应缩短。

码 3-3　路面基层、底基层、垫层施工程序

表 3-1 施工工艺选择

材料类型	公路等级	结构层位	拌和工艺		摊铺工艺	
			推荐	可选择	推荐	可选择
无机结合料稳定中、粗粒材料	二级及二级以上	基层	集中厂拌	—	摊铺机摊铺	—
无机结合料稳定细粒材料	二级及二级以上	底基层	集中厂拌	—	摊铺机摊铺	摊土机摊铺,平地机整平
水泥稳定材料	二级以下	基层和底基层	集中厂拌	—	摊铺机摊铺	—
其他各种无机结合料稳定材料	二级以下	基层和底基层	集中厂拌	人工路拌	摊铺机摊铺	摊土机摊铺,平地机整平
级配碎石	二级及二级以上	基层和底基层	集中厂拌	—	摊铺机摊铺	—
级配碎石	二级以下	基层和底基层	集中厂拌	人工路拌	摊铺机摊铺	摊土机摊铺,平地机整平

1. 确定每日施工作业段长度

宜综合考虑下列因素,合理确定每日施工作业段长度:

(1)施工机械和运输车辆的生产效率和数量。

(2)施工人员数量及操作熟练程度。

(3)施工季节和气候条件。

(4)水泥的初凝时间和延迟时间。

(5)减少施工接缝的数量。

对水泥稳定材料或水泥粉煤灰稳定材料,宜在 2 h 之内完成碾压成型,应取混合料的初凝时间与容许延迟时间较短的时间作为施工控制时间(容许延迟时间是指在满足强度标准的前提下,水泥稳定材料拌和后至碾压成型之前所容许的最大时间间隔)。石灰稳定材料或石灰粉煤灰稳定材料层宜在当天碾压完成,最长不应超过 4 d。

无机结合料稳定材料在过分潮湿路段上施工时应采取措施,降低潮湿程度、消除积水。过分潮湿路段指路段湿度水平超过所用无机结合料稳定材料所适应的湿度水平的上限。

2. 施工的气候环境

无机结合料稳定材料结构层施工应选择适宜的气候环境,针对当地气候变化制订相应的处置预案,并应符合下列规定:

(1)宜在气温较高的季节组织施工。无机结合料稳定材料施工期的日最低气温应在 5 ℃以上,在有冰冻的地区,应在第一次重冰冻到来的 15~30 d 之前完成施工。

(2)宜避免在雨季施工,且不应在雨天施工。

3. 确定压实标准

应将室内重型击实试验法确定的干密度作为压实度评价的标准密度。无机结合料稳定材料的基层压实标准应符合表3-2的规定。

表3-2　无机结合料稳定材料的基层材料压实标准　　%

公路等级		水泥稳定材料	石灰粉煤灰稳定材料	水泥粉煤灰稳定材料	石灰稳定材料
高速公路和一级公路		≥98	≥98	≥98	—
二级及二级以下公路	稳定中、粗粒材料	≥97	≥97	≥97	≥97
	稳定细粒材料	≥95	≥95	≥95	≥95

无机结合料稳定材料的底基层压实标准应符合表3-3的规定。对级配碎石材料,基层压实度应不小于99%,底基层压实度应不小于97%。高速公路和一级公路在极重、特重交通荷载等级下,基层和底基层的压实标准可提高1~2个百分点。

表3-3　无机结合料稳定材料的底基层压实标准　　%

公路等级		水泥稳定材料	石灰粉煤灰稳定材料	水泥粉煤灰稳定材料	石灰稳定材料
高速公路和一级公路	稳定中、粗粒材料	≥97	≥97	≥97	≥97
	稳定细粒材料	≥95	≥95	≥95	≥95
二级和二级以下公路	稳定中、粗粒材料	≥95	≥95	≥95	≥95
	稳定细粒材料	≥93	≥93	≥93	≥93

(二)混合料集中厂拌与运输

混合料的拌和能力与混合料摊铺能力应相匹配。拌和厂应安置在地势相对较高的位置,并做好排水设施。拌和厂场地应平整并具有足够的承载能力。高速公路和一级公路的拌和厂场地应采用混凝土硬化,混凝土强度等级应不低于C15,厚度应不小于200 mm。

工程所需的原材料严禁混杂,应分档隔仓堆放,并有明显的标志。细集料、水泥、石灰、粉煤灰等原材料应有覆盖。对高速公路和一级公路,应放置于专门搭建的防雨棚内或库房内。

对高速公路和一级公路,应采用专用稳定材料拌和设备拌制混合料。稳定细粒材料集中拌和时,土块应粉碎,最大尺寸应不大于15 mm。无机结合料稳定中、粗粒材料的拌和生产设备应满足下列要求:

(1)对高速公路和一级公路,混合料拌和设备的产量宜大于500 t/h。

(2)拌和设备的料仓数目应与规定的备料档数相匹配,宜较规定的备料档数增加1个。

(3)各个料仓之间的挡板高度应不小于1 m。

(4)高速公路的基层施工时,每个料斗与料仓下面应安装称量精度达到±0.5%的电子秤。

装水泥的料仓应密闭、干燥，同时内部应装有破拱装置。对高速公路，水泥料仓应配备计重装置，不宜通过电机转速计量水泥的添加量。气温高于 30 ℃时，水泥进入拌缸温度宜不高于 50 ℃；高于 50 ℃时应采取降温措施。气温低于 15 ℃时，水泥进入拌缸温度应不低于 10 ℃。加水量的计量应采用流量计的方式。对高速公路和一级公路，水的流量数值应在中央控制室的控制面板上显示。

在正式拌制混合料之前，应先调试所用的设备，使混合料的级配组成和含水率都达到配合比设计的规定要求。原材料的颗粒组成发生变化时，应重新调试设备。在稳定中、粗粒材料生产过程中，应按配合比设计确定的材料规格及数量拌和。高速公路基层的混合料拌和时，宜采用两次拌和的生产工艺，也可采用间歇式拌和生产工艺，拌和时间应不少于 15 s。在拌和过程中，应实时监测各个料仓的生产计量，对高速公路和一级公路，应每 10 min 打印各档料仓的使用量。某档材料的实际掺加量与设计要求值相差超过 10%时，应立即停机检查原因，正常后方可继续生产。料仓包括结合料的料仓和加水仓。

天气炎热或运距较远时，无机结合料稳定材料拌和时宜适当增加含水率。对稳定中、粗粒材料，混合料的含水率可高于最佳含水率 0.5~1 个百分点；对稳定细粒材料，含水率可高于最佳含水率 1~2 个百分点。对高速公路和一级公路，应从拌和厂取料，每隔 2 h 测定一次含水率，每隔 4 h 测定一次结合料的剂量，并做好记录。应根据工程量的大小和运距的长短，配备足够数量的混合料运输车。混合料运输车装料前应清理干净车厢，不得存有杂物。混合料运输车装好料后，应用篷布将厢体覆盖严密，直到摊铺机前准备卸料时方可打开。对高速公路和一级公路，水泥稳定材料从装车到运输至现场，时间宜不超过 1 h，超过 2 h 时应作为废料处置。对无机结合料稳定中、粗粒材料，在装料过程中应采取措施以减小混合料的离析。

（三）混合料人工拌和

混合料人工拌和工艺应包括现场准备、布料拌和等流程，如图 3-1 所示。

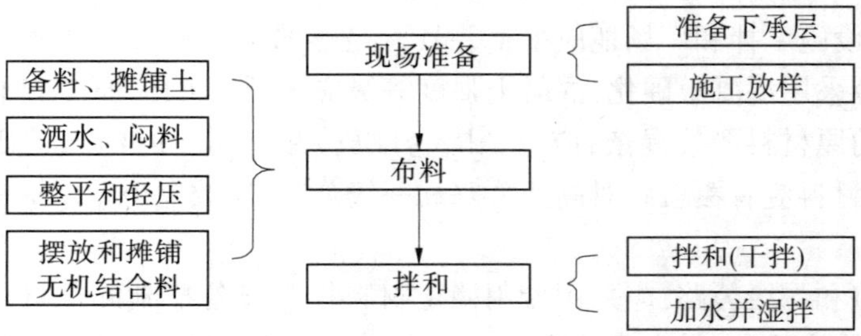

图 3-1　混合料人工拌和工艺流程图

材料装车时，应控制每车料的质量基本相等。在同一料场供料的路段内，宜由远到近将料按规定计算距离置于下承层表面的中间或两侧，应严格掌握卸料距离。材料在下承层上的堆置时间不宜过长。材料运送宜比摊铺工序提前 1~2 d。

路肩用料与稳定材料层用料不同时，应先将两侧路肩配好。路肩料层的压实厚度应与稳定材料层的压实厚度相同。在两侧路肩上，宜每隔 5~10 m 交错开挖临时泄水沟。

(1)石灰稳定材料除应满足上面的规定外,还应符合下列规定:

①分层采集材料时,应将不同层位材料混合装车运送到现场。

②对塑性指数小于15的黏性土,可视土质和机械性能确定是否需要过筛。

③石灰应选择临近水源、地势较高且宽敞的场地集中覆盖封存堆放。

④生石灰块应在使用前7~10 d充分消解,消解后的石灰应保持一定的湿度,不得产生扬尘,也不可过湿成团。

⑤消石灰宜过9.5 mm筛,并尽快使用。

⑥材料组成设计与现场实际施工的时间间隔长时,应重新做材料组成设计。

⑦被稳定材料宜先摊平并用两轮压路机碾压1~2遍,再人工摊铺石灰。

⑧按计算的每车石灰的纵横间距,在被稳定材料层上做标记,并画出边线。

⑨用刮板将石灰均匀摊开,表面应没有空白位置。

⑩应量测石灰的松铺厚度,校核石灰用量。

(2)石灰粉煤灰稳定材料除应满足上面的规定外,还应符合下列规定:

①粉煤灰在场地集中堆放时,应覆盖,避免雨淋。在堆放过程中粉煤灰凝结成块时,使用前应打碎。

②运到现场的粉煤灰应含有足够的水分,在干燥和多风季节,应采取措施保持表面湿润。

③采用石灰粉煤灰时,应先将粉煤灰运到现场。

④每种材料摊铺均匀后,宜先用两轮压路机碾1~2遍,再运送并摊铺下一种材料。

(3)水泥稳定材料应符合下列规定:

①被稳定材料应在摊铺水泥的前一天摊铺,雨季施工期间,预计第二天有雨时,不宜提前摊铺材料。

②摊铺长度应按日进度的需要量控制。

③摊铺材料过程中,应将土块、超尺寸颗粒及其他杂物拣除。土中有较多土块时,应粉碎。

④按计算的每袋水泥摆放的纵横间距,在被稳定材料层上做标记,并将当日施工用水泥卸在做标记的地点,并检查有无遗漏和多余。用刮板将水泥均匀摊开,路段表面应没有空白位置,也没有水泥过分集中的区域,每袋水泥的摊铺面积应相等。

混合料松铺系数可采用表3-4中的推荐值,也可通过试验确定。

(4)施工中还应检验松铺土层的厚度,其厚度应满足预定的要求,人工摊铺的土层整平后,应采用两轮压路机碾压1~2遍,使其表面平整,并有一定的压实度。已整平材料含水率过小时,应在土层上洒水闷料,且应符合下列规定:

①洒水应均匀。

②严禁洒水车在洒水段内停留和掉头。

③若采用高效率的路拌机械,闷料时宜一次将水洒够。

④采用普通路拌机械,闷料时所洒水量宜较最佳含水率低2~3个百分点。

⑤细粒材料应经一夜闷料,中粒和粗粒材料可视其中细粒材料的含量,缩短闷料时间。

⑥对综合稳定材料,应先将石灰和土拌和后一起闷料。

⑦对水泥稳定材料,应在摊铺水泥前闷料。

表 3-4　混合料松铺系数推荐值

混合料类型	材料名称	松铺系数	说明
水泥稳定材料	中、粗粒材料	1.30~1.35	—
	细粒材料	1.53~1.58	现场人工摊铺土和水泥,机械拌和,人工整平
石灰稳定材料	石灰土	1.53~1.58	现场人工摊铺土和石灰,机械拌和,人工整平
		1.65~1.70	路外集中拌和,运到现场人工摊铺
	石灰土砾石	1.52~1.56	路外集中拌和,运到现场人工摊铺
石灰粉煤灰稳定材料	细粒材料	1.5~1.7	—
	中、粗粒材料	1.3~1.5	—
	石灰煤渣土	1.6~1.8	人工铺筑
	石灰煤渣稳定材料	1.3~1.5	—
		1.2~1.3	用机械拌和及机械整形
级配碎石		1.4~1.5	人工摊铺混合料
		1.25~1.35	平地机摊铺混合料

(5)级配碎石或砾石施工应符合下列规定:

①用平地机或其他合适的机具将材料均匀地摊铺在预定的宽度上,表面应平整,并具有规定的路拱。

②采用不同粒级的碎石和石屑时,宜将大粒径碎石铺在下层,中粒径碎石铺在中层,小粒径碎石铺在上层,洒水使碎石湿润后,再摊铺石屑。

③对未筛分碎石,摊铺平整后,应在其较潮湿的情况下,将石屑卸置其上,用平地机并辅以人工将石屑均匀摊铺在碎石层上。

④检查材料层的松铺厚度,必要时,应进行减料或补料工作。

⑤同时摊铺路肩用料。

(6)严禁在拌和层底部留有素土夹层,并应符合下列规定:

①采用专用稳定材料拌和设备拌和时,设专人随时检查拌和深度,并配合拌和设备操作员调整拌和深度。

②拌和深度应达稳定层底并宜侵入下承层不小于 5~10 mm。

(7)二级以下公路在没有专用拌和设备时,可用农用旋转耕作机与多铧犁或平地机相配合拌和,拌和时间不可过长。

(8)对石灰稳定材料,在拌和时应符合下列规定:

①对石灰稳定碎石或砾石,先将石灰和需添加的黏性土拌和均匀,然后均匀地摊铺在碎石或砾石层上,再一起拌和。

②对石灰稳定塑性指数大的黏土,宜先加 70%~100%预定剂量的石灰拌和,闷放 1~

2 d,再补足需用的石灰,进行第二次拌和。

(9)对石灰粉煤灰稳定中、粗粒材料,应先将石灰和粉煤灰拌和均匀,然后均匀地摊铺在材料层上,再一起拌和。拌和过程结束时,应及时检测含水率,含水率宜略大于最佳值。含水率不足时,宜用喷管式洒水车补充洒水。洒水车不应在正拌和以及当天计划拌和的路段上掉头和停留。洒水后,应及时再次拌和。混合料拌和均匀后应色泽一致,没有灰条、灰团和花面,以及无明显粗细集料离析现象。

(10)对二级以下公路的级配碎石,可采用平地机或多铧犁与缺口圆盘耙相配合拌和,应符合下列规定:

①用稳定材料拌和设备时,应拌和 2 遍以上,拌和深度应直到级配碎石层底。

②用平地机拌和时,宜翻拌 5~6 遍,使石屑均匀分布于碎石料中。平地机拌和的作业长度,每段宜为 300~500 m。

③用缺口圆盘耙与多铧犁相配合拌和级配碎石时,多铧犁在前面翻拌,圆盘耙紧跟在后面拌和,共翻耙 4~6 遍,应随时检查调整翻耙的深度。

④拌和结束时,混合料的含水率和均匀性应符合要求。

使用在料场已拌和均匀的级配碎石或砾石混合料,摊铺后有粗细颗粒离析现象时,应用平地机补充拌和。

(四)摊铺机摊铺与碾压

(1)混合料摊铺应保证足够的厚度,碾压成型后每层的摊铺厚度宜不小于 160 mm,最大厚度宜不大于 200 mm,具有足够的摊铺能力和压实功率时,可增加碾压厚度,具体的摊铺厚度应根据试验结果确定。大厚度的摊铺施工时,应增加相应的拌和能力。应在下承层施工质量检测合格后,开始摊铺上面结构层。采用两层连续摊铺时,下层质量出现问题时,上层应同时处理。

(2)下承层是稳定细粒材料时,宜先将下承层顶面拉毛或采用凸块式压路机碾压,再摊铺上层混合料;下承层是稳定中、粗粒材料时,应先将下承层清理干净,并洒铺水泥净浆,再摊铺上层混合料。应采用摊铺功率不低于 120 kW 的沥青混凝土摊铺机或稳定材料摊铺机摊铺混合料。采用 2 台摊铺机并排摊铺时,2 台摊铺机的型号及磨损程度宜相同。在施工期间,2 台摊铺机的前后间距宜不大于 10 m,且 2 个施工段面纵向应有 300~400 mm 的重叠。

(3)对无法使用机械摊铺的超宽路段,应采用人工同步摊铺、修整,并同时碾压成型。摊铺机前宜增设橡胶挡板,橡胶挡板底部距下承层距离宜不大于 100 mm。

(4)对高速公路和一级公路,在摊铺过程中宜设立纵向模板。二级以下公路没有摊铺机时,可采用摊铺箱摊铺混合料。在摊铺机后面应设专人消除粗细集料离析现象,及时铲除局部粗集料堆积或离析的部位,并用新拌混合料填补。

(5)水泥稳定材料结构层施工时,应在混合料处于或略大于最佳含水率的状态下碾压。气候炎热干燥时,碾压时的含水率可比最佳含水率增加 0.5~1.5 个百分点。石灰稳定材料和石灰粉煤灰稳定材料碾压时应处于最佳含水率或略大于最佳含水率状态,含水率宜增加 1~2 个百分点。

(6)应根据施工情况配备足够的碾压设备,并应符合下列规定:

①双向四车道高速公路或一级公路的半幅摊铺时,应配备不少于 4 台重型压路机。

②双向六车道的半幅摊铺时,应配备不少于 5 台重型压路机。

(7)应安排专人负责指挥碾压,严禁漏压和产生轮迹。采用钢轮压路机初压时,宜采用双钢轮压路机稳压 2~3 遍,再用激振力大于 35 t 的重型振动压路机、18~21 t 三轮压路机或 25 t 以上的轮胎压路机继续碾压密实,最后采用双钢轮压路机碾压,消除轮迹。采用胶轮压路机初压时,应采用 25 t 以上的重胶轮压路机稳压 1~2 遍,错乱不超过 1/3 的轮迹带宽度,再采用重型振动压路机碾压密实,最后采用双钢轮压路机碾压, 消除轮迹。

(8)对稳定细粒材料,在采用上述碾压工艺时,最后的碾压收面可采用凸块式压路机碾压。在碾压过程中出现软弹现象时,应及时将该路段混合料挖出,重新换填新料碾压。碾压成型后的表面应平整、无轮迹。碾压过程中,压路机严禁随意停放,应停放在已碾压完成的路段。

(9)混合料摊铺时,应保持连续。对水泥稳定材料,因故中断时间大于 2 h 时,应设置横向接缝,并应符合下列规定:

①人工将末端含水率合适的混合料整齐,紧靠混合料末端放两根方木,方木的高度应与混合料的压实厚度相同,整平紧靠方木的混合料。

②方木的另一侧用砾石或碎石回填约 3 m 长,其高度应高出方木 2~3 cm,并碾压密实。

③在重新开始摊铺混合料之前,应将砾石或碎石和方木除去,并将下承层顶面清扫干净。

④摊铺机应返回到已压实层的末端,重新开始摊铺混合料。

⑤摊铺中断大于 2 h 且未按上述方法处理横向接缝时,应将摊铺机附近及其下面未经压实的混合料铲除,并将已碾压密实且高程和平整度符合要求的末端挖成与路中心线垂直并垂直向下的断面,再摊铺新的混合料。

(10)摊铺时宜避免纵向接缝,分两幅摊铺时,纵向接缝处应加强碾压。存在纵向接缝时,纵缝应垂直相接,严禁斜接,并应符合下列规定:

①在前一幅摊铺时,宜在靠中央的一侧用方木或钢模板做支撑,方木或钢模板的高度应与稳定材料层的压实厚度相同。

②应在摊铺另一幅之前拆除支撑。

(11)碾压贫混凝土等强度较高的基层材料成型后可采用预切缝措施,应符合下列规定:

①预切缝的间距宜为 8~15 m。

②宜在养护的 3~5 d 内切缝。

③切缝深度宜为基层厚度的 1/2~1/3,切缝宽度约 5 mm。

④切缝后应及时清理缝隙,并用热沥青填满。

(五)人工摊铺与碾压

(1)混合料拌和均匀后,应及时用平地机初步整形,在初平的路段上,应用拖拉机、平地机或轮胎压路机快速碾压一遍。整形前,对局部低洼处应用齿耙将其表层 50 mm 以上的材料耙松,并用新拌和的混合料找平,再碾压一遍,应用平地机再整形一次,应将高处料直接刮出路外,严禁形成薄层贴补现象,反复整形,直至满足技术要求,每次整形都应达到规定的坡度和路拱。

(2)人工整形时,应用锹和耙先将混合料摊平,用路拱板整形。用拖拉机初压1~2遍后,应根据实测松铺系数确定纵横断面高程,并设置标记和挂线。在整形过程中,严禁任何车辆通行,并应保持无明显的粗细集料离析现象。应根据路宽、压路机的轮宽和轮距的不同,制订碾压方案,使各部分碾压到的次数尽量相同,路面的两侧宜多压2~3遍。

(3)整形后,混合料的含水率满足要求时,应立即对结构层进行全宽碾压。在直线段和不设超高的平曲线段,宜从两侧路肩向路中心碾压,且轮迹应重叠1/2轮宽,后轮应超过两段的接缝处。碾压次数宜为6~8遍。压路机前两遍的碾压速度宜为1.5~1.7 km/h,以后宜为2.0~2.5 km/h,采用人工摊铺和整形的稳定材料层,宜先用拖拉机或6~8 t两轮压路机或轮胎压路机碾压1~2遍,再用重型压路机碾压。严禁压路机在已完成的或正在碾压的路段上掉头或紧急制动。碾压过程中,无机结合料稳定材料的表面应始终保持湿润,水分蒸发过快时,宜及时补洒少量的水,严禁大量洒水。碾压过程中,有"弹簧"、松散、起皮等现象时,应及时翻开重新拌和或用其他方法处理。在碾压结束前,应用平地机终平一次,纵坡、路拱和超高应符合设计要求。终平时,应将局部高出部分刮除并扫出路外;对局部低洼之处,不再找补。碾压应达到要求的压实度,并没有明显的轮迹。

(4)级配碎石施工,应符合下列规定:

①用平地机按规定的路拱整平和整形。在整形过程中,应消除粗细集料离析。

②用拖拉机、平地机或轮胎压路机在已初平的路段上快速碾压一遍,再用平地机整平和整形。

(5)同日施工的两工作段的衔接处理应符合下列规定:

①前一段拌和整形后,留5~8 m不碾压。

②后一段施工时,在前一段的未压部分再加部分水泥重新拌和,并与后一段一起碾压。

(6)应做好每天最后一段的施工缝,并应符合下列规定:

①在已碾压完成的无机结合料稳定材料层末端,挖一条横贯铺筑层全宽的宽约300 mm的槽,直至下承层顶面。形成与路的中心线垂直并垂直向下的断面,并放两根与压实厚度等厚、长为全宽一半的方木紧贴垂直面,如图3-2所示。

②用原挖出的材料回填槽内其余部分。

③第二天邻接作业段拌和后除去方木,用混合料回填。

④靠近方木未能拌和的一小段,应人工补充拌和。

⑤整平时,接缝处的稳定材料应较已完成断面高出约50 mm。

⑥新混合料碾压过程中,应将接缝修整平顺。

(7)施工机械掉头处应符合下列规定:

①在准备用于掉头的8~10 m长的稳定材料层上,覆盖一张厚塑料布或油毡纸,再铺上约100 mm厚的土、砂或砾石。

②整平时,宜用平地机将塑料布或油毡纸上大部分材料除去,再人工除去余下的材料,并收起塑料布或油毡纸。

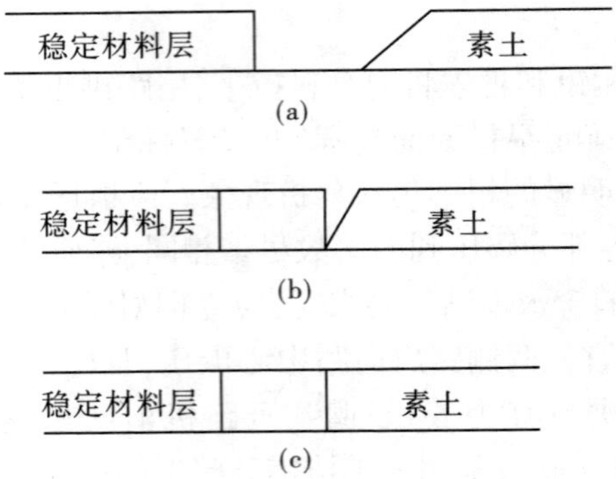

图 3-2　横向接缝处理示意图

(8)水泥稳定材料层的施工应避免纵向接缝。分两幅施工时,纵缝应垂直相接,并应符合下列规定:

①前一幅施工时,在靠中央一侧应用与稳定材料层的压实厚度相同的方木或钢模板做支撑。

②混合料拌和结束后,靠近支撑的部分,应人工补充拌和,再整形和碾压。

③应在铺筑后一幅之前拆除支撑。

④后一幅混合料拌和结束后,靠近前一幅的部分,宜人工补充拌和,再整形和碾压。

(9)级配碎石施工的接缝处理应符合下列规定:

①两作业段的衔接处应搭接拌和、整平和碾压。

②宜避免纵向接缝。在分两幅铺筑时,纵缝应搭接拌和、整平和碾压,搭接宽度宜不小于 300 mm。

三、无机结合料稳定类基层(底基层)养护、交通管制、层间处理及其他

(一)一般规定

(1)无机结合料稳定材料层碾压完成并经压实度检查合格后,应及时养护。

(2)无机结合料稳定材料的养护期宜不少于 7 d,养护期宜延长至上层结构开始施工的前 2 d。

(3)养护可采取洒水养护、薄膜覆盖养护、土工布覆盖养护、铺设湿砂养护、草帘覆盖养护、洒铺乳化沥青养护等方式,宜结合工程实际情况选择适宜的方式。

(4)养护期间应封闭交通,除洒水车和小型通勤车辆外严禁其他车辆通行。

(5)无机结合稳定材料层过冬时应采取必要的保护措施。

(6)根据结构层位的不同和施工工序的要求,应择机进行层间处理。

(二)养护方式

(1)洒水养护宜作为水泥稳定材料的基本养护方式,并应符合下列规定:

①每天洒水次数应视气候而定。高温期施工,宜上午、下午各洒水 2 次。

②养护期间,稳定材料层表面应始终保持湿润。

③对于石灰稳定或石灰粉煤灰稳定材料层应注意表层情况,必要时,可用两轮压路机

补充压实。

(2)薄膜覆盖养护应符合下列规定:

①混合料摊铺碾压成型后,可覆盖薄膜,薄膜厚度宜不小于 1 mm。

②薄膜之间应搭接完整,避免漏缝,薄膜覆盖后应用砂土等材料呈网格状堆填,局部薄膜破损时,应及时更换。

③养护至上层结构层施工前 1~2 d,方可将薄膜掀开。

④对蒸发量较大的地区或养护时间大于 15 d 的工程,在养护过程中应适当补水。

(3)土工布养护应符合下列规定:

①宜采用透水式土工布全断面覆盖,也可铺设防水土工布。

②铺设过程中应注意缝之间的搭接,不应留有间隙。

③铺设土工布后,应注意洒水,每天洒水次数应视气候而定。高温期施工,上午、下午宜各洒水 1 次。

④养护至上层结构层施工前 1~2 d,方可将土工布掀开。

⑤在养护过程中应采取有效措施防止土工布破损。

(4)铺设湿砂养护应符合下列规定:

①砂层厚宜为 70 ~ 100 mm。

②砂铺匀后,宜立即洒水,并在整个养护期间保持砂的潮湿状态,不得用湿黏性土覆盖。

③养护结束后,应将覆盖物清除干净。

(5)草帘覆盖养护应符合下列规定:

①全断面铺设草帘。

②草帘铺设后应注意洒水,每天洒水的次数应视气候而定。高温期施工,上午、下午宜各洒水一次,每次洒水应将草帘浸湿。

③必要时可采用土工布与草帘双层覆盖养护。

(6)对沥青面层厚度大于 20 cm 的结构或二级及二级以下公路的无机结合料稳定材料的基层可采用洒铺乳化沥青方式养护,并应符合下列规定:

①表面干燥时,宜先喷洒少量水,再喷洒沥青乳液。

②采用稀释沥青时,宜待表面略干时再喷洒沥青。

③在用乳液养护前,应将基层清扫干净。

④沥青乳液的沥青用量宜采用 0.8 ~ 1.0 kg/m^2,分 2 次喷洒。

⑤第一次喷洒时,宜采用沥青含量约 35% 的慢裂沥青乳液,第二次宜喷洒浓度较大的沥青乳液。

⑥不能避免施工车辆通行时,应在乳液破乳后撒布粒径 4.75~9.5 mm 的小碎石,做成下封层。

(三)交通管制

(1)正式施工前宜建好施工便道。对高速公路和一级公路,无施工便道,不应施工。

(2)无机结合料稳定材料养护期间,小型车辆和洒水车的行驶速度应小于 40 km/h。

(3)无机结合料稳定材料养护 7 d 后,施工需要通行重型货车时,应有专人指挥,按规定的车道行驶，且车速应不大于 30 km/h。

(4)级配碎石、级配砾石基层未做透层沥青或铺设封层前，严禁开放交通。

(5)无法安排施工便道而需要车辆通行时，应符合下列规定：

①合理安排施工工序，保障 7~15 d 的养护期。

②宜在硬路肩或临时停车带的位置划出专门车道，专人指挥车辆通行。

③无机结合料稳定材料应适当提高早期强度。

④限定载重车辆的轴载，应不大于 13 t。

(四)无机结合料稳定材料层之间的处理

(1)在上层结构施工前，应将下层养护用材料彻底清理干净。

(2)应采用人工、小型清扫车及洒水冲刷的方式将下层表面的浮浆清理干净。下承层局部存在松散现象时，也应彻底清理干净。

(3)下承层清理后应封闭交通。在上层施工前 1~2 h，宜撒布水泥或洒铺水泥净浆。

(4)可采用上下结构层连续摊铺施工的方式，每层施工应配备独立的摊铺和碾压设备，不得采用一套设备在上下结构层来回施工。

(5)稳定细粒材料结构层施工时，根据土质情况，最后一道碾压工艺可采用凸块式压路机碾压。

(五)无机结合料稳定材料基层与沥青面层之间的处理

(1)在沥青面层施工前 1~2 d 内，应清理基层顶面。

(2)应彻底清除基层顶面养护期间的覆盖物。

(3)应采用人工清扫、小型清扫车、空压机及洒水冲刷等方式将基层表面的浮浆清理干净，并应符合下列规定：

①基层表面达到无浮尘、无松动状态。

②清理出小坑槽时，不得用原有基层材料找补。

③清理出较大范围松散时，应重新评定基层质量，必要时宜返工处理。

(4)在基层表面干燥的状态下，可洒铺透层油。透层油宜采用稀释沥青、煤沥青或乳化沥青，沥青洒铺量宜为 0.3~0.6 kg/m^2。

(5)透层油施工后严禁一切车辆通行，直至上层施工。

(6)下封层或黏层应在透层油挥发、破乳完成后施工，并封闭交通。

(7)对极重、特重交通荷载等级或较薄的沥青面层，基层顶面应采用热洒沥青的方式加强层间结合，并应符合下列规定：

①根据工程情况，热洒沥青可采用普通沥青、改性沥青或橡胶沥青。对高速公路和一级公路的极重、特重交通荷载等级，或沥青面层厚度小于 150 mm 时，宜选择 SBS 改性沥青或橡胶沥青。

②普通沥青的洒铺量宜为 1.8~2.2 kg/m^2，SBS 改性沥青宜为 2.0~2.4 kg/m^2，橡胶沥青宜为 2.2~2.6 kg/m^2。

③沥青洒铺时应均匀，避免漏洒，纵向接缝应重叠 2/3 单一喷口的洒铺范围，横向接缝应齐整，不应重叠。

④撒布的碎石宜选择洁净、干燥、单一粒径的石灰岩石料，超粒径含量应不大于

10%,粒径范围宜为 13.2~19 mm。

⑤碎石撒布前应通过拌和设备加热、除尘、筛分,碎石撒布到路面前的温度应不低于 80 ℃。

⑥碎石撒布量宜为满铺面积的 60%~70%,不得重叠。

⑦高速公路和一级公路,不宜采用同步碎石施工设备,应采用分离式的施工设备。

⑧沥青洒铺车的容量宜不少于 10 t, 1 台沥青洒铺车应配备 2 台碎石撒布车。

(六)基层收缩裂缝的处理

基层在养生过程中出现裂缝,经过弯沉检测,结构层的承载能力满足设计要求时,可继续铺筑上面的沥青面层,也可采取下列措施处理裂缝:

(1)在裂缝位置灌缝。

(2)在裂缝位置铺设玻璃纤维格栅。

(3)洒铺热改性沥青。

工作任务三　路面基层(底基层)质量检验评定

为了控制和保证路基工程的质量,在路基工程设计施工过程中和完工后必须对工程的每一个项目和各工序进行检查和验收,正确反映其质量水平,评定其质量等级。根据建设任务、施工管理和质量检验评定的需要,应在施工准备阶段将建设项目划分为单位工程、分部工程和分项工程。施工单位、工程监理单位和建设单位应按相同的工程项目划分进行工程质量的监控和管理。

一、工程质量评分方法

公路工程质量检验评定以分项工程为评定单元,采用 100 分制进行。在分项工程评分的基础上,逐级计算各相应分部工程、单位工程、合同段和建设项目评分值。工程质量评定等级分为合格与不合格,应按分项工程、分部工程、单位工程、合同段和建设项目逐级评定。

施工单位应对各分项工程按《公路工程质量检验评定标准 第一册 土建工程》(JTG F80/1—2017)(以下简称《标准》)所列基本要求、实测项目和外观鉴定进行自检,按"分项工程质量检验评定表"及相关施工技术规范提交真实、完整的自检资料,对工程质量进行自我评定。工程监理单位应按规定要求对工程质量进行独立抽检,对施工单位检评资料进行签认,对工程质量进行评定。建设单位根据对工程质量的检查及平时掌握的情况,对工程监理单位所做的工程质量评分等级进行审定。质量监督部门、质量检测机构可依据《标准》对公路工程质量进行检测评定。

(一)分项工程质量评分

分项工程质量检验内容包括基本要求、实测项目、外观鉴定和质量保证资料四个部分。只有在其使用的原材料、半成品、成品及施工工艺符合基本要求的规定,且无严重外观缺陷和质量保证资料真实并基本齐全时,才能对分项工程质量进行检验评定。

涉及结构安全和使用功能的重要实测项目为关键项目,其合格率不得低于 90%(属于工厂加工制造的桥梁金属构件不低于95%,机电工程为100%),且检测值不得超过规定极值,否则必须进行返工处理。

实测项目的规定极值是指任一单个检测值都不能突破的极限值,不符合要求时该实测项目为不合格。

采用《标准》中附录B至附录I所列方法进行评定的关键项目,不符合要求时则该分项工程评为不合格。

分项工程的评分值满分为100分,按实测项目采用加权平均法计算。存在外观缺陷或资料不全时,应予减分。

$$分项工程得分=\frac{\sum[检查项目得分\times 权值]}{\sum 检查项目权值}$$

$$分项工程评分值=分项工程得分-外观缺陷减分-资料不全减分$$

1. 基本要求检查

分项工程所列基本要求,对施工质量优劣具有关键作用,应按基本要求对工程进行认真检查。经检查不符合基本要求规定时,不得进行工程质量的检验和评定。

2. 实测项目计分

对规定检查项目采用现场抽样方法,按照规定频率和下列计分方法对分项工程的施工质量直接进行检测计分。

检查项目除按数理统计方法评定的项目外,均应按单点(组)测定值是否符合标准要求进行评定,并按合格率计分。

$$检查项目合格率=\frac{检查合格的点(组)数}{该检查项目的全部检查点(组)数}\times 100\%$$

$$检查项目得分=检查项目合格率\times 100$$

3. 外观缺陷减分

对工程外表状况应逐项进行全面检查,如发现外观缺陷,应进行减分。对于较严重的外观缺陷,施工单位须采取措施进行整修处理。

4. 资料不全减分

分项工程的施工资料和图表残缺,缺乏最基本的数据,或有伪造涂改者,不予检查和评定。资料不全者应予减分,减分幅度可按照后文“质量保证资料”所列各项逐款检查,视资料不全情况,每款减1~3分。

(二)分部工程和单位工程质量评分

分项工程和分部工程区分为一般工程和主要(主体)工程,分别给予1和2的权值。进行分部工程和单位工程评分时,采用加权平均值计算法确定相应的评分值。

$$分部(单位)工程评分值=\frac{\sum[分项(分部)工程评分值\times 相应权值]}{\sum 分项(分部)工程权值}\times 100\%$$

(三)合同段和建设项目工程质量评分

合同段和建设项目工程质量评分值按《公路工程竣(交)工验收办法》计算。

(四)质量保证资料

施工单位应有完整的施工原始记录、试验数据、分项工程自查数据等质量保证资料,并进行整理分析,负责提交齐全、真实和系统的施工资料和图表。工程监理单位负责提交齐全、真实和系统的监理资料。质量保证资料应包括以下六个方面:

(1)所用原材料、半成品和成品质量检验结果。

(2)材料配比、拌和加工控制检验和试验数据。

(3)地基处理、隐蔽工程施工记录和大桥、隧道施工监控资料。

(4)各项质量控制指标的试验记录和质量检验汇总图表。

(5)施工过程中遇到的非正常情况记录及其对工程质量影响分析。

(6)施工过程中如发生质量事故,经处理补救后,达到设计要求的认可证明文件。

二、工程质量等级评定

(一)分项工程质量等级评定

分项工程评分值不小于75分者为合格,小于75分者为不合格;机电工程、属于工厂加工制造的桥梁金属构件不小于90分者为合格,小于90分者为不合格。

评定为不合格的分项工程,经加固、补强或返工、调测,满足设计要求后,可以重新评定其质量等级,但计算分部工程评分值时按其复评分值的90%计算。

(二)分部工程质量等级评定

所属各分项工程全部合格,则该分部工程评为合格;所属任一分项工程不合格,则该分部工程为不合格。

(三)单位工程质量等级评定

所属各分部工程全部合格,则该单位工程评为合格;所属任一分部工程不合格,则该单位工程为不合格。

(四)合同段和建设项目质量等级评定

合同段和建设项目所含单位工程全部合格,其工程质量等级为合格;所属任一单位工程不合格,则合同段和建设项目为不合格。

三、路面工程质量评定与检测的特点

路面工程和路基工程一样,都是作为道路工程的单位工程。

路面是在路基建成后铺筑的,路面质量的评定与检测通常是道路竣工验收工作的一部分。因此,路面的质量水平就是道路质量的最终体现,既表现道路的外观状态,又包含了它的内在质量。

由于交通量大小的不同,可能取得的材料来源不同,路面所采用的材料多种多样,形成了不同类型的结构,如中低级道路的砂石路面、高等级道路的水泥混凝土路面和沥青路面,目前普遍应用的各种稳定土结构等。不同类型路面的质量评定与检测内容有较大的差异,宽严要求也不一样。

由上述对质量的基本要求可见,由于路面的直接行车和受外界条件的影响,尤其对高等级道路,其质量评定与检测要求高,项目多。

现代化道路路面的修筑，一般是机械化施工，部分路面材料已实行工厂化生产，路面施工质量的管理及其评定与检测工作趋向于更为严格、完善和规范化。

四、检验与评定的一般要求

（1）路面工程的实测项目规定值或允许偏差按高速公路、一级公路和其他公路（指二级及二级以下公路）两档设定。对于在设计和合同文件中提高了技术要求的二级公路，其工程质量检验评定按设计和合同文件的要求进行，但不应高于高速公路、一级公路的检验评定标准。

（2）路面工程实测项目规定的检查频率为双车道公路每一检查段内的检查频率（按 m^2 或 m^3 或工作班设定的检查频率除外），多车道公路的路面各结构层均须按其车道数与双车道之比，相应增加检查数量。

（3）各类基层和底基层压实度代表值（平均值的下置信界限）不得小于规定代表值，单点不得小于规定极值。小于规定代表值 2 个百分点的测点，应按其占总检查点数的百分率计算合格率。功能层的质量要求同相同材料的其他公路的底基层；联结层的质量要求同相应的基层或面层；中级路面的质量要求同相同材料的其他公路的基层。

（4）路面表层平整度检查测定以自动或半自动的平整度仪为主，全线每车道连续测定按每 100 m 输出结果计算合格率。采用 3 m 直尺测定路面各结构层平整度时，以最大间隙作为指标，按尺数计算合格率。路面表层渗水系数宜在路面成型后立即测定。

（5）路面各结构层厚度按代表值和单点合格值设定允许偏差。当代表值偏差超过规定值时，该分项工程评为不合格；当代表值偏差满足要求时，按单个检查值的偏差不超过单点合格值的测点数计算合格率。材料要求和配比控制参考本情境的相关任务，可通过检查施工单位、工程监理单位的资料进行评定。

五、无机结合料稳定类材料基层的质量评定

基层或底基层检查内容包括竣工后的外形、质量，通常以千米（km）长的路段为评定单位，采用大流水作业法施工时也可以每天完成的段落为评定单位。

抽样检查必须是随机的，不能带有任何倾向性，具体参见表 3-5。

表 3-5　竣工外形的检查数量和合格标准值

工程种类	项目	检查频度	质量标准	
			高速、一级公路	其他公路
路基	高程/mm	每 200 m 4 点	+10，-20	+10，-30
	宽度/mm	每 200 m 4 处	+0 以上	+0 以上
	横坡度/%	每 200 m 4 个断面	±0.5	±0.5
	平整度/mm	每 200 m 2 处， 每处连续 10 尺（3 m 直尺）	≤20	≤30

续表 3-5

工程种类	项目		检查频度	质量标准	
				高速、一级公路	其他公路
底基层	高程/mm		每 200 m 4 处	-5,-15	+5,-20
	厚度/mm	均值	每 200 m^2 每车道 1 点	-10	-12
		单个值		-15	-30
	横坡度/%		每 200 m 4 个断面	±0.3	±0.5
	宽度/mm		每 200 m 4 处	+0 以上	+0 以上
	平整度/mm		每 200 m 2 处,每处连续 10 尺(3 m 直尺)	15	20
基层	高程/mm		每 200 m 4 点	+5,-10	+5,-15
	厚度/mm	均值	每 200 m^2 每车道 1 点	-8	-10
		单个值		-15	-20
	宽度/mm		每 200 m 4 处	+0 以上	+0 以上
	横坡度/%		每 200 m 4 个断面	±0.3	±0.5
	平整度/mm		每 200 m 2 处,每处连续 10 尺(3 m 直尺)	10	15

注:在底基层施工前应对路基外形进行检查,其检查频度和标准应符合本表的规定。

质量合格的标准值见表 3-6。

表 3-6　质量合格的标准值

工程种类	项目	检查数量	标准值	极限低值
路基	压实度	每 200 m 测 4 处(灌砂法)	重型压实标准,高速和一级公路不小于 95%,其他公路 93% 以上	90%
	碾压检验	全面,随时	无"弹簧"现象	
	弯沉值检验	每一评定段(不超过 1 km)每车道 40~50 个测点	95% 或 97% 概率上波动界限不大于计算得的容许值	
集料底基层	压实度	每 200 m 测 6~10 处	96%	91%
	弯沉值	每车道 40~50 个测点		计算得的容许值

续表 3-6

工程种类	项目	检查数量	标准值	极限低值
级配碎石（或砾石）	压实度	每 200 m 测 6~10 处	基层 98%	93%
			底基层 96%	91%
	颗粒组成	每 200 m 测 2~3 处	规定级配范围	
	弯沉值	每车道 40~50 个测点		计算得的容许值
填隙碎石	压实度（固体体积率）	每 200 m 测 6~10 处	基层 85%	82%
			底基层 83%	80%
	弯沉值			计算得的容许值
水泥土、石灰土、二灰、二灰土	压实度	每 200 m 测 6~10 处	93%(95%)	89%(90%)
	水泥或石灰剂量	每 200 m 测 3~6 处	设计值	水泥-1.0% 石灰-2.0%
水泥稳定粒料(土)、石灰稳定粒料(土)、石灰工业废渣(粒料)	压实度	每 200 m 测 6~10 处	基层 98%(97%)	94%(93%)
			底基层 96%(95%)	92(91%)
	颗粒组成	每 200 m 测 2~3 处	规定级配范围	
	水泥或石灰剂量	每 200 m 测 3~6 处		-1.0%

课后复习题

1. 水泥稳定土在确定路拌法施工每一作业段的合理长度时，应综合考虑哪些因素？
2. 试述预防水泥稳定碎石基层开裂的措施有哪些？
3. 试述水泥稳定粒料类基层的实测项目。
4. 试述无机结合料稳定类基层的施工过程中质量控制的主要项目。

情境四　认知沥青路面及其结构组合设计

学习目标

【知识目标】

了解沥青路面的结构、分类和应用情况；了解沥青路面的设计方法与标准；熟悉沥青路面破坏状态与设计标准。

【能力目标】

学生能够能进行沥青路面结构组合设计与厚度计算。

【职业素养】

根据党的二十大精神要求培养学生关注相关学科发展动态，紧跟技术发展前沿，综合运用所学知识分析和解决问题的能力，使学生形成良好的思维习惯、工作方法和科学态度，在未来的岗位上有能力进一步学习新技术，解决新问题。

工作任务一　认识沥青路面

沥青路面是指由沥青作为结合料，黏结矿料修筑面层，并和基层（底基层）、路基（垫层）共同组成的路面结构。

一、沥青路面的基本特性

沥青面层中所使用的沥青结合料，增强了矿料间的黏结力，提高了混合料的强度和稳定性，使路面的使用质量和耐久性都得到提高。与水泥混凝土路面相比，沥青路面具有表面平整、无接缝、行车舒适、耐磨、振动小、噪声低、施工期短、养护维修简便、适宜于分期修建等优点，因而得到越来越广泛的应用。近 20 年来我国的公路和城市道路使用沥青材料修筑了相当数量的沥青路面，沥青路面已成为我国高等级公路的主要路面形式。

沥青路面属柔性路面，其强度与稳定性在很大程度上取决于土基和基层的特性。沥青路面的抗弯强度较低，因而要求路面的基础应具有足够的强度和稳定性，所以，在施工时必须掌握路基土的特性进行充分的碾压。对软弱土基或翻浆路段，必须预先加以处理。在低温时，沥青变脆，沥青路面的抗变形能力很低，在寒冷地区为了防止土基不均匀冻胀而使沥青路面开裂，需设置防冻层。沥青面层修筑后，由于它的透水性小，从而使土基和基层内的水分难以排出，在潮湿路段易发生土基和基层松软，导致路面破坏。因此，必须提高基层的水稳定性，尽可能采用结合料处治的整体性基层和设置完整的路面排水系统。对交通量较大的路段，为使沥青路面具有一定的抗弯拉和抗疲劳开裂的能力，宜在沥青面层下设置沥青混合料的联结层。采用较薄的沥青面层时，特别是在旧路面上加铺面层时，要采取技术措施加强面层与基层之间的黏结，保证路面结构的整体强度，以防止引起沥青面层的剥落、推挤、拥包等破坏。

综上所述，要求沥青路面须有以下特性：

(1)高温稳定性——高温下抵抗永久变形的能力。

(2)低温抗裂性——抵抗低温抗裂的能力。

(3)水稳定性——抵抗水损害的能力，密级配路面抗渗和排水路面透水。

(4)耐久性——抵抗老化与荷载重复作用的能力。

(5)抗滑能力——保证不利情况下车辆安全行驶的能力。

二、沥青路面的分类

(一)按组成结构分类

1. 悬浮-密实结构

这种由次级集料填充前级集料(较次级集料粒径稍大)空隙的沥青混合料，具有很大的密度，但由于各级集料被次级集料和沥青胶浆所分隔，不能直接互相嵌锁形成骨架，因此该结构具有较大的黏聚力，但内摩擦角较小，高温稳定性较差。代表结构是 AC-Ⅰ型沥青混凝土。

2. 骨架-空隙结构

这种结构粗集料所占比例大，细集料很少甚至没有。粗集料可互相嵌锁形成骨架；但细集料过少容易在粗集料之间形成空隙。这种结构内摩擦角较高，但黏聚力也较低。代表结构是沥青碎石混合料(AM)和排水沥青混合料(OGFC)。

3. 骨架-密实结构

较多数量的粗集料形成空间骨架，相当数量的细集料填充骨架间的空隙形成连续级配，这种结构不仅内摩擦角较高，黏聚力也较高。代表结构是沥青碎石玛瑞脂混合料(SMA)。

以上三种结构(见图 4-1)的沥青混合料由于密度、空隙率、矿料间隙率不同，使它们在稳定性上亦有显著差别。

(a)悬浮-密实结构　(b)骨架-空隙结构　(c)骨架-密实结构

图 4-1　沥青混合料结构组成图

（二）按施工工艺分类

按施工工艺的不同可将沥青路面分为层铺法和厂拌法两类。

1. *层铺法*

层铺法是用分层洒布沥青和矿料，然后碾压成型的修筑路面的施工方法。其主要优点是工艺和设备简便、功效较高、施工进度快、造价较低；其缺点是路面成型期较长，需要经过炎热季节行车碾压之后路面方能成型。用这种方法修筑的沥青路面有沥青表面处治和沥青贯入式两种。

2. *厂拌法*

厂拌法是将规定级配的矿料和沥青材料在工厂用专用设备加热拌和，并在规定时间内送到工地摊铺碾压而成的沥青路面。矿料中细颗粒含量少，不含或含少量矿粉，混合料为开级配的（空隙率达 10%～15%），称为厂拌沥青碎石；若矿料中含有矿粉，混合料是按最佳密实级配配制的（空隙率 10%以下），称为沥青混凝土。厂拌法按混合料铺筑时温度的不同，又可分为热拌热铺和热拌冷铺两种。热拌热铺是混合料在专用设备加热拌和后立即趁热运到路上摊铺压实。如果混合料加热拌和后储存一段时间后再在常温下运到路上摊铺压实，即为热拌冷铺。厂拌法所用矿料经过精选，级配准确，且为热料拌和，沥青黏稠度高，用量准确，因而混合料质量高，使用寿命长，但修建费用也较高。

（三）按沥青路面的技术特性分类

按沥青路面的技术特性可将沥青路面分为沥青混凝土路面、热拌沥青碎石路面、乳化沥青碎石路面、沥青贯入式路面、沥青表面处治路面、沥青玛𤧛脂碎石（SMA）路面、排水性沥青混凝土路面、多孔性沥青路面、开级配抗滑磨耗层（OGFC）路面、大粒径沥青混凝土（LSAM）路面、多碎石沥青混凝土（SAC）路面等新型沥青混凝土路面。

1. *沥青混凝土路面*

沥青混凝土路面是指用不同粒径的碎石、天然砂或矿粉和沥青按比例在拌和机中热拌所得的混合料作面层的路面，其面层可由单层或双层或三层沥青混合料组成，这种混合料的矿料部分具有严格的级配要求，若矿料中含有矿粉，混合料是按最密实级配配制的（空隙率小于 10%）。各层混合料的组成设计应根据基层厚度和层位、气温和降雨量等气候条件、交通量和交通组成等因素确定，以满足对沥青面层使用功能的要求。沥青混凝土适用于各级公路，设计时可按不同等级的公路来选用不同厚度的沥青层。

2. *热拌沥青碎石路面*

沥青碎石路面是指由几种不同的矿料（所用矿料为开级配），掺有少量矿粉或不加矿粉，用沥青作结合料按一定比例均匀拌和的混合料（空隙率大于 10%），经摊铺压实成型的路面。用沥青碎石作面层的路面，沥青碎石的配合比设计应根据实践经验和马歇尔试验的结果，并通过施工前的试拌试铺确定。沥青碎石有时也用作联结层。乳化沥青碎石混合料由乳化沥青和矿料在常温下拌和而成，宜用于三、四级公路。中粒式、粗粒式沥青碎石宜用作沥青混凝土面层下层、联结层或整平层。

3. *沥青贯入式路面*

沥青贯入式路面是指在初步压实的碎石（或轧制砾石）上，分层浇洒沥青、撒布嵌缝料，随后立即碾压而成的面层结构，沥青贯入式结构层对提高路面结构强度起着较重要的作用。沥青贯入式路面的厚度宜为40~80 mm;当沥青贯入式的上部加铺拌和的沥青混合料时,也称为上拌下贯,此时拌和层的厚度宜为25~40 mm,其总厚度宜为70~100 mm。适用于三、四级公路,也可作为沥青混凝土面层的联结层。

4. 沥青表面处治路面

沥青表面处治路面是指用沥青和集料按层铺法或拌和法铺筑而成的路面。当采用乳化沥青时,称为乳化沥青表面处治路面。其主要作用是构成磨耗层,保护结构层免受行车破坏,作沥青面层或基层的封面,起到封闭表面、防止地表水渗透到基层及土基、提高平整度和抗滑性能、改善行车条件、延长路面使用寿命的作用。沥青表面处治适用于三级、四级公路的面层、旧沥青面层上加铺薄层罩面或抗滑层、磨耗层等。当沥青表面处治用于面层时,可分为单层、双层、三层。单层表面处治厚度为10~15 mm;双层表面处治厚度为15~25 mm;三层表面处治厚度为25~30 mm。一般用于三、四级公路,也可用作沥青路面的磨耗层、防滑层。

5. 沥青玛琋脂碎石(SMA)路面

沥青玛琋脂碎石(SMA)路面是一种新型的沥青混合料结构,如图4-2所示,它起源于20世纪60年代的德国。20世纪90年代初引入美国,被称为Stone Mastic Asphalt,缩写为SMA。1993年,SMA在我国首都机场高速公路首次应用。SMA是一种由沥青、纤维稳定剂、矿粉和少量的细集料组成的沥青玛琋脂填充间断级配的粗集料骨架间隙而组成的沥青混合料。它是由足够的沥青结合料和具有相当劲度的沥青玛琋脂胶浆填充在粗集料形成的石-石嵌挤结构的空隙中形成的。因此,它具有抗高温、低温稳定性,良好的水稳定性,良好的耐久性和表面功能(抗滑、车辙小、平整度高、噪声小、能见度好)。SMA路面耐久性好,故养护工作少,使用寿命长,综合经济效益和环境效益好。

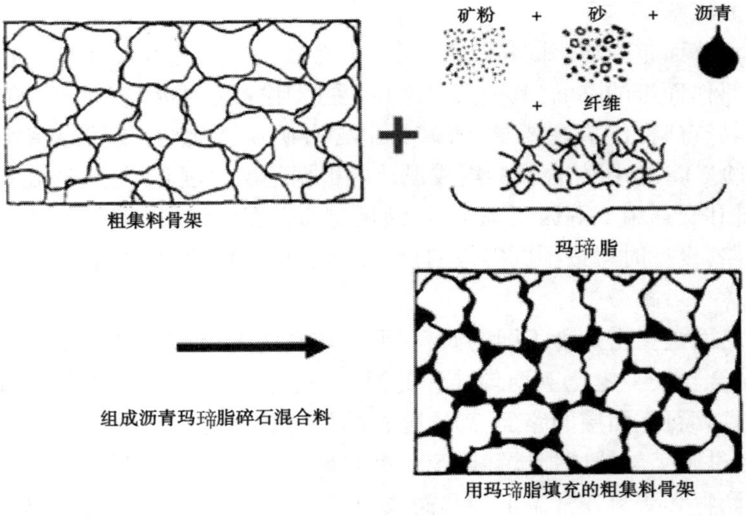

图4-2 SMA路面结构组成图

6. 多孔性沥青路面(Porous Asphalt,简称PA)

与普通沥青路面相比较,其根本区别在于它的空隙率高达15%~20%(见图4-3),甚至超过 20%，而普通沥青路面的空隙率仅 3%～6%。由于空隙率大，雨水可渗入路面之中，由路面中的连通孔隙向路面边缘排走。因为能迅速排走路面表面积水，所以这种路面也称之为排水性沥青路面(Drainage Asphalt Pavement)。多孔性沥青路面具有良好的宏观构造，它不仅在路表面而且在路面内部形成发达而贯通的孔隙，成为一种负宏观构造，应该说这在沥青路面结构上是一种创新。

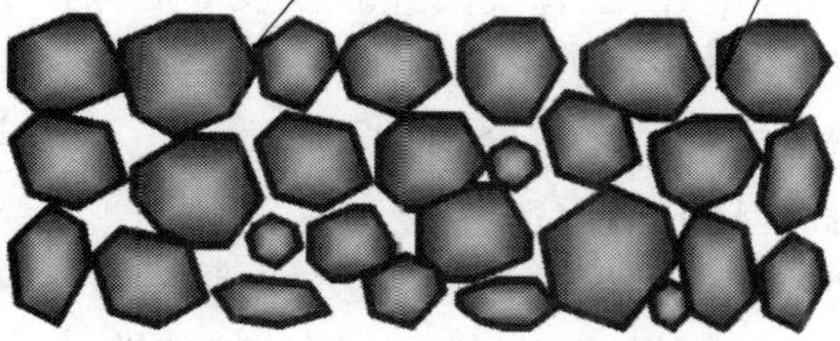

图 4-3　多孔性沥青路面结构组成图

7. 开级配抗滑磨耗层(OGFC)路面

大空隙开级配排水式沥青磨耗层路面指用大孔隙的沥青混合料铺筑，能迅速从其内部排走路表雨水，具有抗滑、抗车辙及降噪的路面。设计空隙率大于 18%，具有较强的结构排水能力，适用于多雨地区修筑沥青路面的表层或磨耗层。它的英文全称为 Open Grade d Friction Course，是一种嵌挤型热拌沥青混合料。

近年来，我国城市开始修筑降噪排水路面，以提高城市道路的使用功能和减少城市交通噪声。而在沥青路面结构组合选用上就使用到了 OGFC 作为上面(磨耗层)，中面层、下(底)面层等采用密级配沥青混合料，见图 4-4。既满足沥青路面强度高、高低温性能好和平整度密实等路用功能，又实现了城市道路降噪排水的环保功能。

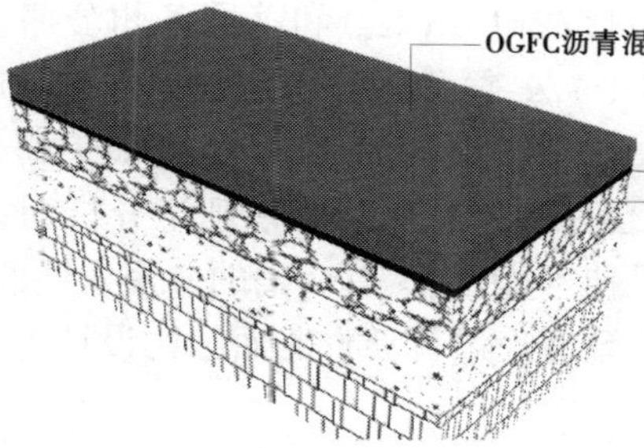

图 4-4　排水路面结构图

(四)按矿料级配分类

(1)密级配：沥青混凝土、沥青稳定碎石。

(2)半开级配：改性沥青稳定碎石，用 AM 表示。

(3)开级配：排水式沥青磨耗层混合料，以 OGFC 表示；排水式沥青稳定碎石基层，以 ATPB 表示。

(4)间断级配：沥青玛瑞脂碎石(SMA)。

工作任务二　认知沥青路面设计方法与设计标准

一、沥青路面设计原则

沥青路面设计应根据公路等级、路面使用性能要求和所需承担的交通荷载，结合当地气候、水文、地质、材料、建设和养护条件、工程实践经验以及环境保护要求等，进行结构组合、材料设计和厚度设计，通过技术经济分析选定设计方案。

路基应满足最低回弹模量要求，并应具有合适的干湿类型。应在调查掌握沿线路基土质和干湿类型的基础上，进行路基路面综合设计。

应结合当地条件和工程经验，积极稳妥地选用新技术、新结构、新材料和新工艺。沙漠、膨胀土和盐渍土等特殊地区的路面设计，应考虑地区的特殊性，结合当地经验和成果，采取相应的技术措施。

二、路面设计内容

路面设计内容包括：选择适当的路面材料，进行材料配合比设计并确定设计参数，路面结构组合设计，路面厚度验算，路面排水设计以及不同路面结构方案的比选。对高速公路、一级公路的路面设计，除行车道部分路面外，还应包括路缘带、硬路肩、加减速车道、紧急停车带、匝道、收费站和服务区的路面设计。

三、路面设计方法

目前，世界各国沥青路面设计方法基本上可分两类：一类是以经验或试验为依据的经验法，其著名代表是美国加州承载比法（CBR 法）和美国各州公路工作者协会（American Association of States Highway Officials）法，简称 AASHO 法；另一类是以力学分析为基础，同时考虑环境因素、交通条件和路面材料特性的力学经验法，如英荷壳牌（Sell）法、美国地沥青协会（AI）法。力学经验法大多采用弹性层状体系理论分析沥青路面结构的应力、变形和位移，并可以运用电子计算机技术，因此具有广阔的应用发展前景。我国现行沥青路面设计方法，正是基于弹性层状体系理论进行沥青路面结构设计与计算的方法。

四、弹性层状体系理论概述

在沥青路面设计中，多层路面的力学计算通常采用弹性层状体系理论。该理论采用如下基本假定：

（1）各层是连续的、完全弹性的、均匀的、各向同性的，以及位移和形变是微小的。

（2）最下一层在水平方向和垂直向下方向为无限大，其上各层厚度为有限、水平方向为无限大。

（3）各层在水平方向无限远处及最下一层向下无限深处，其应力、形变和位移为零。

（4）层间接触情况，均为连续接触。

（5）不计自重。

上述基本假定的核心是将路面各结构层看成是理想线性弹性体，如图 4-5 所示。

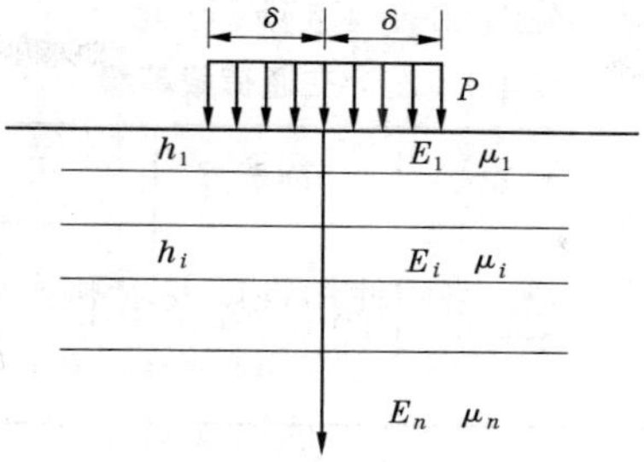

图 4-5 弹性层状体系示意图

五、沥青路面设计标准

(一)可靠度与可靠指标

1. 可靠度

可靠度指路面结构在规定的时间内和规定的条件下完成预定功能的概率。要求设计结构达到的可靠度称作目标可靠度。

2. 可靠指标

可靠指标指度量路面结构可靠度的数值指标。路面结构设计依据的可靠指标称为目标可靠指标。

路面结构的目标可靠度和目标可靠指标要求不应低于表 4-1 的规定。

表 4-1 目标可靠度和目标可靠指标

公路等级	高速公路	一级公路	二级公路	三级公路	四级公路
目标可靠度/%	95	90	85	80	70
目标可靠指标 β	1.65	1.28	1.04	0.84	0.52

(二)路面设计使用年限

路面设计使用年限即在正常设计、施工、使用和养护条件下，路面不需结构性维修的预定使用年限。应根据公路等级、经济、交通荷载等级等因素综合确定。改建路面结构设计可根据工程实际情况选取适宜的设计使用年限。

新建沥青路面结构设计使用年限不应低于表 4-2 的规定。

表 4-2 路面结构设计使用年限

单位：a

公路等级	设计使用年限	公路等级	设计使用年限
高速公路、一级公路	15	三级公路	10
二级公路	12	四级公路	8

(三)设计交通荷载等级

路面结构所承受的交通荷载分级如表 4-3 所示。

表 4-3 设计交通荷载等级

设计交通荷载等级	极重	特重	重	中等	轻
设计使用年限内设计车道累计大型客车和货车交通量/($\times 10^6$,辆)	≥50.0	50.0~19.0	19.0~8.0	8.0~4.0	<4.0

(四)路面使用性能设计指标

沥青路面设计应控制沥青混合料层疲劳开裂损坏、无机结合料稳定层疲劳开裂损坏、沥青混合料层永久变形量、路基顶面竖向压应变,以及季节性冻土地区的路面低温开裂。

(1)计算的沥青混合料层和无机结合料稳定层的疲劳开裂寿命,均不应小于设计使用年限内当量设计轴载累计作用次数。

(2)计算的沥青混合料层永久变形量不应大于表 4-4 所列容许永久变形量。

表 4-4 沥青混合料层容许永久变形量

单位:mm

基层类型	沥青混合料层容许永久变形量	
	高速、一级公路	二级、三级公路
无机结合料稳定类基层、水泥混凝土基层和底基层为无机结合料稳定类的沥青混合料基层	15	20
其他基层	10	15

(3)路基顶面竖向压应变不应大于计算的容许值。

(4)计算的季节性冻土地区沥青面层低温开裂指数不宜大于表 4-5 所列数值。

表 4-5 低温开裂指数要求

公路等级	高速、一级公路	二级公路	三级、四级公路
低温开裂指数 *CI* 不大于	3	5	7

注:低温开裂指数 *CI* 指竣工验收时 100 m 调查单元内横向裂缝条数,贯穿全幅的裂缝按 1 条计,未贯穿且长度超过一个车道宽度的裂缝按 0.5 条计,不超过一个车道宽度的裂缝不计入。

(五)抗滑技术指标

高速公路、一级公路以及山岭重丘区二级和三级公路的路面在交工验收时,其抗滑技术指标应满足表 4-6 的技术要求。

表 4-6　抗滑技术要求

年平均降雨量/mm	交工检测指标值	
	横向力系数 SFC_{60}	构造深度 *TD*/mm
>1 000	≥54	≥0.55
500~1 000	≥50	≥0.50
250~500	≥45	≥0.45

注：横向力系数 SFC_{60} 指用横向力系数测试车，在 60 km/h±1 km/h 车速下测定；构造深度 *TD* 采用铺砂法测定。

工作任务三　计算交通荷载参数

一、设计轴载

设计轴载是路面结构设计采用的计算轴载。我国现行路面设计以双轮组单轴轴载 100 kN 为设计轴载，以 BZZ-100 表示。设计轴载的计算参数按表 4-7 确定。

表 4-7　设计轴载的计算参数

设计轴载/kN	轮胎接地压强/MPa	单轮接地当量圆直径/mm	两轮中心距/mm
100	0.70	213.0	319.5

二、车型分类

车型分类有按车辆轴型和车辆类型分类两种方式。车辆轴型根据表 4-8 规定按轮组和轴组类型分为 7 类，车辆类型按表 4-9 所列轴型组合分为 11 类。

表 4-8　轴型分类

轴型编号	轴型说明	轴型编号	轴型说明
1	单轴（每侧单轮胎）	5	双联轴（每侧双轮胎）
2	单轴（每侧双轮胎）	6	三联轴（每侧单轮胎）
3	双联轴（每侧单轮胎）	7	三联轴（每侧双轮胎）
4	双联轴（每侧各一单轮胎、双轮胎）		

表 4-9　车辆类型分类

车型编号	说明	主要车型及图示		其他车型
1 类	2 轴 4 轮车辆	11 型车	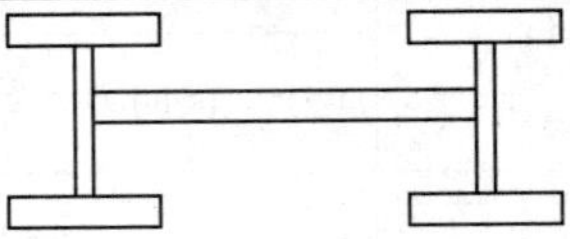	
2 类	2 轴 6 轮及以上客车	12 型客车	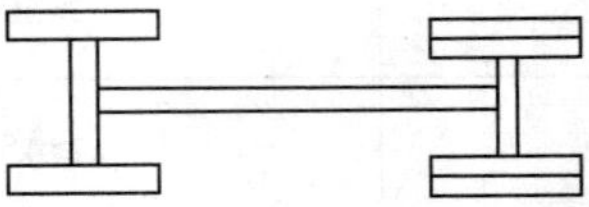	15 型客车
3 类	2 轴 6 轮整体式货车	12 型货车	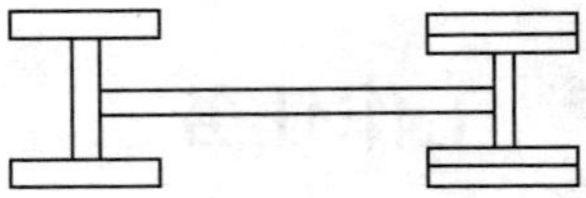	
4 类	3 轴整体式货车（非双前轴）	15 型	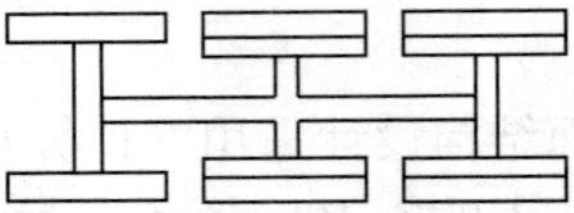	
5 类	4 轴及以上整体式货车（非双前轴）	17 型	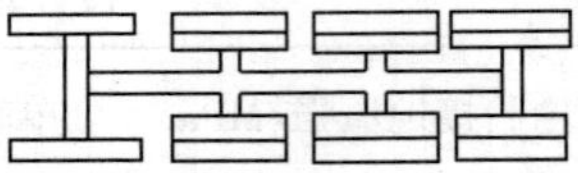	
6 类	双前轴整体式货车	112 型、115 型	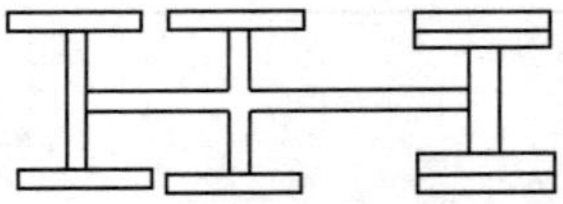	117 型
7 类	4 轴及以下半挂货车（非双前轴）	125 型	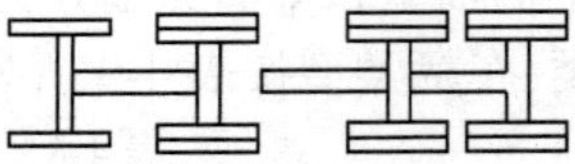	122 型
8 类	5 轴半挂货车（非双前轴）	127 型、155 型	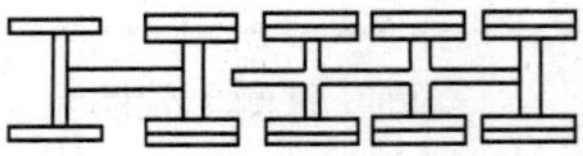	
9 类	6 轴及以上半挂货车（非双前轴）	157 型	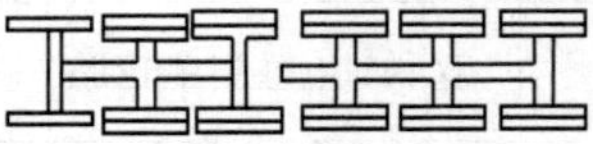	

续表 4-9

车型编号	说明	主要车型及图示		其他车型
10 类	双前轴半挂式货车	1127 型	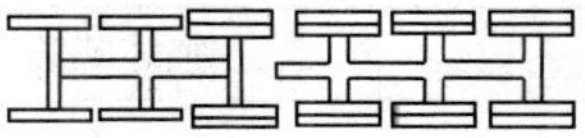	1122 型、1125 型、1155 型、1157 型
11 类	全挂货车	1522 型、1222 型	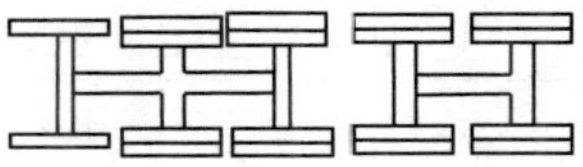	

三、交通数据调查

交通数据调查包括交通量及增长率、方向系数、车道系数、车辆类型组成、轴组组成和轴重等。

(一)交通量

公路初期交通量和其他参数可参照可行性研究报告等有关交通量预测资料,结合当地交通观测站的观测和统计资料,或通过实地设立站点进行观测和统计。交通量的年平均增长率可依据公路等级和功能以及地区经济和交通发展情况等,通过调查分析确定。

(二)方向系数

根据不同方向上实测交通量数据确定,无实测数据时可在 0.5~0.6 范围内选取。

(三)车道系数

按下列三个水平确定,改建设计应采用水平一,新建路面设计可采用水平二或水平三。

(1)水平一,根据现场交通量观测资料统计设计方向不同车道上车辆的数量,确定车道系数。

(2)水平二,采用当地的经验值。

(3)水平三,采用表 4-10 推荐值。

表 4-10　车道系数

单向车道数	1	2	3	≥4
高速公路	—	0.70~0.85	0.45~0.60	0.40~0.50
其他等级公路	1.00	0.50~0.75	0.50~0.75	—

注:交通受非机动车和行人影响严重时取低限,反之取高值。

(四)车辆类型组成

车辆类型分布系数可按下列三个水平确定,改建设计应采用水平一,新建路面设计可采用水平二或水平三。

(1)水平一,根据交通观测资料分析 2 类~11 类车型所占的百分比,得到车辆类型分布系数。

（2）水平二，根据交通历史数据或经验数据按表 4-11 确定公路 TTC 分类，采用该 TTC 分类车辆类型分布系数当地经验值。

表 4-11　公路 TTC 分类标准　　%

TTC 分类	整体式货车比例	半挂式货车比例
TTC1	<40	>50
TTC2	<40	<50
TTC3	40~70	>20
TTC4	40~70	<20
TTC5	>70	—

注：表中整体式货车为表 4-9 中 3 类~6 类车，半挂式货车为表 4-9 中 7 类~10 类车。

（3）水平三，根据交通历史数据或经验数据按表 4-11 确定公路 TTC 分类，采用表 4-12 规定车辆类型分布系数。

表 4-12　不同 TTC 分类车辆类型分布系数　　%

车辆类型	2 类	3 类	4 类	5 类	6 类	7 类	8 类	9 类	10 类	11 类
TTC1	6.4	15.3	1.4	0	11.9	3.1	16.3	20.4	25.2	0
TTC2	22.0	23.3	2.7	0	8.3	7.5	17.1	8.5	10.6	0
TTC3	17.8	33.1	3.4	0	12.5	4.4	9.1	10.6	8.5	0.7
TTC4	28.9	43.9	5.5	0	9.4	2.0	4.6	3.4	2.3	0.1
TTC5	9.9	42.3	14.8	0	22.7	2.0	2.3	3.2	2.5	0.2

四、车辆当量设计轴载换算

当量轴次是指按当量损坏原则，将不同轴载的作用次数换算为设计轴载的当量作用次数。各类车辆当量设计轴载换算系数可按下列三个水平确定，高速公路和一级公路的改建设计应采用水平一，其他情况可采用水平二或水平三。

（一）水平一

采用称重设备连续采集设计车道上车辆类型、轴型组成和轴重数据，按下列步骤分析各类车辆当量换算系数：

（1）分别统计 2 类~11 类车辆单轴单胎、单轴双胎、双联轴和三联轴的数量，除以各类车辆总量，按式（4-1）计算各类车辆中不同轴型平均轴数。

$$NAPT_{mi} = \frac{NA_{mi}}{NT_m} \tag{4-1}$$

式中　$NAPT_{mi}$——m 类车辆中 i 种轴型的平均轴数；

NA_{mi}——m 类车辆中 i 种轴型总数；

NT_m——m 类车辆总数；

i——轴型组成、可选单轴单胎、单轴双胎、双联轴和三联轴；

m——表 4-9 所列 2 类~11 类车。

(2)按式(4-2)计算 2 类~11 类车辆不同轴型在不同轴重区间所占的百分比,得到不同轴型的轴重分布系数,即轴载谱。确定轴载谱时,单轴单胎、单轴双胎、双联轴和三联轴应分别间隔 2.5 kN、4.5 kN、9.0 kN 和 13.5 kN 划分轴重区间。

$$ALDF_{mij} = \frac{ND_{mij}}{NA_{mi}} \tag{4-2}$$

式中　$ALDF_{mij}$——m 类车辆中 i 种轴型在 j 级轴重区间的轴重分布系数;

ND_{mij}——m 类车辆中 i 种轴型在 j 级轴重区间的数量;

NA_{mi}——m 类车辆中 i 种轴型的数量;

其他符号意义同式(4-1)。

(3)按式(4-3)计算 2 类~11 类车辆各种轴型在不同轴重区间的当量设计轴载换算系数,计算时取各轴重区间中点值作为该轴重区间代表轴重。按式(4-3)计算各类车辆当量设计轴载换算系数:

$$EALF_{mij} = c_1 c_2 \left(\frac{P_{mij}}{P_s}\right)^b \tag{4-3}$$

式中　P_s——设计轴载,kN;

P_{mij}——m 类车辆中 i 种轴型在 j 级轴重区间的单轴荷(kN),对双联轴和三联轴,为平均分配到每根单轴的荷载;

b——换算指数,分析沥青混合料层疲劳和沥青混合料层永久变形时取 $b=4$,分析路基永久变形时取 $b=5$,分析无机结合料稳定层疲劳时取 $b=13$;

c_1——轴组系数,前后轴间距大于 3 m 时,分别按单个轴计算,轴间距小于 3 m 时,按表 4-13 取值;

c_2——轮组系数,双轮组为 1.0,单轮时取 4.5。

表 4-13　轴组系数取值

设计指标	轮—轴型	c_1 取值
沥青混合料层层底拉应变、沥青混合料层永久变形量	双联轴	2.1
	三联轴	3.2
路基顶面竖向压应变	双联轴	4.2
	三联轴	8.7
无机结合料稳定层层底拉应力	双联轴	2.6
	三联轴	3.8

$$EALF_m = \sum_i \left[NAPT_{mi} \sum_i \left(EALF_{mij} \times ALDF_{mij} \right) \right] \tag{4-4}$$

式中　$EALF_m$——m 类车辆的当量设计轴载换算系数;

$NAPT_{mi}$——m 类车辆中 i 种轴型的平均轴数;

$ALDF_{mij}$——m 类车辆中 i 种轴型在 j 级轴重区间的轴重分布系数;

$EALF_{mij}$——m 类车辆中 i 种轴型在 j 级轴重区间当量设计轴载换算系数,根据式(4-3)计算确定。

(二)水平二和水平三

按式(4-5)确定各类车辆的当量设计轴载换算系数。式(4-5)中非满载车和满载车的比例和当量设计轴载换算系数,水平二时取当地经验值,水平三时取表 4-14 和表 4-15 所列全国经验值。

$$EALF_m = EALF_{ml} \times PER_{ml} + EALF_{mh} \times PER_{mh} \tag{4-5}$$

式中 $EALF_{ml}$——m 类车辆中非满载车的当量设计轴载换算系数;

$EALF_{mh}$——m 类车辆中满载车的当量设计轴载换算系数;

PER_{ml}——m 类车辆中非满载车所占百分比;

PER_{mh}——m 类车辆中满载车所占百分比。

表 4-14　2 类~11 类车辆非满载车与满载车比例

车型	非满载比例	满载比例
2 类	0.80~0.90	0.10~0.20
3 类	0.85~0.95	0.05~0.15
4 类	0.60~0.70	0.30~0.40
5 类	0.70~0.80	0.20~0.30
6 类	0.50~0.60	0.40~0.50
7 类	0.65~0.75	0.25~0.35
8 类	0.40~0.50	0.50~0.60
9 类	0.55~0.65	0.35~0.45
10 类	0.50~0.60	0.40~0.50
11 类	0.60~0.70	0.30~0.40

表 4-15　2 类~11 类车辆当量设计轴载换算系数

车型	沥青混合料层层底拉应变、沥青混合料层永久变形量		无机结合料稳定层层底拉应力		路基顶面竖向压应变	
	非满载车	满载车	非满载车	满载车	非满载车	满载车
2 类	0.8	2.8	0.5	35.5	0.6	2.9
3 类	0.4	4.1	1.3	314.2	0.4	5.6
4 类	0.7	4.2	0.3	137.6	0.9	8.8
5 类	0.6	6.3	0.6	72.9	0.7	12.4
6 类	1.3	7.9	10.2	1 505.7	1.6	17.1
7 类	1.4	6.0	7.8	553.0	1.9	11.7

续表 4-15

车型	沥青混合料层层底拉应变、沥青混合料层永久变形量		无机结合料稳定层层底拉应力		路基顶面竖向压应变	
	非满载车	满载车	非满载车	满载车	非满载车	满载车
8 类	1.4	6.7	16.4	713.5	1.8	12.5
9 类	1.5	5.1	0.7	204.3	2.8	12.5
10 类	2.4	7.0	37.8	426.8	3.7	13.3
11 类	1.5	12.1	2.5	985.4	1.6	20.8

五、当量设计轴载累计作用次数

在设计使用年限内，设计车道上当量轴次的总和，称为当量设计轴载累计作用次数。可根据路面设计结构使用年限，确定当量设计轴载累计作用次数。

(1)根据车辆当量设计轴载换算系数，按式(4-6)确定初始年设计车道日平均当量轴次 N_1。

$$N_1 = AADTT \times DDF \times LDF \times \sum_{m=2}^{11}(VCDF_{m} \times EALF_{m}) \tag{4-6}$$

式中　$AADTT$——2 轴 6 轮及以上车辆的双向车年平均日交通量，辆/d；

DDF——方向系数；

LDF——车道系数；

m——车辆类型编号；

$VCDF_m$——m 类车辆类型分布系数；

$EALF_m$——m 类车辆的当量设计轴载换算系数。

(2)应根据初始年设计车道日平均当量轴次 N_1、设计使用年限等，按式(4-7)计算设计车道上的当量设计轴载累计作用次数 N_e。

$$N_e = \frac{[(1+r)^t - 1] \times 365}{r} N_1 \tag{4-7}$$

式中　N_e——设计使用年限内设计车道上的当量设计轴载累计作用次数，次；

t——设计使用年限，a；

r——设计使用年限内交通量的平均增长率；

N_1——初始年设计车道日平均当量轴次，次/d。

在沥青路面设计中既要考虑使用初期日交通量和远景交通量(使用年限末期交通量)还要计算出路面设计使用年限，设计车道累计承担多少次标准轴载的反复作用。路面使用年限末期的远景交通量由有关部门根据国民经济发展规划给定，或根据交通部门的调查统计资料进行推算而得。我国有关调查统计资料表明，交通量的增长基本上符合几何级数的递增规律。

工作任务四　沥青路面结构组合设计

一、沥青路面结构组合设计的一般原则

沥青路面的设计工作包括路面结构类型选择与结构层厚度确定两大部分。厚度确定必须建立在合理的路面结构类型选择的基础上，路面结构组合设计的好坏直接关系到路面设计工作的成败。

在沥青路面结构组合设计工作中，应遵循以下一些基本规定：

(1)路面结构组合设计应针对各种路面结构组合的力学特性、功能特性及其长期性能衰变规律和损坏特点，遵循路基路面综合设计的理念，保证路面结构的安全、耐久和全寿命周期经济合理。

(2)路面结构可由面层、基层、底基层和必要的功能层组合而成。面层采用不同材料分层铺筑时，可分为表面层、中面层和下面层。

(3)在设计使用年限内，路面应不发生由于疲劳导致的结构破坏，面层可进行表面功能修复。

(4)沥青结合料类材料层间应设置黏层；在沥青结合料类材料层与其他材料层间应设置封层，宜设置透层。

(5)应采取路面结构的防水、排水措施，阻止降水渗入路面结构层。

二、沥青路面结构类型选择

应根据交通荷载等级和路基状况等因素，结合路面材料特性、结构特性和主要损坏类型及性能衰变规律，来选择路面结构类型。不同结构组合的沥青路面主要损坏类型见表4-16。

表4-16　沥青路面主要损坏类型

结构类型	粒料类基层沥青路面、底基层采用粒料的沥青结合料类基层沥青路面			无机结合料稳定类基层沥青路面、底基层采用无机结合料稳定材料的沥青结合料类基层沥青路面	
沥青混合料层厚度/mm	≥150	150~50	≤50	≥150	<150
主要损坏类型	沥青混合料层永久变形、沥青混合料层疲劳开裂	沥青混合料层疲劳开裂、沥青混合料层永久变形	车辙	车辙、基层疲劳开裂、面层反射裂缝	基层疲劳开裂、面层反射裂缝
季节性冻土地区	面层低温开裂				

路面结构类型可按基层材料性质分为无机结合料稳定类基层沥青路面、粒料类基层沥青路面、沥青结合料类基层沥青路面和水泥混凝土基层沥青路面四类。

(一)无机结合料稳定类基层沥青路面

无机结合料稳定类基层沥青路面承载能力高,适应于各种交通荷载等级,主要病害是无机结合料稳定层疲劳开裂和面层反射裂缝。反射裂缝处雨水、雪水渗入后容易出现唧泥、基层脱空等损坏。采用粒料底基层或设置粒料类路基改善层等,可减轻反射裂缝处的唧泥、脱空。

反射裂缝是无机结合料稳定类基层的常见病害,可采取下列一种或多种措施减少基层收缩开裂和路面反射裂缝:

(1)选用抗裂性好的无机结合料稳定类基层。

(2)增加沥青混合料层厚度,或在无机结合料稳定类基层上设置沥青碎石层或级配碎石层。

(3)在无机结合料稳定类基层上设置改性沥青应力吸收层或敷设土工合成材料(加筋作用的功能层),可以起到减少或延缓反射裂缝的作用。

(二)粒料类基层沥青路面

粒料类基层沥青路面适用于重及以下交通荷载等级。它无反射裂缝问题,但沥青面层承受更大的弯拉作用,沥青面层疲劳是主要损坏指标。此外,此类结构沥青面层、粒料层和路基都可能产生永久变形,需关注路面车辙问题。

(三)沥青结合料类基层沥青路面

沥青结合料类基层沥青路面适用各种交通荷载等级,底基层采用无机结合料稳定类材料时,性能类似于无机结合料稳定类基层沥青路面,由于沥青混合料层较厚,路面承载能力更强,且具有更好的延缓反射裂缝能力。底基层采用粒料类材料时,性能类似于粒料类基层沥青路面。

(四)水泥混凝土基层沥青路面

水泥混凝土基层沥青路面适用于重及以上交通荷载等级。它具有较高承载能力,除水泥混凝土路面常见损坏外,此类路面结构主要病害是水泥混凝土板接缝处沥青面层反射裂缝和沥青面层永久变形。

选择路面结构类型还应考虑以下状况:

(1)路基湿度状态为中湿或潮湿时,宜采用粒料类底基层或设置粒料类路基改善层。

(2)多雨地区,无机结合料稳定类基层和水泥混凝土基层沥青路面出现反射裂缝后易发展为唧泥、脱空等,从而加速路面状况恶化。路面有必要采取如在无机结合料稳定类基层或水泥混凝土基层下方铺设粒料排水层或设置粒料类路基改善层等措施,减少唧泥、脱空等水损坏。

三、沥青路面结构层厚度确定

选定结构组合后,可根据交通荷载等级参考初选结构层厚度。不同交通荷载等级时,沥青路面结构层厚度组合可参照表4-17~表4-24选用,也可根据当地工程经验确定。

表 4-17　无机结合料稳定类基层(粒料类底基层)路面厚度范围　单位:mm

交通荷载等级	极重、特重	重	中等	轻
面层	250~150	250~150	200~100	150~20
基层(无机结合料稳定类)	600~350	550~300	500~250	450~150
底基层(粒料类)	200~150			

表 4-18　无机结合料稳定类基层(无机结合料稳定类底基层)路面厚度范围　单位:mm

交通荷载等级	极重、特重	重	中等	轻
面层	250~120	250~100	200~100	150~20
基层(无机结合料稳定类)	500~250	450~200	400~150	500~200
底基层(无机结合料稳定类)	200~150			—

表 4-19　粒料类基层(粒料类底基层)路面厚度范围　单位:mm

交通荷载等级	重	中等	轻
面层	350~200	300~150	200~100
基层(粒料类)	450~350	400~300	350~250
底基层(粒料类)	200~150		

表 4-20　沥青结合料类基层(粒料底基层)路面厚度范围　单位:mm

交通荷载等级	重	中等	轻
面层	150~120	120~100	80~40
基层(沥青结合料类)	250~200	220~180	200~120
底基层(粒料类)	400~300	400~300	350~250

表 4-21　沥青结合料类基层(无机结合料稳定类底基层)路面厚度范围　单位:mm

交通荷载等级	极重、特重	重	中等	轻
面层	120~100	120~100	100~80	80~40
基层(沥青结合料类)	180~120	150~100	150~100	100~80
底基层(无机结合料稳定类)	600~300	600~300	550~250	450~200

表 4-22 沥青结合料类基层(粒料+无机结合料底基层)路面厚度范围 单位:mm

交通荷载等级	极重、特重	重	中等	轻
面层	120~100	120~100	100~80	80~40
基层 (沥青结合料类)	240~160	180~120	160~100	100~80
底基层(粒料类)	200~150	200~150	200~150	200~150
底基层 (无机结合料类)	400~200	400~200	350~200	250~150

表 4-23 基层和底基层厚度 单位:mm

材料种类	集料公称最大粒径	厚度,不小于
密集配沥青碎石、 半开级配沥青碎石、 开级配沥青碎石	19.0	50
	26.5	80
	31.5	100
	37.5	120
沥青贯入碎石	—	40
贫混凝土	31.5	120
无机结合料稳定类	19.0、26.5、31.5、37.5	150
	53.0	180
级配碎石、级配砾石、 未筛分碎石、天然砂砾	25.5、31.5、37.5	100
	53.0	120
填隙碎石	37.5	75
	53.0	100
	63.0	120

表 4-24 面层材料的交通荷载等级和层位

材料类型	适用交通荷载等级和层位
连续级配沥青混合料	各交通荷载等级的表面层、中面层和下面层
沥青玛琋脂碎石混合料	极重、特重和重交通荷载等级的表面层、对抗滑有特殊要求的表面层

续表 4-24

材料类型	适用交通荷载等级和层位
厂拌热再生沥青混合料	各交通荷载等级的表面层、中面层和下面层
上拌下贯沥青碎石	中等、轻交通荷载等级的面层(宜 40~80 mm,用乳化沥青不应大于 50 mm,拌和层厚度不应小于 25 mm)
沥青表面处治	中等、轻交通荷载等级的表面层(单层 10~15 mm,双层 15~25 mm,三层 25~35 mm)

结构层厚度应根据交通荷载等级、路基承载能力等因素选择。交通荷载等级高、路基承载能力弱时宜取靠近高限的厚度或参照高一个交通荷载等级的路面厚度范围;反之,可靠近低限取值或参照低一个交通荷载等级的路面厚度范围。

四、沥青路面结构组合设计对公路各结构部分的要求

(一)路基

在路面结构中要求路基应稳定、密实和均匀,并具有足够的承载能力。多雨地区土质路堑和强风化岩石路段,应加强填挖交界处及路堑段的排水设计,改善路基水文状况。岩石或填石路基顶面应设置整平层,厚度宜为 200~300 mm。新建公路路床应处于干燥或中湿状态,并应采取措施防止地表水或地下水的侵入。

(二)基层和底基层

在路面结构中要求基层和底基层应具有足够的承载能力、抗疲劳开裂性能、足够的耐久性和水稳定性。沥青结合料类和粒料类基层尚应具有足够的抗永久变形能力。基层和底基层材料类型可参照情境二表 2-1 选用。

需要说明的是再生沥青混合料和再生无机结合料稳定材料可用于各交通荷载等级的基层和底基层,厂拌热再生沥青混合料宜用于极重、特重和重交通荷载等级的基层。无机结合料稳定层与沥青结合料类材料层间可设置级配碎石、半开级配或开级配沥青碎石层。不同材料基层和底基层厚度宜符合表 4-23 的规定。

(三)面层

路面结构要求面层应具有平整、抗车辙、抗疲劳开裂、抗低温开裂和抗水损坏等性能,表面层混合料尚应具有抗滑和耐磨损性能,密级配沥青混合料表面层应具有低透水性能。面层材料类型宜按表 4-24 选用。

对抗滑、排水或降噪有特殊要求的表面层可采用开级配沥青混合料,表面层下应设置防水层,防水层可采用改性乳化沥青或改性沥青等。不同粒径沥青混合料的层厚应符合表 4-25 的规定。连续级配沥青混合料和沥青玛𤧛脂碎石混合料的结构层厚度不宜小于集料公称最大粒径的 2.5 倍。开级配沥青混合料的结构层厚度不宜小于集料公称最大粒径的 2.0 倍。

表 4-25　不同粒径沥青混合料层厚　　单位:mm

沥青混合料类型	以下集料公称最大粒径沥青混合料的层厚,不小于					
	4.75	9.5	13.2	16.0	19.0	26.5
连续级配沥青混合料	15	25	35	40	50	75
沥青玛琦脂碎石	—	30	40	50	60	—
开级配沥青混合料	—	20	25	30	—	—

(四)功能层

季节性冻土地区路面厚度不满足防冻要求时,应增设防冻层。防冻层宜采用粗砂、砂砾和碎石等粒料类材料。地下水位高、排水不良的路段,有裂隙水、泉眼等水文条件不良岩石挖方路段,基层和底基层为非粒料类材料时,可在基层或底基层与路床间设置粒料层。粒料层应与路基边缘或与边沟下渗沟相连接,厚度不宜小于 150 mm。

无机结合料稳定类或冷再生类材料结构层与沥青结合料类结构层之间宜设置封层,封层可采用单层沥青表面处治或稀浆封层等。当设置改性沥青应力吸收层时,可不再设封层。极重、特重和重交通荷载等级路面的黏层宜采用改性乳化沥青、道路石油沥青或改性沥青;中等和轻交通荷载等级路面的黏层可选用乳化沥青;水泥混凝土板与沥青面层间的黏层宜采用改性沥青。单层表面处治封层的结合料可采用改性沥青、道路石油沥青或乳化沥青。改性沥青应力吸收层宜采用橡胶沥青。

粒料类基层和无机结合料稳定类基层顶面宜设置透层,透层沥青应具有良好的渗透性,可采用稀释沥青和乳化沥青等。

(五)路肩

路肩结构组合和材料选用应与行车道路面相协调,不应影响路面结构中水的排出。极重、特重和重交通荷载等级公路及冻土地区,硬路肩基层、底基层材料和厚度应与行车道路面相同。三级和四级公路硬路肩可采用沥青结合料类材料或粒料。

(六)路面排水

路面结构内部排水应与公路其他相关排水系统相衔接,并应符合现行《公路排水设计规范》(JTG/T D33—2012)的有关规定。采用开级配沥青混合料表面层,或设置粒料、开级配或半开级配混合料等排水层、防冻层时,可采用横贯整幅路基的形式,或设置边缘排水系统。

工作任务五　认知沥青路面结构层材料性质和设计参数

一、一般规定

路面材料应根据公路等级、交通荷载等级、气候条件、各结构层功能要求和当地材料特性等，在技术经济论证基础上进行设计并确定材料设计参数。路面结构层材料设计参数的确定可分为下列三个水平：

(1)水平一，通过室内试验实测确定。

(2)水平二，利用已有经验关系式确定。

(3)水平三，参照典型数值确定。

高速公路和一级公路的施工图设计阶段宜采用水平一，其他设计阶段可采用水平二或水平三；二级及二级以下公路可采用水平二或水平三。

二、路基

路基顶面回弹模量应符合表4-26的规定。不满足要求时，应采用改变填料、设置粒料类或无机结合料稳定类路基改善层，或采取石灰或水泥处理等措施提高路基顶面回弹模量。

表4-26　路基顶面回弹模量 单位：MPa

交通荷载等级	极重	特重	重	中等、轻
回弹模量，不小于	70	60	50	40

三、粒料类材料

按粒径类型和层位参照表4-27确定粒料回弹模量取值。

表4-27　粒料回弹模量取值范围 单位：MPa

材料类型和层位	最佳含水率和与压实度要求相应的干密度条件下	经湿度调整后
级配碎石基层	200~400	300~700
级配碎石底基层	180~250	190~440
级配砾石基层	150~300	250~600
级配砾石底基层	150~220	160~380
未筛分碎石层	180~220	200~400
天然砂砾层	105~135	130~240

注：材料性能好、级配好或压实度大时取高值，反之取低值。

四、无机结合料稳定类材料

水泥稳定类材料水泥剂量宜为3.0%~6.0%。贫混凝土集料公称最大粒径不宜大于31.5 mm，水泥用量不得少于170 kg/m^3，28 d弯拉强度标准值宜控制在2.0~2.5 MPa范围内。无机结合料稳定类材料7 d无侧限抗压强度代表值应符合表4-28的要求。

表 4-28　无机结合料稳定类材料 7 d 无侧限抗压强度标准(代表值)　单位:MPa

材料	结构层	公路等级	极重、特重交通	重交通	中等、轻交通
水泥稳定类	基层	高速公路、一级公路	5.0~7.0	4.0~6.0	3.0~5.0
		二级及二级以下公路	4.0~6.0	3.0~5.0	2.0~4.0
	底基层	高速公路、一级公路	3.0~5.0	2.5~4.5	2.0~4.0
		二级及二级以下公路	2.5~4.5	2.0~4.0	1.0~3.0
水泥粉煤灰稳定类	基层	高速公路、一级公路	4.0~5.0	3.5~4.5	3.0~4.0
		二级及二级以下公路	3.5~4.5	3.0~4.0	2.5~3.5
	底基层	高速公路、一级公路	2.5~3.5	2.0~3.0	1.5~2.5
		二级及二级以下公路	2.0~3.0	1.5~2.5	1.0~2.0
石灰粉煤灰稳定类	基层	高速公路、一级公路	≥1.1	≥1.0	≥0.9
		二级及二级以下公路	≥0.9	≥0.8	≥0.7
	底基层	高速公路、一级公路	≥0.8	≥0.7	≥0.6
		二级及二级以下公路	≥0.7	≥0.6	≥0.5
石灰稳定类	基层	二级及二级以下公路	—	—	≥0.8[1]
	底基层	高速公路、一级公路	—	—	≥0.8
		二级及二级以下公路	—	—	0.5~0.7[2]

注:[1]在低塑性土(塑性指数小于 7)地区,石灰稳定砂砾和碎石的 7 d 龄期无侧限抗压强度应大于 0.5 MPa(100 g 平衡锥测液限)。

[2]低限用于塑性指数小于 7 的黏土,高限用于塑性指数大于或等于 7 的黏土。

无机结合料稳定类材料弯拉强度和弹性模量应按规定,依据相应的水平确定:

(1)水平一,采用中间段法单轴压缩试验测定。弯拉强度和弹性模量的测定应符合《公路工程无机结合料稳定材料试验规程》(JTG E51—2009)的有关规定。测试时水泥稳定类、水泥粉煤灰稳定类材料试件的龄期应为 90 d,石灰稳定类、石灰粉煤灰稳定类材料试件的龄期应为 180 d。弯拉强度和弹性模量应取用测试数据的平均值。

(2)水平三,参照表 4-29 确定弯拉强度和弹性模量。

表 4-29　无机结合料稳定类材料的弯拉强度和弹性模量取值范围　　单位:MPa

材料	弯拉强度	弹性模量
水泥稳定粒料、 水泥粉煤灰稳定粒料、 石灰粉煤灰稳定粒料	1.5~2.0	18 000~28 000
	0.9~1.5	14 000~20 000
水泥稳定土、 水泥粉煤灰稳定土、 石灰粉煤灰稳定土	0.6~1.0	5 000~7 000
石灰土	0.3~0.7	3 000~5 000

注:结合料用量高、材料性能好、级配好或压实度大时取高值,反之取低值。

结构验算时,无机结合料稳定类材料弹性模量应乘以结构层模量调整系数 0.5。冻土地区高速公路和一级公路的石灰粉煤灰稳定类基层,应按《公路工程无机结合料稳定材料试验规程》(JTG E51—2009)的有关规定进行材料抗冻性能检验,其残留抗压强度比应符合表 4-30 的要求。

表 4-30　石灰粉煤灰稳定类材料抗冻性能技术要求

气候区	重冻区	中冻区
残留抗压强度比/%	≥70	≥65

五、沥青结合料类材料

沥青混合料应采用道路石油沥青或其加工产品,沥青类型应根据公路等级、气候条件、交通荷载等级、结构层位和施工条件等确定。极重、特重和重交通荷载等级公路,气候条件严酷地区公路,以及连续长陡纵坡路段,中面层和表面层宜采取优化混合料级配、选用改性沥青或添加外掺剂等措施。开级配沥青混合料表面层宜采用高黏沥青或橡胶沥青,并采用适量消石灰或水泥替代矿粉。表面层沥青混合料公称最大粒径不宜大于 16.0 mm,中面层和下面层沥青混合料公称最大粒径不宜小于 16.0 mm,基层沥青碎石公称最大粒径不宜小于 26.5 mm。季节性冻土地区高速公路和一级公路表面层沥青低温性能宜满足下列指标要求:

(1)分析连续 10 年年最低气温平均值,作为路面低温设计温度。路面低温设计温度提高 10 ℃的试验条件下,沥青弯曲梁流变试验蠕变劲度 S_t 不宜大于 300 MPa,且蠕变曲线斜率 m 不宜大于 0.30。

(2)当蠕变劲度 S_t 在 300~600 MPa 范围内,且蠕变曲线斜率 m 大于 0.30 时,增加沥青直接拉伸试验,其断裂应变不宜小于 1%。

(3)以上都不满足时,采用弯曲梁流变试验和直接拉伸试验确定沥青临界开裂温度,临界开裂温度不宜高于路面低温设计温度。

二级及二级以上公路公称最大粒径不大于 19.0 mm 的沥青混合料,宜在温度为-10 ℃、加载速率为 50 mm/min 条件下进行小梁弯曲试验。沥青混合料的破坏应变宜符合表 4-31 的规定。

表 4-31　沥青混合料低温弯曲试验破坏应变技术要求

气候条件与技术指标	相应于下列气候分区所要求的破坏应变 $\mu\varepsilon$								
年极端最低气温(℃)及气候分区	<-37.0		-37.0~-21.5			-21.5~-9.0		>-9.0	
	1. 冬严寒区		2. 冬寒区			3. 冬冷区		4. 冬温区	
	1-1	2-1	1-2	2-2	3-2	1-3	2-3	1-4	2-4
普通沥青混合料,不小于	2 600		2 300			2 000			
改性沥青混合料,不小于	3 000		2 800			25 000			

注:气候分区的确定应符合《公路沥青路面施工技术规范》(JTG F40—2004)的有关规定。

高速公路和一级公路沥青混合料应在规定的试验条件下进行车辙试验,并应符合表 4-32 的要求。二级公路可参照执行。

表 4-32　沥青混合料车辙试验动稳定度技术要求　　单位:次/mm

气候条件与技术指标	相应于下列气候分区所要求的动稳定度技术要求								
7 月平均最高气温(℃)及气候分区	>30				20~30				<20
	1. 夏炎热区				2. 夏热区				3. 夏凉区
	1-1	1-2	1-3	1-4	2-1	2-2	2-3	2-4	3-2
普通沥青混合料,不小于	800		1 000		600	800			600
改性沥青混合料,不小于	2 800		3 200		2 000	2 400			1 800
SMA 混合料,不小于　普通沥青	1 500								
SMA 混合料,不小于　改性沥青	3 000								
OGFC 混合料,不小于	1 500(中等、轻交通荷载等级)、3 000(重及以上交通荷载等级)								

注:1. 气候分区的确定应符合《公路沥青路面施工技术规范》(JTG F40—2004)的有关规定。
2. 当其他月份的平均最高气温高于 7 月时,可使用该月平均最高气温。
3. 在特殊情况下,对钢桥面铺装、重载车特别多或纵坡较大的长距离上坡路段、厂矿专用道路,可酌情提高动稳定度要求。
4. 对炎热地区或特重及以上交通荷载等级公路,可根据气候条件和交通状况适当提高试验温度或增加试验荷载。

宜采用单轴贯入试验方法测定沥青混合料贯入强度。无机结合料稳定类基层沥青路面、底基层采用无机结合料稳定类材料的沥青结合料类基层沥青路面和水泥混凝土基层沥青路面的沥青混合料贯入强度,宜满足式(4-8)的要求。

$$R_{\tau s} \geqslant \left(\frac{0.31\lg N_{e5} - 0.68}{\lg[R_a] - 13.11\lg T_d - \lg\psi_s + 2.50}\right)^{1.86} \tag{4-8}$$

式中 $[R_a]$——沥青混合料层容许永久变形量,mm,可根据公路等级参照表4-4确定;

N_{e5}——设计使用年限内或通车至首次针对车辙维修的期限内,月平均气温大于0 ℃的月份,设计车道当量设计轴载累计作用次数,按本规范附录A计算;

T_d——设计气温,℃,为所在地区月平均气温大于0 ℃的各月份气温平均值;

ψ_s——路面结构系数,可根据式(4-9)计算;

$$\psi_s = (0.52h_a^{-0.003} - 317.59h_b^{-1.32})E_b^{0.1} \tag{4-9}$$

$$R_{\tau s} = \sum_{i=0}^{n} \omega_{is} R_{ti} \tag{4-10}$$

式中 h_a——沥青混合料层的厚度,mm;

h_b——无机结合料稳定层或水泥混凝土层的厚度,mm;

E_b——无机结合料稳定层或水泥混凝土层的模量,MPa;

$R_{\tau s}$——各沥青混合料层的综合贯入深度,根据式(4-10)确定;

$R_{\tau i}$——第i层沥青混合料的贯入强度,MPa,根据《公路沥青路面设计规范》(JTG D50—2017)附录F所列方法试验确定,普通沥青混合料一般为0.4~0.7 MPa,改性沥青混合料一般为0.7~1.2 MPa;

n——沥青混合料层的层数;

ω_{is}——第i层沥青混合料的权重,为第i层厚度中点剪应力与各层厚度中点剪应力之和的比值($\omega_{is} = \dfrac{\tau_i}{\sum_{i=0}^{n}\tau_i}$)。

对于式(4-10)中ω_{is}的取值:沥青混合料层为1层时,ω_1取1.0;沥青混合料层为2层时,自上而下,ω_1可取0.48,ω_2可取0.52;沥青混合料层为3层时,自上而下,ω_1、ω_2和ω_3可分别取0.35、0.42和0.23。

粒料类基层沥青路面和底基层采用粒料的沥青结合料类基层沥青路面,沥青混合料贯入强度宜满足式(4-11)的要求。

$$R_{\tau g} \geqslant \left(\frac{0.35\lg N_{e5} - 1.16}{\lg[R_a] - 1.62\lg T_d - \lg\psi_g + 2.76}\right)^{1.38} \tag{4-11}$$

$$\psi_g = 20.16h_a^{-0.642} + 820\,916h_b^{-2.84} \tag{4-12}$$

$$R_{\tau g} = \sum_{i=1}^{n} \omega_{ig} R_{\tau i} \tag{4-13}$$

式中 ψ_g——路面结构系数,根据式(4-12)计算;

$R_{\tau g}$——路面各层沥青混合料的综合贯入强度,根据式(4-13)确定;

ω_{ig}——第i层沥青混合料的权重,为第i层厚度中点剪应力与各层厚度中点剪应力之和的比值($\omega_{ig} = \dfrac{\tau i}{\sum_{i=0}^{n}\tau_i}$);

其他符号意义同式(4-8)~式(4-10)。

对于式(4-13)中 ω_{ig} 的取值:沥青混合料层为1层时,ω_1 取1.0;沥青混合料层为2层时,自上而下,ω_1 可取0.44,ω_2 可取0.56;沥青混合料层为3层时,自上而下,ω_1、ω_2 和 ω_3 可分别取0.27、0.36和0.37。

沥青混合料应测试浸水马歇尔试验残留稳定度和冻融劈裂试验残留强度比检验水稳定性。两项指标应符合表4-33的规定。水稳定性不满足要求时,可采取掺入消石灰、水泥或抗剥落剂,或更换集料等措施。

表4-33　沥青混合料水稳定性技术要求

沥青混合料类型		相应于以下年降雨量的技术要求	
		≥500 mm	<500 mm
浸水马歇尔试验残留稳定度/%			
普通沥青混合料,不小于		80	75
改性沥青混合料,不小于		85	80
SMA混合料,不小于	普通沥青	75	
	改性沥青	80	
冻融劈裂试验的残留强度比/%			
普通沥青混合料,不小于		75	70
改性沥青混合料,不小于		80	75
SMA混合料,不小于	普通沥青	75	
	改性沥青	80	

沥青混合料动态压缩模量应按规定依据相应的水平确定:

(1)水平一,沥青混合料动态压缩模量的测定应符合《公路工程沥青及沥青混合料试验规程》(JTG E20—2011)的有关规定,取平均值,试验温度选用20 ℃,面层沥青混合料加载频率采用10 Hz,基层沥青混合料加载频率采用5 Hz。

(2)水平二,采用式(4-14)计算确定沥青混合料动态压缩模量,适用于采用道路石油沥青和常规级配的沥青混合料。

$$\lg E_a = 4.59 - 0.02f + 2.58G^* - 0.14P_a - 0.041V - 0.03VCA_{DRC} - 2.65 \times 1.1^{\lg f} G^* \cdot f^{-0.06} - 0.05 \times 1.52^{\lg f} VCA_{DRC} \cdot f^{-0.21} + 0.003\,1 f \cdot P_a + 0.002\,4V \tag{4-14}$$

式中　E_a——沥青混合料动态压缩模量,MPa;

f——试验频率,Hz;

G^*——60 ℃、10 rad/s下沥青动态剪切复数模量,kPa;

P_a——沥青混合料的油石比(%);

V——压实沥青混合料的空隙率(%);

VCA_{DRC}——捣实状态下粗集料的松装间隙率(%)。

(3)水平三,参照表 4-34 确定沥青混合料动态压缩模量。

表 4-34 常用沥青混合料 20 ℃条件下动态压缩模量取值范围 单位:MPa

沥青混合料类型	沥青种类			
	70 号道路石油沥青	90 号道路石油沥青	110 号道路石油沥青	SBS 改性沥青
SMA10、SMA13、SMA16	—	—	—	7 500~12 000
AC10、AC13	8 000~12 000	7 500~11 500	7 000~10 500	8 500~12 500
AC16、AC20、AC25	9 000~13 500	8 500~13 000	7 500~12 000	9 000~13 500
ATB25	7 000~11 000	—	—	—

注:1. ATB25 为 5 Hz 条件下动态压缩模量,其他沥青混合料为 10 Hz 条件下动态压缩模量。

2. 沥青黏度大、级配好或空隙率小时取高值,反之取低值。

六、泊松比

各类材料的泊松比应按表 4-35 确定。

表 4-35 泊松比取值

材料类别	路基	粒料	无机结合料	密级配沥青混合料	开级配沥青混合料、半开级配沥青混合料
泊松比	0.40	0.35	0.25	0.25	0.40

工作任务六 沥青路面设计指标及结构层验算

路面结构力学指标计算应采用双圆均布垂直荷载作用下的弹性层状连续体系理论。路面结构组合应先初拟方案,进行路面结构验算,再结合工程经验和经济分析选定路面结构方案。对于二级及二级以下公路,当交通荷载等级为中等、轻水平时,可依据所在地区经验结构合理选择路面设计方案。

一、设计指标

路面结构验算应根据路面结构组合,参照表 4-36 选择设计指标。

表 4-36　不同结构组合路面的设计指标

基层类型	底基层类型	设计指标[1]
无机结合料稳定类	粒料类	无机结合料稳定层层底拉应力、沥青混合料层永久变形量
	无机结合料稳定类	
沥青结合料类	粒料类	沥青混合料层层底拉应变、沥青混合料层永久变形量、路基顶面竖向压应变
	无机结合料稳定类	沥青混合料层永久变形量、无机结合料稳定层层底拉应力
粒料类[2]	粒料类	沥青混合料层层底拉应变、沥青混合料层永久变形量、路基顶面竖向压应变
	无机结合料稳定类	沥青混合料层层底拉应变、沥青混合料层永久变形量、无机结合料稳定层层底拉应力
水泥混凝土[3]	—	沥青混合料层永久变形量

注：[1]季节性冻土地区应增加沥青面层低温开裂验算和防冻厚度验算。
[2]在沥青混合料层与无机结合料稳定层间设置粒料层时，应验算沥青混合料层疲劳开裂寿命。
[3]水泥混凝土基层应按《公路水泥混凝土路面设计规范》(JTG D40—2011)设计。

路面结构验算时，各设计指标应选用表 4-37 规定的竖向位置处的力学响应，并应按图 4-6 所示计算点位置，选取 *A*、*B*、*C* 和 *D* 四点位置计算的最大力学响应量。

表 4-37　各设计指标对应的力学响应及其竖向位置

设计指标	力学响应	竖向位置
沥青混合料层层底拉应变	沿行车方向的水平拉应变	沥青混合料层层底
无机结合料稳定层层底拉应力	沿行车方向的水平拉应力	无机结合料稳定层层底
沥青混合料层永久变形量	竖向压应力	沥青混合料层各分层顶面
路基顶面竖向压应变	竖向压应变	路基顶面

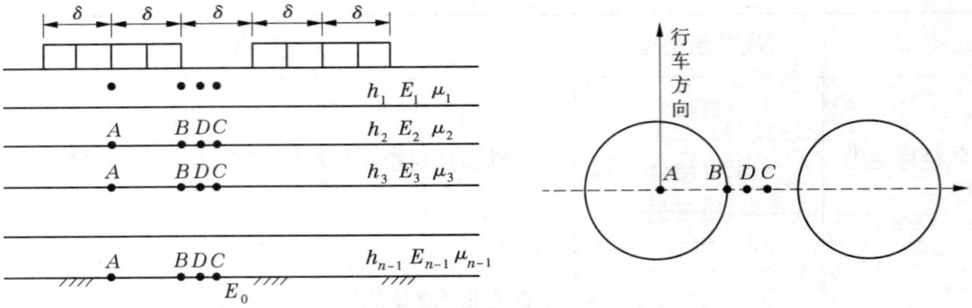

图 4-6 力学响应计算点位置图示

二、交通、材料和环境参数

各设计指标对应的当量设计轴载累计作用次数，应根据交通参数调查分析结果和设计使用年限，按规范的规定计算确定。路面结构验算时结构层模量取值应符合下列规定：

（1）沥青面层采用 20 ℃、10 Hz 条件下的动态压缩模量，沥青类基层采用 20 ℃、5 Hz 条件下的动态压缩模量。

（2）无机结合料稳定层采用经调整系数修正后的弹性模量。

（3）粒料层采用经湿度调整的回弹模量，路基采用平衡湿度状态下并考虑干湿与冻融循环作用后的顶面当量回弹模量。

沥青混合料层疲劳开裂寿命、无机结合料稳定层疲劳开裂寿命和路基顶面竖向压应变验算时，应根据所在地区的气温条件、路面结构类型和结构层厚度，按规范确定温度调整系数。沥青混合料层永久变形量验算时，应根据所在地区的气温条件，按规范选用相应的等效温度。

三、沥青混合料层疲劳开裂验算

沥青混合料层的疲劳开裂寿命应根据路面结构分析得到的沥青混合料层层底拉应变，按式（4-15）计算。

$$N_{f1} = 6.32 \times 10^{15.96-0.29\beta} k_a k_b k_{T1}{}^{-1} \left(\frac{1}{\varepsilon_a}\right)^{3.97} \left(\frac{1}{E_a}\right) (VFA)^{2.72} \tag{4-15}$$

$$k_b = \left[\frac{1 + 0.3E_a^{0.43}(VFA)^{-0.85} e^{0.024h_a - 5.41}}{1 + e^{0.024h_a - 5.14}}\right]^{3.33} \tag{4-16}$$

式中 N_{f1}——沥青混合料层疲劳开裂寿命，轴次；

β——目标可靠指标，根据公路等级按表 4-1 取值；

k_a——季节性冻土地区调整系数，按表 4-38 采用内插法确定；

k_b——疲劳加载模式系数，按式（4-16）计算：

E_a——沥青混合料 20 ℃时的动态压缩模量，MPa；

VFA——沥青混合料的沥青饱和度（%），根据混合料设计结果或按《公路沥青路面施工技术规范》（JTG F40—2004）的有关规定确定；

h_a——沥青混合料层厚度,mm;

k_{T1}——温度调整系数,按《公路沥青路面设计规范》(JTG D50—2017)附录 G 确定;

ε_a——沥青混合料层层底拉应变(10^{-6}),根据弹性层状体系理论,按《公路沥青路面设计规范》(JTG F50—2017)的规定选取计算点,按式(4-17)计算。

$$\varepsilon_a = p\bar{\varepsilon}_a$$

$$\bar{\varepsilon}_a = f\left(\frac{h_1}{\delta},\frac{h_2}{\delta},\cdots,\frac{h_{n-1}}{\delta};\frac{E_2}{E_1},\frac{E_3}{E_2},\cdots,\frac{E_0}{E_{n-1}}\right) \tag{4-17}$$

式中 $\bar{\varepsilon}_a$——理论拉应变系数;

p——标准轴载的轮胎接地压强,MPa;

δ——标准轴载的轮轴当量圆半径,mm;

E_0——路基顶面回弹模量,MPa;

$h_1,h_2,\cdots,h_{n-1}$——各结构层厚度,mm;

$E_1,E_2,\cdots,E_{n-1}$——各结构层模量,MPa。

表 4-38 季节性冻土地区调整系数 k_a

冻区	重冻区	中冻区	轻冻区	其他地区
冻结指数 F/(℃·d)	≥2 000	2 000~800	800~50	≤50
k_a	0.60~0.70	0.70~0.80	0.80~1.00	1.00

沥青混合料层的疲劳开裂寿命应大于设计使用年限内设计车道的当量设计轴载累计作用次数。否则,应调整路面结构方案,重新验算,直至满足要求。

四、无机结合料稳定层疲劳开裂验算

无机结合料稳定层的疲劳开裂寿命应根据路面结构分析得到的各无机结合料稳定层层底拉应力,按式(4-18)计算:

$$N_{f2} = k_a k_{T2}^{-1} 10^{a-b\frac{\sigma_t}{R_s}+k_c-0.57\beta} \tag{4-18}$$

$$k_c = c_1 e^{c_2(h_a+h_b)} + c_3 \tag{4-19}$$

$$\sigma_t = p\bar{\sigma}_t$$

$$\bar{\sigma}_t = f\left(\frac{h_1}{\delta},\frac{h_2}{\delta},\cdots,\frac{h_{n-1}}{\delta};\frac{E_2}{E_1},\frac{E_3}{E_2},\cdots,\frac{E_0}{E_{n-1}}\right) \tag{4-20}$$

式中 N_{f2}——无机结合料稳定层的疲劳开裂寿命,轴次;

k_a——季节性冻土地区调整系数,按表 4-38 确定;

k_{T2}——温度调整系数,根据《公路沥青路面设计规范》(JTG D50—2017)附录 G 确定;

R_s——无机结合料稳定类材料的弯拉强度,MPa;

a,b——疲劳试验回归参数,按表 4-39 确定;

k_c——现场综合修正系数,按式(4-19)计算;

c_1,c_2,c_3——参数,按表 4-40 取值;

h_a,h_b——沥青混合料层和计算点以上无机结合料稳定层厚度;

β——目标可靠指标,根据公路等级按表 4-1 取值;

σ_t——无机结合料稳定层的层底拉应力,MPa,根据弹性层状体系理论,按《公路沥青路面设计规范》(JTG D50—2017)的规定选取计算点,按式(4-20)计算;

$\overline{\sigma}_t$——理论拉应力系数;

其他符号意义同式(4-17)。

表 4-39 无机结合料稳定层疲劳破坏模型参数

材料类型	a	b
无机结合料稳定粒料	13.24	12.52
无机结合料稳定土	12.18	12.79

表 4-40 现场综合修正系数 k_c 相关系数

材料类型	新建路面结构层或改建工程既有路面结构层		改建工程加铺层	
	无机结合料稳定粒料	无机结合料稳定土	无机结合料稳定粒料	无机结合料稳定土
c_1	14.0	35.0	18.5	21.0
c_2	-0.007 6	-0.015 6	-0.01	-0.012 5
c_3	-1.47	-0.83	-1.32	-0.82

无机结合料稳定层的疲劳开裂寿命应大于设计使用年限内设计车道的当量设计轴载累计作用次数。否则,应调整路面结构组合或层厚,直至满足要求。

沥青混合料层永久变形量不应大于表 4-4 所列容许永久变形量。

五、沥青混合料层永久变形量验算

应按下列要求对各项沥青混合料层进行分层,分别计算各分层的永久变形量:

(1)表面层,采用 10~20 mm 为一分层。

(2)第二层沥青混合料层,每一分层厚度应不大于 25 mm。

(3)第三层沥青混合料层,每一分层厚度应不大于 100 mm。

(4)第四层及其以下沥青混合料层,作为一个分层。

根据标准条件下的车辙试验,得到各层沥青混合料的车辙试验永久变形量,按式(4-21)计算各分层的永久变形量和沥青混合料层总的永久变形量。

$$R_a = \sum_{i=1}^{n} R_{ai} \tag{4-21}$$

$$R_{ai} = 2.31 \times 10^{-8} k_{Ri} T_{pef}^{2.93} p_i^{1.80} N_{e3}^{0.48} (h_i / h_0) R_{0i} \tag{4-22}$$

式中　R_a——沥青混合料层永久变形量，mm；

R_{ai}——第 i 层永久变形量，mm；

n——分层数；

T_{pef}——沥青混合料层永久变形等效温度，℃，根据《公路沥青路面设计规范》(JTG D50—2017)附录 G 确定；

N_{e3}——设计使用年限内或通车至首次针对车辙维修的期限内，设计车道上当量设计轴载累计作用次数，按《公路沥青路面设计规范》(JTG D50—2017)附录 A 计算；

h_i——第 i 分层厚度，mm；

h_0——车辙试验试件的厚度，mm；

R_{0i}——第 i 分层沥青混合料在试验温度为 60 ℃，压强为 0.7 MPa，加载次数为 2 520 次时，车辙试验永久变形量，mm；

k_{Ri}——综合修正系数，按式(4-23)计算。

$$k_{Ri} = (d_1 + d_2 \cdot z_i) \cdot 0.973\,1^{z_i} \tag{4-23}$$

$$d_1 = -1.35 \times 10^{-4} h_a^2 + 8.18 \times 10^{-2} h_a - 14.50 \tag{4-24}$$

$$d_2 = 8.78 \times 10^{-7} h_a^2 - 1.50 \times 10^{-3} h_a + 0.90 \tag{4-25}$$

$$p_i = p\bar{p}_i \tag{4-26}$$

$$\bar{p}_i = f\left(\frac{h_1}{\delta}, \frac{h_2}{\delta}, \cdots, \frac{h_{n-1}}{\delta}; \frac{E_2}{E_1}, \frac{E_3}{E_2}, \cdots, \frac{E_0}{E_{n-1}}\right)$$

式中　z_i——沥青混合料层第 i 分层深度，mm，第一分层取为 15 mm，其他分层为路表据分层中点的深度；

h_a——沥青混合料层厚度，mm，h_a 大于 200 mm，取 200 mm；

p_i——沥青混合料层第 i 分层顶面竖向压应力，MPa，根据弹性层状体系理论，选取计算点，按式(4-26)计算；

$\bar{p}_i$——理论压应力系数；

其他符号意义同式(4-17)。

验算所得的沥青混合料层永久变形量应满足表 4-4 的容许永久变形量要求。否则，应调整沥青混合料设计，直至满足要求。

满足沥青混合料层容许永久变形量要求的沥青混合料，尚应满足标准车辙试验的动稳定度要求，其永久变形量 R_0 对应的稳定度可用作沥青混合料的质量要求和施工控制指标。标准车辙试验温度为 60 ℃，压强为 0.7 MPa，试件厚度为 50 mm，加载次数为 2 520 次时沥青混合料的动稳定度 DS，可根据永久变形量 R_0，按式(4-27)计算。

$$DS = 9\,365 R_0^{-1.48} \tag{4-27}$$

式中　DS——沥青混合料动稳定度，次/mm。

六、路基顶面竖向压应变验算

路基顶面竖向压应变不应大于计算的容许值。路基顶面的容许竖向压应变应按式(4-28)计算确定。

$$[\varepsilon_z] = 1.25 \times 10^{4-0.1\beta}(k_{T3}N_{e4})^{-0.21} \tag{4-28}$$

式中 $[\varepsilon_z]$——路基顶面容许竖向压应力(10^{-6});

β——目标可靠指标,根据公路等级,按表4-1取值;

N_{e4}——设计使用年限内设计车道上的当量设计轴载累计作用次数,按《公路沥青路面设计规范》(JTG D50—2017)附录A计算;

k_{T3}——温度调整系数,按《公路沥青路面设计规范》(JTG D50—2017)附录G确定。

应按规定选取计算点,根据弹性层状体系理论,按式(4-29)计算路基顶面竖向压应变。路基顶面竖向压应变应小于容许压应变值。否则,调整路面结构方案,重新验算,直至满足要求。

$$\varepsilon_z = p\bar{\varepsilon}_z$$

$$\bar{\varepsilon}_z = f\left(\frac{h_1}{\delta},\frac{h_2}{\delta},\cdots,\frac{h_{n-1}}{\delta};\frac{E_2}{E_1},\frac{E_3}{E_2},\cdots,\frac{E_0}{E_{n-1}}\right) \tag{4-29}$$

式中 $\bar{\varepsilon}_z$——理论竖向压应变系数;

其他符号意义同式(4-17)。

七、沥青面层低温开裂指数验算

计算的季节性冻土地区沥青面层低温开裂指数不宜大于表4-5所列数值,否则,应改变所选的沥青材料,直至满足要求。季节性冻土地区沥青面层,应按式(4-30)验算其低温开裂指数 CI。

$$CI = 1.95 \times 10^{-3}S_t \lg b - 0.075(T + 0.07h_a)\lg S_t + 0.15 \tag{4-30}$$

式中 CI——沥青面层低温开裂指数;

T——路面低温设计温度,℃,为连续10年年最低气温平均值;

S_t——在路面低温设计温度加10 ℃试验温度条件下,表面层沥青弯曲梁流变试验加载180 s时蠕变劲度,MPa;

h_a——沥青结合料类材料层厚度,mm;

b——路基类型参数,砂 $b=5$,粉质黏土 $b=3$,黏土 $b=2$。

八、防冻厚度验算

季节性冻土地区路基为中湿或潮湿状态时,应按式(4-31)计算公路多年最大冻深。

$$Z_{max} = abcZ_d \tag{4-31}$$

式中 Z_{max}——公路多年最大冻深,mm;

Z_d——大地多年最大冻深,mm,根据调查资料确定;

a——大地冻深范围内路基、路面各层材料热物性系数,按表4-41确定。

b——路基湿度系数,按表4-42确定;

c——路基断面形式系数,根据表4-43按内插法确定。

表 4-41　路基、路面各层材料热物性系数 a

路基材料	黏质土	粉质土	粉土质砂	细粒土质砂、黏土质砂	含细粒土质砾(砂)
热物性系数	1.05	1.10	1.20	1.30	1.35
路面材料	水泥混凝土	沥青结合料类	级配碎石	二灰或水泥稳定粒料	二灰土及水泥土
热物性系数	1.40	1.35	1.45	1.40	1.35

表 4-42　路基湿度系数 b

干湿类型	干燥	中湿	潮湿
湿度系数	1.0	0.95	0.90

表 4-43　路基断面形式系数 c

填挖形式和高(深)度	路基填土高度/m					路基挖方深度/m			
	零填	<2	2~4	4~6	>6	<2	2~4	4~6	>6
断面形式系数	1.00	1.02	1.05	1.08	1.10	0.98	0.95	0.92	0.90

根据公路多年最大冻深，按表 4-44 的规定验算路面的防冻厚度。路面结构厚度小于表 4-44 规定的最小防冻厚度时，应增设防冻层，使其满足最小防冻厚度的要求。

表 4-44　沥青路面结构最小防冻厚度　　单位：mm

路基土质	基层、底基层材料类型	对应于以下公路多年最大冻深和路基干湿类型的最小防冻厚度							
		中湿				潮湿			
		500~1 000	1 000~1 500	1 500~2 000	>2 000	500~1 000	1 000~1 500	1 500~2 000	>2 000
黏性土、细亚砂土	粒料类	400~450	450~500	500~600	600~700	450~550	550~600	600~700	700~800
	水泥或石灰稳定类、水泥混凝土	350~400	400~450	450~550	550~650	400~500	500~550	550~650	650~750
	水泥粉煤灰或石灰粉煤灰稳定类、沥青结合料类	300~350	350~400	400~500	500~550	350~450	450~500	500~550	550~700

续表 4-44

路基土质	基层、底基层材料类型	对应于以下公路多年最大冻深和路基干湿类型的最小防冻厚度							
		中湿				潮湿			
		500~1 000	1 000~1 500	1 500~2 000	>2 000	500~1 000	1 000~1 500	1 500~2 000	>2 000
粉性土	粒料类	450~500	500~600	600~700	700~750	500~600	600~700	700~800	800~1 000
	水泥或石灰稳定类、水泥混凝土	400~450	450~500	500~600	600~700	450~550	550~650	650~700	700~900
	水泥粉煤灰或石灰粉煤灰稳定类、沥青结合料类	300~400	400~450	450~500	500~650	400~500	500~600	600~650	650~800

注：1. 在《公路自然区划标准》(JTJ 003—1986)中，对潮湿系数小于 0.5 的地区，Ⅱ、Ⅲ、Ⅳ类等干旱地区的防冻厚度可比表中值减少 15%~20%。

2. 对Ⅱ区砂性土路基防冻厚度应相应减少 5%~10%。

3. 公路多年最大冻深大时，靠近上限取值，反之靠近下限取值。

4. 基层、底基层采用不同材料类型时，按厚度较大的材料类型确定。

九、设计路面结构的验收弯沉值

(1)路基顶面验收弯沉值 l_g 应按式(4-32)计算。

$$l_g = \frac{176pr}{E_0} \tag{4-32}$$

式中 l_g——路基顶面验收弯沉值(0.01 mm)；

p——落锤式弯沉仪承载板施加荷载，MPa；

r——落锤式弯沉仪承载板半径，mm；

E_0——平衡湿度状态下路基顶面回弹模量，MPa。

宜采用落锤式弯沉仪进行路基验收，落锤式弯沉仪荷载为 50 kN，荷载盘半径应为 150 mm。路基顶面实测代表弯沉值 l_0 应符合式(4-33)的要求。

$$l_0 \leqslant l_g \tag{4-33}$$

$$l_0 = (\bar{l}_0 + \beta \cdot s)K_1 \tag{4-34}$$

式中 l_g——路基顶面验收弯沉值(0.01 mm)；

l_0——路段内实测的路基顶面弯沉代表值(0.01 mm)，以 1~3 km 为一评定路段，按式(4-34)计算；

$\bar{l}_0$——路段内实测路基顶面弯沉平均值(0.01 mm)；

s——路段内实测路基顶面弯沉标准差(0.01 mm)；

β——目标可靠指标，根据公路等级按表 4-1 取值；

K_1——路基顶面弯沉湿度影响系数，根据当地经验确定。

（2）路表验收弯沉值 l_a，应根据设计路面结构，采用弹性层状体系理论按式（4-35）计算。路面结构层参数应与路面结构验算时相同。路基顶面回弹模量应采用平衡湿度状态下路基顶面回弹模量乘以模量调整系数 k_l：

$$l_a = p\bar{l}_a$$

$$\bar{l}_a = f\left(\frac{h_1}{\delta},\frac{h_2}{\delta},\cdots,\frac{h_{n-1}}{\delta};\frac{E_2}{E_1},\frac{E_3}{E_2},\cdots,\frac{k_l E_0}{E_{n-1}}\right) \tag{4-35}$$

式中　$\bar{l}_a$——理论弯沉系数；

k_l——路基顶面回弹模量调整系数，无机结合料稳定类基层沥青路面和水泥混凝土基层沥青路面时取 0.5，粒料类基层沥青路面和沥青结合料类基层沥青路面，当采用无机结合料稳定底基层时，取 0.5，否则取 1.0；

E_0——平衡湿度状态下路基顶面回弹模量，MPa；

其他符号意义同式（4-17）。

（3）路面交（竣）工时应对路表弯沉值进行检测。落锤式弯沉仪中心点弯沉代表值应符合式（4-36）的要求：

$$l_0 \leqslant l_a \tag{4-36}$$

$$l_0 = (\bar{l}_0 + \beta \cdot s)K_1K_3 \tag{4-37}$$

$$K_3 = e^{[9\times10^{-6}(\ln E_0-1)h_a+4\times10^{-3}](20-T)} \tag{4-38}$$

式中　l_a——路表验收弯沉值（0.01 mm）；

l_0——路段内实测路表弯沉代表值（0.01 mm），以 1～3 km 为一个评定路段，按式（4-37）计算；

$\bar{l}_0$——路段内实测路表弯沉平均值（0.01mm）；

s——路段内实测路表弯沉标准差（0.01 mm）；

β——目标可靠指标，根据公路等级按表 4-1 取值；

K_1——路表弯沉湿度影响系数，根据实测弯沉值通过反算得到路基模量值，再对路基模量值进行修正得到结构模量值，然后得出测试状态下弯沉湿度修正系数 K_1，或者根据当地经验确定；

K_3——路表弯沉温度影响系数，按式（4-38）确定；

T——弯沉测定时沥青结合料类材料层中点实测或预估温度，℃；

h_a——沥青结合料类材料层厚度，mm；

E_0——平衡湿度状态下路基顶面回弹模量，MPa。

十、路面结构验算流程

路面结构验算应按图 4-7 所示的流程进行，包括下列主要内容：

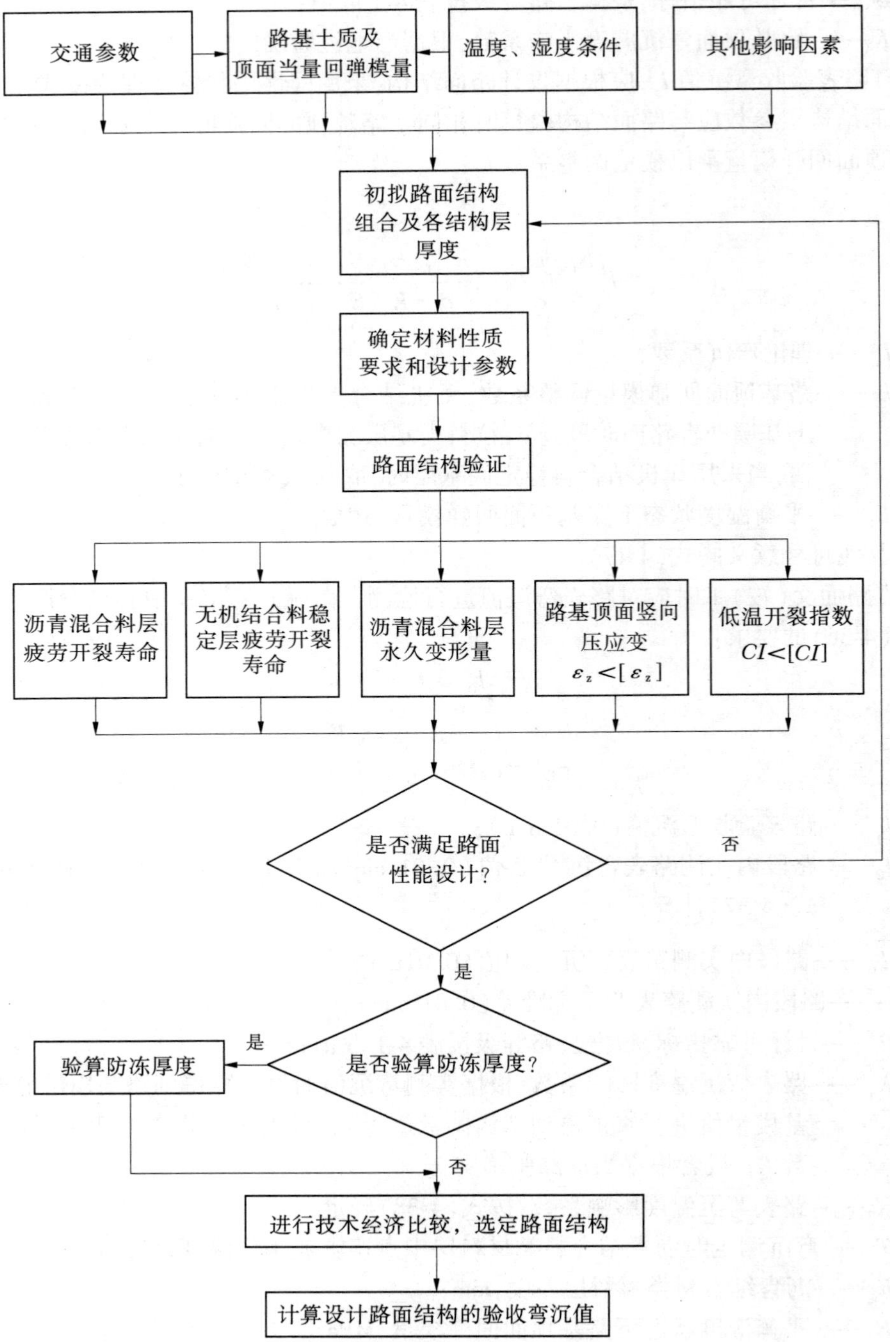

图 4-7　路面结构验算流程图

(1)按《公路沥青路面设计规范》(JTG D50—2017)附录 A 调查分析交通参数;根据表 4-3 确定交通荷载等级。

(2)根据路基土类,地下水位高度确定路基干湿类型和湿度状况,按表 4-26 路基顶面回弹模量要求，并结合《公路路基设计规范》(JTG D30—2015)的有关规定确定路基顶面回弹模量及必要的路基改善措施。

课后复习题

1. 简述沥青路面的优缺点。
2. 简述沥青路面的设计原则与方法。
3. 简述沥青路面的设计程序。

情境五 沥青混合料配合比设计

学习目标

【知识目标】

了解确定工程设计级配范围、沥青路面材料选择与准备、矿料配比设计。

【能力目标】

学生能够能进行沥青路面混合料配合比设计。

【职业素养】

根据党的二十大精神要求训练学生收集和处理信息的能力、获取新知识的能力、综合运用所学知识分析和解决问题的能力,形成良好的思维习惯、工作方法和科学态度,在未来的岗位上有能力进一步学习新技术,解决新问题。

工作任务一　认知沥青混合料配合比设计流程

各地区修筑道路时,一般都是就地取材,选用当地的材料,但不同产地的集料和不同厂家生产的沥青性能必然有所不同。如各地采石场开采出石料硬度不同,使用的破碎设备不同,生产出的集料各种粒径的含量就会不同。石油产地不同、提炼工艺不同,必然造成沥青特性的差异,集料和沥青的差异必然影响到沥青混合料的质量,从而影响到道路的质量。

沥青混合料路面要根据当地出产的材料进行设计,确定出矿料的级配和沥青的用量,使沥青混合料达到最佳效果。这个设计过程就是沥青混合料配合比设计。沥青混合料配合比设计须道路设计人员和施工人员共同配合进行,要通过信息收集、理论计算、实验室分析、混合料试生产、道路试铺验证才能完成。

本项目针对密级配沥青混凝土及沥青稳定碎石混合料进行配合比设计。热拌沥青混合料的配合比设计应通过目标配合比设计、生产配合比设计及生产配合比验证三个阶段,确定沥青混合料的材料品种及配比、矿料级配、最佳沥青用量。本项目采用马歇尔试验配合比设计方法。当采用其他方法设计沥青混合料时,应按《公路沥青路面施工技术规范》(JTG F40—2004)的规定进行马歇尔试验及各项配合比设计检验,并报告不同设计方法的试验结果。

热拌沥青混合料的目标配合比设计宜按图 5-1 的框图的步骤进行。

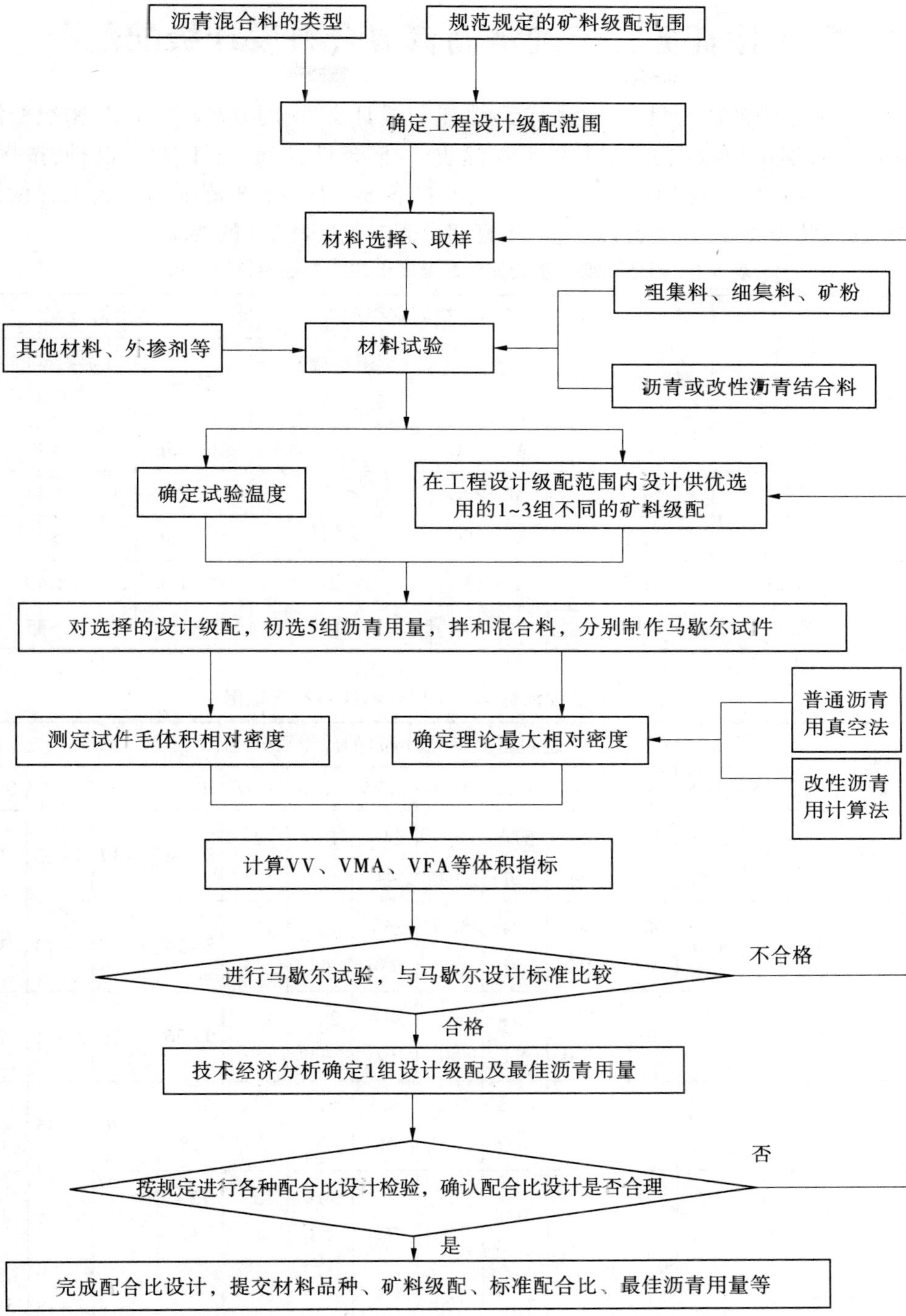

图 5-1　密级配沥青混合料目标配合比设计流程图

工作任务二　确定沥青混合料设计级配范围

沥青路面工程的混合料设计级配范围由工程设计文件或招标文件规定，密级配沥青混合料的设计级配应根据公路等级、工程性质、气候条件、交通条件、材料品种，按表 5-1 选择采用粗型（C 型）或细型（F 型）混合料，并在表 5-2 及表 5-3 范围内确定工程设计级配范围，通常情况下工程设计级配范围不宜超出表 5-2 及表 5-3 的要求。

表 5-1　粗型和细型密级配沥青混凝土的关键性筛孔通过率

混合料类型	公称最大粒径/mm	用以分类的关键性筛孔/mm	粗型密级配		细型密级配	
			名称	关键性筛孔通过率/%	名称	关键性筛孔通过率/%
AC-25	26.5	4.75	AC-25C	<40	AC-25F	>40
AC-20	19	4.75	AC-20C	<45	AC-20F	>45
AC-16	16	2.36	AC-16C	<38	AC-16F	>38
AC-13	13.2	2.36	AC-13C	<40	AC-13F	>40
AC-10	9.5	2.36	AC-10C	<45	AC-10F	>45

表 5-2　密级配沥青混凝土混合料矿料级配范围

级配类型		通过下列筛孔（mm）的质量百分率/%												
		31.5	26.5	19	16	13.2	9.5	4.75	2.36	1.18	0.6	0.3	0.15	0.075
粗粒式	AC-25	100	90~100	75~90	65~83	57~76	45~65	24~52	16~42	12~33	8~24	5~17	4~13	3~7
中粒式	AC-20		100	90~100	78~92	62~80	50~72	26~56	16~44	12~33	8~24	5~17	4~13	3~7
	AC-16			100	90~100	76~92	60~80	34~62	20~48	13~36	9~26	7~18	5~14	4~8
细粒式	AC-13				100	90~100	68~85	38~68	24~50	15~38	10~28	7~20	5~15	4~8
	AC-10					100	90~100	45~75	30~58	20~44	13~32	9~23	6~16	4~8
砂粒式	AC-5						100	90~100	55~75	35~55	20~40	12~28	7~18	5~10

表 5-3　沥青玛琋脂碎石混合料矿料级配范围

级配类型		通过下列筛孔(mm)的质量百分率/%											
		26.5	19	16	13.2	9.5	4.75	2.36	1.18	0.6	0.3	0.15	0.075
中粒式	SMA-20	100	90~100	72~92	62~82	40~55	18~30	13~22	12~20	10~16	9~14	8~13	8~12
	SMA-16		100	90~100	65~85	45~65	20~32	15~24	14~22	12~18	10~15	9~14	8~12
细粒式	SMA-13			100	90~100	50~75	20~34	15~26	14~24	12~20	10~16	9~15	8~12
	SMA-10				100	90~100	28~60	20~32	14~26	12~22	10~18	9~16	8~13

通过对条件大体相当的工程的使用情况进行调查研究后调整确定,必要时允许超出规范级配范围。密级配沥青稳定碎石混合料可直接以本规范规定的级配范围作工程设计级配范围使用。

经确定的工程设计级配范围是配合比设计的依据,不得随意变更。

工作任务三　沥青混合料原材料选择与准备

热拌沥青混合料的组成材料包括沥青和矿料两大类,如图 5-2 所示。

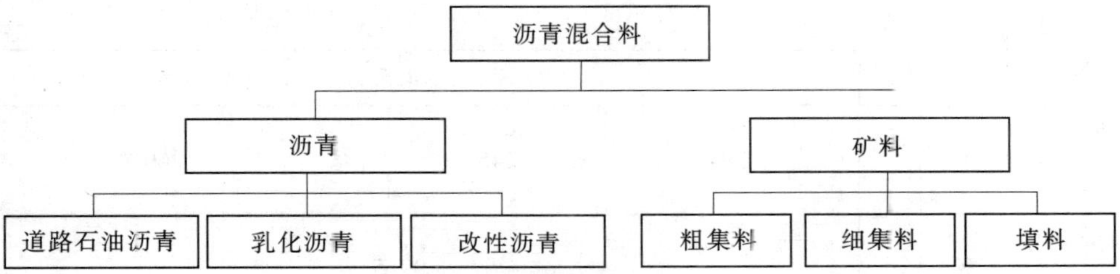

图 5-2　沥青混合料组成

一、道路石油沥青选择

(1)道路石油沥青的质量应符合表 5-4 规定的技术要求。

表 5-4　道路石油沥青技术要求

指标	单位	等级	沥青标号																
			160号[1]	130号[1]	110号			90号					70号[2]					50号	30号[1]
针入度(25 ℃, 5 s,100 g)	0.1 mm		140~200	120~140	100~120			80~100					60~80					40~60	20~40
适用的气候分区[3]			注[1]	注[1]	2-1	2-2	3-2	1-1	1-2	1-3	2-2	2-3	1-3	1-4	2-2	2-3	2-4	1-4	注[1]
针入度指数 *PI*[4]		A	-1.5~+1.0																
		B	-1.8~+1.0																
软化点 $T_{R\&B}$,不小于	℃	A	38	40	43			45			44		46		45			49	55
		B	36	39	42			43			42		44		43			46	53
		C	35	37	41			42					43					45	50
60 ℃动力黏度[4],不小于	Pa·s	A	—	60	120			160			140		180		160			200	260
10 ℃延度[2],不小于	cm	A	50	50	40			45	30	20	30	20	20	15	25	20	15	15	10
		B	30	30	30			30	20	15	20	15	15	10	20	15	10	10	8
15 ℃延度,不小于	cm	A、B	100															80	50
		C	80	80	60			50					40					30	20
蜡含量(蒸馏法),不大于	%	A	2.2																
		B	3.0																
		C	4.5																
闪点,不小于	℃		230					245					260						
溶解度,不小于	%		99.5																
密度,(15 ℃)	g/cm³		实测记录																
TFOT(或 RTFOT)后[5]																			
质量变化,不大于	%		±0.8																

续表 5-4

指标	单位	等级	沥青标号						
			160号[1]	130号[1]	110号	90号	70号[2]	50号	30号[1]
残留针入度比,不小于	%	A	48	54	55	57	61	63	65
		B	45	50	52	54	58	60	62
		C	40	45	48	50	54	58	60
残留延度(10 ℃),不小于	cm	A	12	12	10	8	6	4	—
		B	10	10	8	6	4	2	—
残留延度(15 ℃),不小于	cm	C	40	35	30	20	15	10	—

注:[1]30 号沥青仅适用于沥青稳定基层。130 号和 160 号沥青除寒冷地区可直接在中低级公路上直接应用外,通常用作乳化沥青、稀释沥青、改性沥青的基质沥青。

[2]70 号沥青可根据需要要求供应商提供针入度范围为 60~70 或 70~80 的沥青,50 号沥青可要求提供针入度范围为 40~50 或 50~60 的沥青。

[3]气候分区见《公路沥青路面施工技术规范》(JTG F40—2004)附录 A。

[4]经建设单位同意,表中 *PI* 值、60 ℃动力黏度、10 ℃延度可作为选择性指标,也可不作为施工质量检验指标。

[5]老化试验以 TFOT 为准,也可以 RTFOT 代替。

(2)各个沥青等级的适用范围应符合表 5-5 的规定。经建设单位同意,沥青的 *PI* 值、60 ℃动力黏度、10 ℃延度可作为选择性指标。

表 5-5 道路石油沥青的适用范围

沥青等级	适用范围
A 级沥青	各个等级的公路,适用于任何场合和层次
B 级沥青	①高速公路、一级公路沥青下面层及以下的层次,二级及二级以下公路的各个层次; ②用作改性沥青、乳化沥青、改性乳化沥青、稀释沥青的基质沥青
C 级沥青	三级及三级以下公路的各个层次

(3)沥青路面采用的沥青标号,宜按照公路等级、气候条件、交通条件、路面类型及在结构层中的层位及受力特点、施工方法等,结合当地的使用经验,经技术论证后确定。

①对高速公路、一级公路,夏季温度高、高温持续时间长、重载交通、山区及丘陵区上坡路段、服务区、停车场等行车速度慢的路段,尤其是汽车荷载剪应力大的层次,宜采用稠度大、60 ℃黏度大的沥青,也可提高高温气候分区的温度水平选用沥青等级;对冬季寒冷的地区或交通量小的公路、旅游公路宜选用稠度小、低温延度大的沥青;对温度日温差、年温差大的地区宜注意选用针入度指数大的沥青。当高温要求与低温要求发生矛盾时应优先考虑满足高温性能的要求。

②当缺乏所需标号的沥青时，可采用不同标号掺配的调和沥青，其掺配比例由试验决定。掺配后的沥青质量应符合表 5-4 的要求。

二、改性沥青的选择

改性沥青可单独或复合采用高分子聚合物、天然沥青及其他改性材料制作。各类聚合物改性沥青的质量应符合表 5-6 的技术要求，其中 *PI* 值可作为选择性指标。当使用表列以外的聚合物及复合改性沥青时，可通过试验研究制定相应的技术要求。

表 5-6　聚合物改性沥青技术要求

指标	单位	SBS 类（Ⅰ类）				SBR 类（Ⅱ类）			EVA、PE 类（Ⅲ类）			
		Ⅰ-A	Ⅰ-B	Ⅰ-C	Ⅰ-D	Ⅱ-A	Ⅱ-B	Ⅱ-C	Ⅲ-A	Ⅲ-B	Ⅲ-C	Ⅲ-D
针入度（25 ℃，100 g，5 s）	dmm	>100	80～100	60～80	30～60	>100	80～100	60～80	>80	60～80	40～60	30～40
针入度指数 *PI*，不小于		-1.2	-0.8	-0.4	0	-1.0	-0.8	-0.6	-1.0	-0.8	-0.6	-0.4
延度 5 ℃，5 cm/min，不小于	cm	50	40	30	20	60	50	40	—			
软化点 $T_{R\&B}$，不小于	℃	45	50	55	60	45	48	50	48	52	56	60
运动黏度[1] 135 ℃，不大于	Pa · s	3										
闪点，不小于	℃	230				230			230			
溶解度，不小于	%	99				99			—			
弹性恢复 25 ℃，不小于	%	55	60	65	75	—			—			
黏韧性，不小于	N · m	—				5			—			

续表 5-6

指标	单位	SBS 类(Ⅰ类)				SBR 类(Ⅱ类)			EVA、PE 类(Ⅲ类)			
		Ⅰ-A	Ⅰ-B	Ⅰ-C	Ⅰ-D	Ⅱ-A	Ⅱ-B	Ⅱ-C	Ⅲ-A	Ⅲ-B	Ⅲ-C	Ⅲ-D
韧性，不小于	N·m	—				2.5			—			
贮存稳定性[2]												
离析,48 h 软化点差，不大于	℃	2.5				—			无改性剂明显析出、凝聚			
TFOT(或 RTFOT)后残留物												
质量变化，不大于	%	1.0										
针入度比(25 ℃)，不小于	%	50	55	60	65	50	55	60	50	55	58	60
延度 5 ℃，不小于	cm	30	25	20	15	30	20	10	—			

注：[1]表中 135 ℃运动黏度可采用《公路工程沥青及沥青混合料试验规程》(JTJ E20—2011)中的沥青布氏旋转黏度试验方法(布洛克菲尔德黏度计法)进行测定。若在不改变改性沥青物理力学性质并符合安全条件的温度下易于泵送和拌和，或经证明适当提高泵送和拌和温度时能保证改性沥青的质量，容易施工，可不要求测定。

[2]贮存稳定性指标适用于工厂生产的成品改性沥青。现场制作的改性沥青对贮存稳定性指标可不作要求，但必须在制作后，保持不间断的搅拌或泵送循环，保证使用前没有明显的离析。

三、粗集料的选择

沥青层用粗集料包括碎石、破碎砾石、筛选砾石、钢渣、矿渣等，但高速公路和一级公路不得使用筛选砾石和矿渣。粗集料必须由具有生产许可证的采石场生产或施工单位自行加工。

(一)质量技术要求

粗集料应该洁净、干燥、表面粗糙，质量应符合表 5-7 的规定。当单一规格集料的质量指标达不到表 5-7 中要求，而按照集料配比计算的质量指标符合要求时，工程上允许使用。对受热易变质的集料，宜采用经拌和机烘干后的集料进行检验。

表 5-7　沥青混合料用粗集料质量技术要求

指标	单位	高速公路及一级公路		其他等级公路
		表面层	其他层次	
石料压碎值，不大于	%	26	28	30
洛杉矶磨耗损失，不大于	%	28	30	35

续表 5-7

指标	单位	高速公路及一级公路		其他等级公路
		表面层	其他层次	
表观相对密度,不小于	t/m³	2.60	2.50	2.45
吸水率,不大于	%	2.0	3.0	3.0
坚固性,不大于	%	12	12	—
针片状颗粒含量(混合料),不大于	%	15	18	20
其中粒径大于 9.5 mm,不大于	%	12	15	—
其中粒径小于 9.5 mm,不大于	%	18	20	—
水洗法<0.075 mm 颗粒含量,不大于	%	1	1	1
软石含量,不大于	%	3	5	5

注:1. 坚固性试验可根据需要进行。

2. 用于高速公路、一级公路时,多孔玄武岩的视密度可放宽至 2.45 t/m³,吸水率可放宽至 3%,但必须得到建设单位的批准,且不得用于 SMA 路面。

3. 对 S14 即 3~5 规格的粗集料,针片状颗粒含量可不予要求,小于 0.075 mm 含量可放宽到 3%。

(二)粒径规格

粗集料的粒径规格应按表 5-8 的规定生产和使用。

表 5-8　沥青混合料用粗集料规格

规格名称	公称粒径/mm	通过下列筛孔(mm)的质量百分率/%												
		106	75	63	53	37.5	31.5	26.5	19.0	13.2	9.5	4.75	2.36	0.6
S1	40~75	100	90~100	—	—	0~15	—	0~5						
S2	40~60		100	90~100	—	0~15	—	0~5						
S3	30~60		100	90~100	—	—	0~15	—	0~5					
S4	25~50			100	90~100	—	—	0~15	—	0~5				
S5	20~40				100	90~100	—	—	0~15	—	0~5			
S6	15~30					100	90~100	—	—	0~15	—	0~5		
S7	10~30					100	90~100	—	—	—	0~15	0~5		
S8	10~25						100	90~100	—	0~15	—	0~5		

续表 5-8

规格名称	公称粒径/mm	通过下列筛孔(mm)的质量百分率/%												
		106	75	63	53	37.5	31.5	26.5	19.0	13.2	9.5	4.75	2.36	0.6
S9	10~20							100	90~100	—	0~15	0~5		
S10	10~15								100	90~100	0~15	0~5		
S11	5~15								100	90~100	40~70	0~15	0~5	
S12	5~10									100	90~100	0~15	0~5	
S13	3~10									100	90~100	40~70	0~20	0~5
S14	3~5										100	90~100	0~15	0~3

(三)黏附性、磨光值

高速公路、一级公路沥青路面的表面层(或磨耗层)的粗集料的磨光值应符合表 5-9 的要求。除 SMA、OGFC 路面外,允许在硬质粗集料中掺加部分较小粒径的磨光值达不到要求的粗集料,其最大掺加比例由磨光值试验确定。

表 5-9　粗集料与沥青的黏附性、磨光值的技术要求

雨量气候区	1(潮湿区)	2(湿润区)	3(半干区)	4(干旱区)
年降雨量/mm	>1 000	1 000~500	500~250	<250
粗集料的磨光值 *PSV*,不小于 高速公路、一级公路表面层	42	40	38	36
粗集料与沥青的黏附性,不小于 高速公路、一级公路表面层	5	4	4	3
高速公路、一级公路的其他层次及其他等级公路的各个层次	4	4	3	3

粗集料与沥青的黏附性应符合表 5-9 的要求,当使用不符合要求的粗集料时,宜掺加消石灰、水泥或用饱和石灰水处理后使用,必要时可同时在沥青中掺加耐热、耐水、长期性能好的抗剥落剂,也可采用改性沥青的措施,使沥青混合料的水稳定性检验达到要求。掺加外加剂的剂量由沥青混合料的水稳定性检验确定。

(四)破碎面要求

破碎砾石应采用粒径大于 50 mm、含泥量不大于 1%的砾石轧制,破碎砾石的破碎面

应符合表5-10的要求。

表5-10 粗集料对破碎面的要求

路面部位或混合料类型		具有一定数量破碎面颗粒的含量/%	
		1个破碎面	2个或2个以上破碎面
沥青路面表面层	高速公路、一级公路	100	90
	其他等级公路	80	60
沥青路面中下面层、基层	高速公路、一级公路	90	80
	其他等级公路	70	50
SMA混合料		100	90
贯入式路面		80	60

(五)其他材料

(1)筛选砾石仅适用于三级及三级以下公路的沥青表面处治路面。

(2)经过破碎且存放期超过6个月以上的钢渣可作为粗集料使用。除吸水率允许适当放宽外,各项质量指标应符合表5-7的要求。钢渣在使用前应进行活性检验,要求钢渣中的游离氧化钙含量不大于3%,浸水膨胀率不大于2%。

四、细集料选择

沥青路面的细集料包括天然砂、机制砂、石屑。细集料必须由具有生产许可证的采石场、采砂场生产。

(一)质量要求

细集料应洁净、干燥、无风化、无杂质,并有适当的颗粒级配,其质量应符合表5-11的规定。细集料的洁净程度,天然砂以小于0.075 mm含量的百分数表示,石屑和机制砂以砂当量(适用于0~4.75 mm)或亚甲蓝值(适用于0~2.36 mm或0~0.15 mm)表示。

表5-11 沥青混合料用细集料质量要求

项目	单位	高速公路、一级公路	其他等级公路
表观相对密度,不小于	t/m^3	2.50	2.45
坚固性(>0.3 mm部分),不小于	%	12	—
含泥量(小于0.075 mm的含量),不大于	%	3	5
砂当量,不小于	%	60	50
亚甲蓝值,不大于	g/kg	25	—
棱角性(流动时间),不小于	s	30	—

注:坚固性试验可根据需要进行。

(二)规格要求

(1)天然砂可采用河砂或海砂,通常宜采用粗砂、中砂,其规格应符合表5-12的规定,砂的含泥量超过规定时应水洗后使用,海砂中的贝壳类材料必须筛除。开采天然砂必须取得当地政府主管部门的许可,并符合水利及环境保护的要求。热拌密级配沥青混合料中天然砂的用量通常不宜超过集料总量的20%,SMA和OGFC混合料不宜使用天然砂。

表5-12　沥青混合料用天然砂规格

筛孔尺寸/mm	通过各孔筛的质量百分率/%		
	粗砂	中砂	细砂
9.5	100	100	100
4.75	90~100	90~100	90~100
2.36	65~95	75~90	85~100
1.18	35~65	50~90	75~100
0.6	15~30	30~60	60~84
0.3	5~20	8~30	15~45
0.15	0~10	0~10	0~10
0.075	0~5	0~5	0~5

(2)石屑是采石场破碎石料时通过4.75 mm或2.36 mm的筛下部分,其规格应符合表5-13的要求。采石场在生产石屑的过程中应具备抽吸设备,高速公路和一级公路的沥青混合料,宜将S14与S16组合使用,S15可在沥青稳定碎石基层或其他等级公路中使用。

表5-13　沥青混合料用机制砂或石屑规格

规格	公称粒径/mm	水洗法通过各筛孔的质量百分率/%							
		9.5	4.75	2.36	1.18	0.6	0.3	0.15	0.075
S15	0~5	100	90~100	60~90	40~75	20~55	7~40	2~20	0~10
S16	0~3		100	80~100	50~80	25~60	8~45	0~25	0~15

注:当生产石屑采用喷水抑制扬尘工艺时,应特别注意含粉量不得超过表中要求。

(3)机制砂宜采用专用的制砂机制造,并选用优质石料生产,其级配应符合S16的要求。

(4)填料选择如下:

①沥青混合料的矿粉必须采用石灰岩或岩浆岩中的强基性岩石等憎水性石料经磨细得到的矿粉,原石料中的泥土杂质应除净。矿粉应干燥、洁净,能自由地从矿粉仓流出,其质量应符合表5-14的技术要求。

表 5-14 沥青混合料用矿粉质量要求

项目	单 位	高速公路、一级公路	其他等级公路
表观相对密度,不小于	t/m^3	2.50	2.45
含水量,不大于	%	1	1
粒度范围<0.6 mm	%	100	100
粒度范围<0.15 mm	%	90~100	90~100
粒度范围<0.075 mm	%	75~100	70~100
外观		无团粒结块	
亲水系数		<1	
塑性指数		<4	
加热安定性		实测记录	

②拌和机的粉尘可作为矿粉的一部分回收使用。但每盘用量不得超过填料总量的25%,掺有粉尘填料的塑性指数不得大于4%。

③粉煤灰作为填料使用时,用量不得超过填料总量的50%,粉煤灰的烧失量应小于12%,与矿粉混合后的塑性指数应小于4%,其余质量要求与矿粉相同。高速公路、一级公路的沥青面层不宜采用粉煤灰作填料。

工作任务四　沥青混合料矿料级配及马歇尔试验

一、矿料级配

采石场开采出的大块石料由破碎机破碎成小块石料,经过筛分,将石料按粒径的范围分类。集料级配设计就是根据实际破碎出不同粒径的石料,确定出各种粒径石料配合比例,使各种粒径石料的通过率符合级配的要求。步骤如下:

(1)筛分采石场提供的石料,每一类规格的石料粒径并不完全一致,而是含有该规格范围内大小不同的石料,先用组筛检查每种规格矿料粒径分布规律,将每种规格矿料粒径通过率列表记录,画出每种规格矿料通过率的分布图。

(2)选配目前普遍使用计算机电子表格模拟进行配比计算,将每种石料分布规律输入计算机电子表格,与工程设计级配范围对比。逐步调整各种石料的用量,使其满足工程设计级配范围。计算机电子表格既可以减轻计算工作量,又可以通过程序设定的参数进行修正,可使计算既准确,又接近实际。除去使用计算机电子表格外,也可用作图法,将每种规格矿料粒径分布图叠加在一张图上,与工程设计级配范围标准分布图比较,得出各种规格石料的用量,然后按计算出的各种规格石料的用量组合成集料。

(3)检验。选配完成后,用实际的集料按选配的比例混合,混合好后再用组筛进行筛分检查,观察是否满足工程设计级配范围要求,如果不符合,应重新调整各种规格石料的比例，使其满足要求。

二、混合料马歇尔试验

（1）配合比设计马歇尔试验技术标准如表5-15、表5-16和表5-17所示，表5-15适用于公称最大粒径≤26.5 mm的密级配沥青混凝土混合料。

表5-15　密级配沥青混凝土混合料马歇尔试验技术标准

试验指标	单位	高速公路、一级公路				其他等级公路	行人道路
		夏炎热区（1-1、1-2、1-3、1-4区）		夏热区及夏凉区（2-1、2-2、2-3、2-4、3-2区）			
		中轻交通	重载交通	中轻交通	重载交通		
击实次数（双面）	次	75				50	50
试件尺寸	mm	ϕ 101.6×63.5					
空隙率 VV：深约90 mm以内	%	3~5	4~6[注2]	2~4	3~5	3~6	2~4
空隙率 VV：深约90 mm以下	%	3~6		2~4	3~6	3~6	—
稳定度 *MS* 不小于	kN	8				5	3
流值 *FL*	mm	2~4	1.5~4	2~4.5	2~4	2~4.5	2~5

试验指标	设计空隙率/%	相应于以下公称最大粒径（mm）的最小 *VMA* 及 *VFA* 技术要求/%					
		26.5	19	16	13.2	9.5	4.75
矿料间隙率 *VMA*，不小于	2	10	11	11.5	12	13	15
	3	11	12	12.5	13	14	16
	4	12	13	13.5	14	15	17
	5	13	14	14.5	15	16	18
	6	14	15	15.5	16	17	19
沥青饱和度 *VFA*		55~70	65~75			70~85	

注：1. 对空隙率大于5%的夏炎热区重载交通路段，施工时应至少提高压实度1%。

2. 当设计的空隙率不是整数时，由内插确定要求的 *VMA* 最小值。

3. 对改性沥青混合料，马歇尔试验的流值可适当放宽。

表 5-16 沥青稳定碎石混合料马歇尔试验配合比设计技术标准

试验指标	单位	密级配基层（ATB）		半开级配面层（AM）	排水式开级配磨耗层（OGFC）	排水式开级配基层（ATPB）
公称最大粒径	mm	26.5	等于或大于 31.5	等于或小于 26.5	等于或小于 26.5	所有尺寸
马歇尔试件尺寸	mm	Φ101.6×63.5	Φ152.4×95.3	Φ101.6×63.5	Φ101.6×63.5	Φ152.4×95.3
击实次数（双面）	次	75	112	50	50	75
空隙率 VV[1]	%	3~6		6~10	不小于 18	不小于 18
稳定度，不小于	kN	7.5	15	3.5	3.5	—
流值	mm	1.5~4	实测	—	—	—
沥青饱和度 VFA	%	55~70		40~70	—	—
密级配基层 ATB 的矿料间隙率 VMA/%，不小于	设计空隙率/%	ATB-40		ATB-30	ATB-25	
	4	11		11.5	12	
	5	12		12.5	13	
	6	13		13.5	14	

注：[1]在干旱地区，可将密级配沥青稳定碎石基层的空隙率适当放宽到 8%。

表 5-17 SMA 混合料马歇尔试验配合比设计技术要求

试验项目	单位	技术要求	
		不使用改性沥青	使用改性沥青
马歇尔试件尺寸	mm	Φ101.6×63.5	
马歇尔试件击实次数[1]		两面击实 50 次	
空隙率 VV[2]	%	3~4	
矿料间隙率 VMA[3]	%	不小于 17.0	
粗集料骨架间隙率 VCA_{mix}，不大于		VCA_{DRC}	
沥青饱和度 VFA	%	75~85	
稳定度[4]	kN	不小于 5.5	不小于 6.0

续表 5-17

试验项目	单位	技术要求	
		不使用改性沥青	使用改性沥青
流值	mm	2~5	—
谢伦堡沥青析漏试验的结合料损失	%	不大于 0.2	不大于 0.1
肯塔堡飞散试验的混合料损失或浸水飞散试验	%	不大于 20	不大于 15

注:[1]对集料坚硬不易击碎,通行重载交通的路段,也可将击实次数增加为双面 75 次。

[2]对高温稳定性要求较高的重交通路段或炎热地区,设计空隙率允许放宽到 4.5%,*VMA* 允许放宽到 16.5%(SMA-16)或 16%(SMA-19),*VFA* 允许放宽到 70%。

[3]试验粗集料骨架间隙率 *VCA* 的关键性筛孔,对 SMA-19、SMA-16 是指 4.75 mm,对 SMA-13、SMA-10 是指 2.36 mm。

[4]稳定度难以达到要求时,容许放宽到 5.0 kN(非改性)或 5.5 kN(改性),但动稳定度检验必须合格。

(2)沥青混合料试件的制作温度按《公路沥青路面施工技术规范》(JTG F40—2004)规定的方法确定,并与施工实际温度相一致,普通沥青混合料如缺乏黏温曲线可参照表 5-18 执行,改性沥青混合料的成型温度在此基础上再提高 10~20 ℃。

表 5-18　热拌普通沥青混合料试件的制作温度　　单位:℃

施工工序	石油沥青的标号				
	50 号	70 号	90 号	110 号	130 号
沥青加热温度	160~170	155~165	150~160	145~155	140~150
矿料加热温度	集料加热温度比沥青温度高 10~30(填料不加热)				
沥青混合料拌和温度	150~170	145~165	140~160	135~155	130~150
试件击实成型温度	140~160	135~155	130~150	125~145	120~140

注:表中混合料温度,并非拌和机的油浴温度,应根据沥青的针入度、黏度选择,不宜都取中值。

(3)按式(5-1)计算矿料混合料的合成毛体积相对密度 γ_{sb}。

$$\gamma_{sb}=\frac{100}{\frac{P_1}{\gamma_1}+\frac{P_2}{\gamma_2}+\cdots+\frac{P_n}{\gamma_n}} \tag{5-1}$$

式中　P_1、P_2、…、P_n——各种矿料成分的配比,其和为 100;

γ_1、γ_2、…、γ_n——各种矿料相应的毛体积相对密度,粗集料按 T 0304 方法测定,机制砂及石屑可按 T 0330 方法测定,也可以用筛出的 2.36~4.75 mm 部分的毛体积相对密度代替,矿粉(含消石灰、水泥)以表观相对密度代替。

注:①沥青混合料配合比设计时,均采用毛体积相对密度(无量纲),不采用毛体积密度,故无须进行密度的水温修正。

②生产配合比设计时,当细料仓中的材料混杂各种材料而无法采用筛分替代法时,可

将 0.075 mm 部分筛除后以统货实测值计算。

(4)按式(5-2)计算矿料混合料的合成表观相对密度 γ_{sa}。

$$\gamma_{sa} = \frac{100}{\dfrac{P_1}{\gamma'_1} + \dfrac{P_2}{\gamma'_2} + \cdots + \dfrac{P_n}{\gamma'_n}} \tag{5-2}$$

式中 P_1、P_2、…、P_n——各种矿料成分的配比,其和为 100;

γ'_1、γ'_2、…、γ'_n——各种矿料按试验规程方法测定的表观相对密度。

(5)按式(5-3)或按式(5-4)预估沥青混合料的适宜的油石比 P_a 或沥青用量为 P_b。

$$P_a = \frac{P_{a1} \times \gamma_{sb1}}{P_a} \tag{5-3}$$

$$P_b = \frac{\gamma_{sb}}{100 + \gamma_{sb}} \times 100 \tag{5-4}$$

式中 P_a——预估的最佳油石比(与矿料总量的百分比)(%);

P_b——预估的最佳沥青用量(占混合料总量的百分数)(%);

P_{a1}——已建类似工程沥青混合料的标准油石比(%);

γ_{sb}——集料的合成毛体积相对密度;

γ_{sb1}——已建类似工程集料的合成毛体积相对密度。

注:作为预估最佳油石比的集料密度,原工程和新工程也可均采用有效相对密度。

(6)确定矿料的有效相对密度。

①对非改性沥青混合料,宜以预估的最佳油石比拌和两组的混合料,采用真空法实测最大相对密度,取平均值。然后由式(5-5)反算合成矿料的有效相对密度 γ_{se}。

$$\gamma_{se} = \frac{100 - P_b}{\dfrac{100}{\gamma_t} - \dfrac{P_b}{\gamma_b}} \tag{5-5}$$

式中 γ_{se}——合成矿料的有效相对密度;

P_b——试验采用的沥青用量(占混合料总量的百分数)(%);

γ_t——试验沥青用量条件下实测得到的最大相对密度,无量纲;

γ_b——沥青的相对密度(25 ℃/25 ℃),无量纲。

②对改性沥青及 SMA 等难以分散的混合料,有效相对密度宜直接由矿料的合成毛体积相对密度与合成表观相对密度按式(5-6)计算确定,其中沥青吸收系数 C 值根据材料的吸水率由式(5-7)求得,材料的合成吸水率按式(5-8)计算:

$$\gamma_{se} = C \times \gamma_{sa} + (1 - C) \times \gamma_{sb} \tag{5-6}$$

$$C = 0.033w_x^2 - 0.2936w_x + 0.9339 \tag{5-7}$$

$$w_x = \left(\frac{1}{\gamma_{sb}} - \frac{1}{\gamma_{sa}}\right) \times 100 \tag{5-8}$$

式中 γ_{se}——合成矿料的有效相对密度;

C——合成矿料的沥青吸收系数,可按矿料的合成吸水率从式(5-7)求取;

w_x——合成矿料的吸水率,按式(5-8)求取(%);

γ_{sb}——材料的合成毛体积相对密度，按式（5-1）求取，无量纲；

γ_{sa}——材料的合成表观相对密度，按式（5-2）求取，无量纲。

（7）以预估的油石比为中值，按一定间隔（对密级配沥青混合料通常为0.5%，对沥青碎石混合料可适当缩小间隔为0.3%~0.4%），取5个或5个以上不同的油石比分别成型马歇尔试件。每一组试件的试样数按现行试验规程的要求确定，对粒径较大的沥青混合料，宜增加试件数量。

（8）测定压实沥青混合料试件的毛体积相对密度 γ_f 和吸水率，取平均值。测试方法应遵照以下规定执行：

①通常采用表干法测定毛体积相对密度。

②对吸水率大于2%的试件，宜改用蜡封法测定的毛体积相对密度。

对吸水率小于0.5%的特别致密的沥青混合料，在施工质量检验时，允许采用水中重法测定的表观相对密度作为标准密度，钻孔试件也采用相同方法。但配合比设计时不得采用水中重法。

（9）确定沥青混合料的最大理论相对密度。

①对非改性的普通沥青混合料，在成型马歇尔试件的同时，按式（5-5）的要求用真空法实测各组沥青混合料的最大理论相对密度 γ_{ti}。当只对其中一组油石比测定最大理论相对密度时，也可按式（5-9）或式（5-10）计算其他不同油石比时的最大理论相对密度 γ_{ti}。

②对改性沥青或SMA混合料宜按式（5-9）或（5-10）计算各个不同沥青用量混合料的最大理论相对密度。

$$\gamma_{ti} = \frac{100 + P_{ai}}{\frac{100}{\gamma_{se}} + \frac{P_{ai}}{\gamma_b}} \tag{5-9}$$

$$\gamma_{ti} = \frac{100}{\frac{P_{si}}{\gamma_{se}} + \frac{P_{bi}}{\gamma_b}} \tag{5-10}$$

式中　γ_{ti}——相对于计算沥青用量 P_{bi} 时沥青混合料的最大理论相对密度，无量纲；

P_{ai}——所计算的沥青混合料中的油石比（%）；

P_{bi}——所计算的沥青混合料的沥青用量（%），$P_{bi}=P_{ai}/(1+P_{ai})$；

P_{si}——所计算的沥青混合料的矿料含量（%），$P_{si}=100-P_{bi}$；

γ_{se}——矿料的有效相对密度，按式（5-5）或式（5-6）计算，无量纲；

γ_b——沥青的相对密度（25 ℃/25 ℃），无量纲。

（10）按式（5-10）~式（5-12）计算沥青混合料试件的空隙率、矿料间隙率 *VMA*、有效沥青的饱和度 *VFA* 等体积指标，取1位小数，进行体积组成分析。

$$VV = \left(1 - \frac{\gamma_f}{\gamma_t}\right) \times 100 \tag{5-11}$$

$$VMA = \left(1 - \frac{\gamma_f}{\gamma_{sb}} \times P_s\right) \times 100 \tag{5-12}$$

$$VFA = \frac{VMA - VV}{VMA} \times 100 \tag{5-13}$$

式中 VV——试件的空隙率(%);

VMA——试件的矿料间隙率(%);

VFA——试件的有效沥青饱和度(有效沥青含量占 VMA 的体积比例)(%);

γ_f——按上述(8)测定的试件的毛体积相对密度,无量纲;

γ_t——沥青混合料的最大理论相对密度,按上述(9)的方法计算或实测得到,无量纲;

P_s——各种矿料占沥青混合料总质量的百分率之和,即 $P_s = 100 - P_b$(%);

γ_{sb}——矿料混合料的合成毛体积相对密度,按式(5-1)计算。

(11)进行马歇尔试验,测定马歇尔稳定度及流值。

马歇尔试验方法详见《公路工程沥青及沥青混合料试验规程》(JTG E20—2011)。

工作任务五　确定沥青混合料最佳沥青用量

(1)按图 5-3 的方法,以油石比或沥青用量为横坐标,以马歇尔试验的各项指标为纵坐标,将试验结果点入图中,连成圆滑的曲线。确定均符合《公路沥青路面施工技术规范》(JTG F40—2004)规定的沥青混合料技术标准的沥青用量范围 $OAC_{min} \sim OAC_{max}$。选择的沥青用量范围必须涵盖设计空隙率的全部范围,并尽可能涵盖沥青饱和度的要求范围,并使密度及稳定度曲线出现峰值。如果没有涵盖设计空隙率的全部范围,试验必须扩大沥青用量范围重新进行。

绘制曲线时含 VMA 指标,且应为下凹型曲线,但确定 $OAC_{min} \sim OAC_{max}$ 时不包括 VMA。

(2)根据试验曲线的走势,按下列方法确定沥青混合料的最佳沥青用量 OAC_1。

①在曲线图 5-3 上求取相应于密度最大值、稳定度最大值、目标空隙率(或中值)、沥青饱和度范围的中值的沥青用量 a_1、a_2、a_3、a_4。按式(5-14)取平均值作为 OAC_1。

$$OAC_1 = (a_1 + a_2 + a_3 + a_4)/4 \tag{5-14}$$

②如果在所选择的沥青用量范围未能涵盖沥青饱和度的要求范围,按式(5-15)求取三者的平均值作为 OAC_1。

$$OAC_1 = (a_1 + a_2 + a_3)/3 \tag{5-15}$$

③对所选择试验的沥青用量范围,密度或稳定度没有出现峰值(最大值经常在曲线的两端)时,可直接以目标空隙率所对应的沥青用量 a_3 作为 OAC_1,但 OAC_1 必须介于 $OAC_{min} \sim OAC_{max}$ 的范围内,否则应重新进行配合比设计。

(3)以各项指标均符合技术标准(不含 VMA)的沥青用量范围 $OAC_{min} \sim OAC_{max}$ 的中值作为 OAC_2。

$$OAC_2 = (OAC_{min} + OAC_{max})/2 \tag{5-16}$$

(4)通常情况下取 OAC_1 及 OAC_2 的中值作为计算的最佳沥青用量 OAC。

$$OAC = (OAC_1 + OAC_2)/2 \tag{5-17}$$

(5)按式(5-17)计算的最佳油石比 OAC,从图 5-3 中得出所对应的空隙率和 VMA 值,

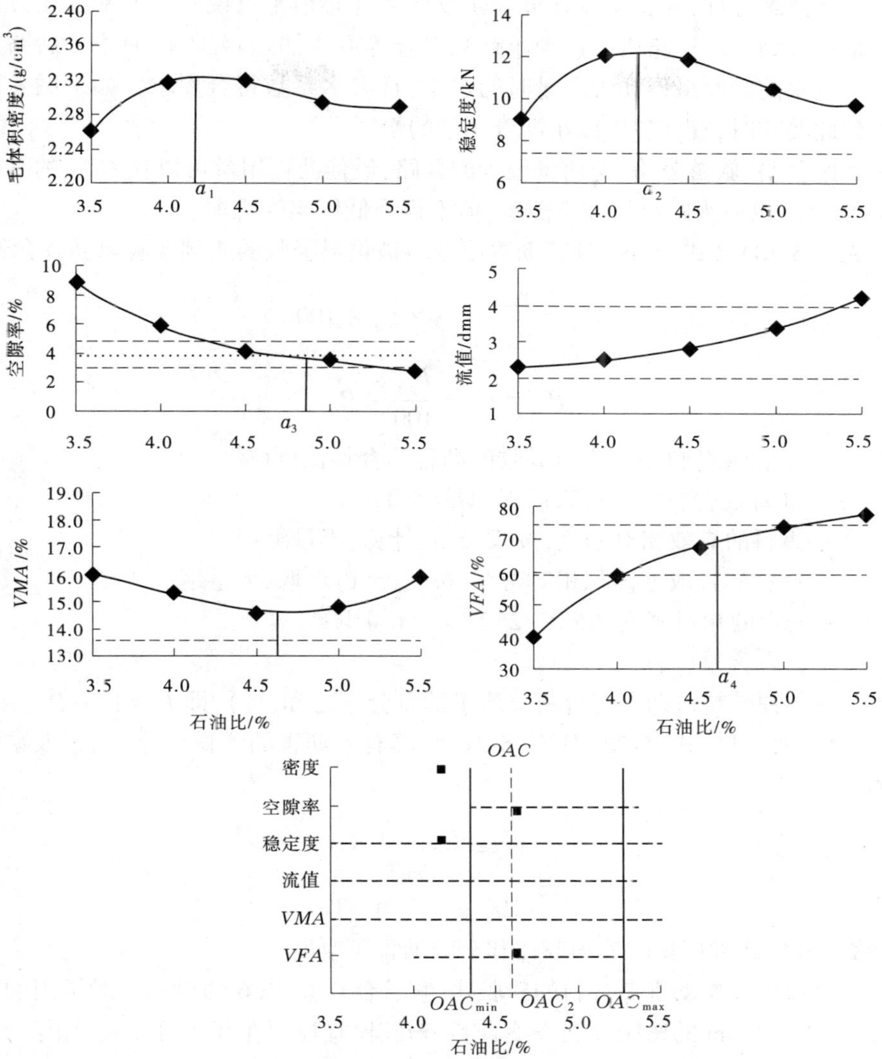

图 5-3　沥青用量与各项指标的关系曲线

检验是否能满足表 5-15 或表 5-16 关于最小 *VMA* 值的要求。*OAC* 宜位于 *VMA* 凹形曲线最小值的贫油一侧。当空隙率不是整数时，最小 *VMA* 按内插法确定，并将其画入图 5-3 中。检查图 5-3 中相应于此 *OAC* 的各项指标是否均符合马歇尔试验技术标准。

(6)根据实践经验和公路等级、气候条件、交通情况，调整确定最佳沥青用量 *OAC*。

①调查当地各项条件相接近的工程的沥青用量及使用效果，论证适宜的最佳沥青用量。检查计算得到的最佳沥青用量是否相近，如相差甚远，应查明原因，必要时重新调整级配，进行配合比设计。

②对炎热地区公路以及高速公路、一级公路的重载交通路段，山区公路的长大坡度路段，预计有可能产生较大车辙时，宜在空隙率符合要求的范围内将计算的最佳沥青用量减少 0.1%~0.5%作为设计沥青用量。此时，除空隙率外的其他指标可能会超出马歇尔试

验配合比设计技术标准,配合比设计报告或设计文件必须予以说明。但配合比设计报告必须要求采用重型轮胎压路机和振动压路机组合等方式加强碾压,以使施工后路面的空隙率达到未调整前的原最佳沥青用量时的水平,且渗水系数符合要求。如果试验段试拌试铺达不到此要求时,宜调整所减小沥青用量的幅度。

③对寒区公路、旅游公路、交通量很少的公路,最佳沥青用量可以在 *OAC* 的基础上增加 0.1%~0.3%,以适当减小设计空隙率,但不得降低压实度要求。

(7)按式(5-18)及式(5-19)计算沥青结合料被集料吸收的比例及有效沥青含量。

$$P_{ba}=\frac{\gamma_{se}-\gamma_{sb}}{\gamma_{se}\times\gamma_{sb}}\times\gamma_b\times 100 \tag{5-18}$$

$$P_{be}=P_b-\frac{P_{ba}}{100}\times P_s \tag{5-19}$$

式中 P_{ba}——沥青混合料中被集料吸收的沥青结合料比例(%);

P_{be}——沥青混合料中的有效沥青用量(%);

γ_{se}——集料的有效相对密度,按式(5-5)计算,无量纲;

γ_{sb}——材料的合成毛体积相对密度,按式(5-1)求取,无量纲;

γ_b——沥青的相对密度(25 ℃/25 ℃),无量纲;

P_b——沥青含量(%);

P_s——各种矿料占沥青混合料总质量的百分率之和(%),即 $P_s=100-P_b$。

注:如果需要,可按式(5-20)及式(5-21)计算有效沥青的体积百分率 V_{be} 及矿料的体积百分率 V_g。

$$V_{be}=\frac{\gamma_f\times P_{be}}{\gamma_b} \tag{5-20}$$

$$V_g=100-(V_{be}+VV) \tag{5-21}$$

(8)检验最佳沥青用量时的粉胶比和有效沥青膜厚度。

①按式(5-22)计算沥青混合料的粉胶比,宜符合 0.6~1.6 的要求。对常用的公称最大粒径为 13.2~19 mm 的密级配沥青混合料,粉胶比宜控制在 0.8~1.2 范围内。

$$FB=\frac{P_{0.075}}{P_{be}} \tag{5-22}$$

式中 FB——粉胶比,沥青混合料的矿料中 0.075 mm 通过率与有效沥青含量的比值,无量纲;

$P_{0.075}$——矿料级配中 0.075 mm 的通过率(水洗法)(%);

P_{be}——有效沥青含量(%)。

②按式(5-23)的方法计算集料的比表面,按式(5-24)估算沥青混合料的沥青膜有效厚度。各种集料粒径的表面积系数按表 5-19 采用。

$$SA=\sum(P_i\times FA_i) \tag{5-23}$$

$$DA=\frac{P_{be}}{\gamma_b\times SA}\times 10 \tag{5-24}$$

式中　SA——集料的比表面积，m^2/kg。

P_i——各种粒径的通过百分率（%）；

FA_i——相应于各种粒径的集料的表面积系数，如表 5-19 所列；

DA——沥青膜有效厚度，μm；

P_{be}——有效沥青含量（%）；

γ_b——沥青的相对密度（25 ℃/25 ℃），无量纲。

表 5-19　集料的表面积系数及比表面积计算示例

筛孔尺寸/mm	19	16	13.2	9.5	4.75	2.36	1.18	0.6	0.3	0.15	0.075
表面积系数 $FA/(m^2/kg)$	0.004 1	—	—	—	0.004 1	0.008 2	0.016 4	0.028 7	0.061 4	0.122 9	0.327 7
集料各粒径的质量通过百分率 P_i/%	100	92	85	76	60	42	32	23	16	12	6
集料的比表面积 $FA_i \times P_i/(m^2/kg)$	0.41	—	—	—	0.25	0.34	0.52	0.66	0.98	1.47	1.97
集料比表面积总和 $SA/(m^2/kg)$	SA=0.41+0.25+0.34+0.52+0.66+0.98+1.47+1.97=6.60										

注：矿料级配中大于 4.75 mm 集料的表面积系数 FA 均取 0.004 1。计算集料比表面积时，大于 4.75 mm 集料的比表面积只计算一次，即只计算最大粒径对应部分。

工作任务六　沥青混合料配合比设计检验

（1）对用于高速公路和一级公路的密级配沥青混合料，需在配合比设计的基础上按《公路沥青路面施工技术规范》（JTG F40—2004）要求进行各种使用性能的检验，不符合要求的沥青混合料，必须更换材料或重新进行配合比设计。其他等级公路的沥青混合料可参照执行。

（2）配合比设计检验按计算确定的设计最佳沥青用量在标准条件下进行。如将计算的设计沥青用量调整后作为最佳沥青用量，或者改变试验条件时，各项技术要求均应适当调整，不宜照搬。

（3）高温稳定性检验。对公称最大粒径等于或小于 19 mm 的混合料，按规定方法进行车辙试验，动稳定度应符合表 5-20 的要求。

表 5-20　沥青混合料车辙试验动稳定度技术要求

气候条件与技术指标	相应于下列气候分区所要求的动稳定度/(次/mm)								
7 月平均最高气温/℃及气候分区	>30				20~30				<20
	1. 夏炎热区				2. 夏热区				3. 夏凉区
	1-1	1-2	1-3	1-4	2-1	2-2	2-3	2-4	3-2
普通沥青混合料	≥800		≥1 000		≥600	≥800			≥600
改性沥青混合料	≥2 400		≥2 800		≥2 000	≥2 400			≥1 800
SMA 混合料　非改性	≥1 500								
SMA 混合料　改性	≥3 000								
OGFC 混合料	1 500(一般交通路段)、3 000(重交通量路段)								

注:1. 如果其他月份的平均最高气温高于 7 月时,可使用该月平均最高气温。

2. 在特殊情况下,如钢桥面铺装、重载车特别多或纵坡较大的长距离上坡路段、厂矿专用道路,可酌情提高动稳定度的要求。

3. 对因气候寒冷确需使用针入度很大的沥青(如大于 100),动稳定度难以达到要求,或因采用石灰岩等不很坚硬的石料,改性沥青混合料的动稳定度难以达到要求等特殊情况,可酌情降低要求。

4. 为满足炎热地区及重载车要求,在配合比设计时采取减少最佳沥青用量的技术措施时,可适当提高试验温度或增加试验荷载进行试验,同时增加试件的碾压成型密度和施工压实度要求。

5. 车辙试验不得采用二次加热的混合料,试验必须检验其密度是否符合试验规程的要求。

6. 如需要对公称最大粒径等于和大于 26.5 mm 的混合料进行车辙试验,可适当增加试件的厚度,但不宜作为评定合格与否的依据。

7. 对公称最大粒径大于 19 mm 的密级配沥青混凝土或沥青稳定碎石混合料,由于车辙试件尺寸不能适用,不宜按《公路沥青路面施工技术规范》(JTG F40—2004)方法进行车辙试验和弯曲试验。如需要检验可加厚试件厚度或采用大型马歇尔试件。

(4)水稳定性检验。按规定的试验方法进行浸水马歇尔试验和冻融劈裂试验,残留稳定度及残留强度比均必须符合表 5-21 的规定。

表 5-21　沥青混合料水稳定性检验技术要求

气候条件与技术指标	相应于下列气候分区的技术要求/%			
年降雨量及气候分区	>1 000 mm	500~1 000 mm	250~500 mm	<250 mm
	1. 潮湿区	2. 湿润区	3. 半干区	4. 干旱区
浸水马歇尔试验残留稳定度/%				
普通沥青混合料	≥80		≥75	
改性沥青混合料	≥85		≥80	
SMA 混合料　普通沥青	≥75			
SMA 混合料　改性沥青	≥80			

续表 5-21

气候条件与技术指标		相应于下列气候分区的技术要求/%			
年降雨量及气候分区		>1 000 mm	500～1 000 mm	250～500 mm	<250 mm
		1. 潮湿区	2. 湿润区	3. 半干区	4. 干旱区
冻融劈裂试验的残留强度比/%					
普通沥青混合料		≥75		≥70	
改性沥青混合料		≥80		≥75	
SMA 混合料	普通沥青	≥75			
	改性沥青	≥80			

调整沥青用量后，马歇尔试件成型可能达不到要求的空隙率条件。当需要添加消石灰、水泥、抗剥落剂时，需重新确定最佳沥青用量后试验。

(5)低温抗裂性能检验。对公称最大粒径等于或小于 19 mm 的混合料，按规定方法进行低温弯曲试验，其破坏应变宜符合表 5-22 要求。

表 5-22　沥青混合料低温弯曲试验破坏应变($\mu\varepsilon$)技术要求

气候条件与技术指标	相应于下列气候分区所要求的破坏应变($\mu\varepsilon$)								
年极端最低气温及气候分区	<-37.0 ℃		-21.5～-37.0 ℃			-9.0～-21.5 ℃		>-9.0 ℃	
	1. 冬严寒区		2. 冬寒区			3. 冬冷区		4. 冬温区	
	1-1	2-1	1-2	2-2	3-2	1-3	2-3	1-4	2-4
普通沥青混合料	≥2 600		≥2 300			≥2 000			
改性沥青混合料	≥3 000		≥2 800			≥2 500			

(6)渗水系数检验。利用轮碾机成型的车辙试件进行渗水试验检验的渗水系数宜符合表 5-23 要求。

表 5-23　沥青混合料试件渗水系数技术要求

级配类型	渗水系数要求/(mL/min)
密级配沥青混凝土	≥120
SMA 混合料	≥80
OGFC 混合料	不小于实测值

(7)钢渣活性检验。对使用钢渣的沥青混合料，应按规定的试验方法检验钢渣的活性及膨胀性试验，钢渣沥青混凝土的膨胀量不得超过 1.5%。

(8)根据需要，可以改变试验条件进行配合比设计检验，如按调整后的最佳沥青用量、变化最佳沥青用量 *OAC*±0.3%、提高试验温度、加大试验荷载、采用现场压实密度进行车辙试验,在施工后的残余空隙率(如7%~8%)的条件下进行水稳定性试验和渗水试验等,但不宜用规范规定的技术要求进行合格评定。

课后复习题

1. 什么是沥青路面配合比设计?
2. 如何进行沥青材料的选择?
3. 如何进行矿料的选择?

情境六 沥青路面施工

学习目标

【知识目标】

了解沥青路面施工准备的内容，掌握沥青路面结构层施工工艺。

【能力目标】

学生能够编制合理的施工方案，并组织沥青路面结构层的施工。

【职业素养】

根据党的二十大精神要求培养学生既具有独立思考的能力，又具有团队协作精神。掌握系统工程的方法，善于组织团队，团结协作，共同解决技术问题。

工作任务一　施工设备的选型与配套

沥青混合料路面施工采用机械化施工，流水作业，施工过程中的每道工序都要认真操作、严格检验，才能保证质量。施工组织要统一指挥，分工负责。总体的施工过程分为沥青混合料制备和路面摊铺施工两个主要方面。沥青混合料制备由沥青混合料生产厂负责，路面摊铺施工由摊铺现场管理人员负责。

施工机械的选型和配套是沥青路面施工的重要工作。沥青混合料路面施工完全采用机械化施工，流水作业，设备的质量和数量是保证工程质量和施工进度的关键。从工程成本上讲，所使用的设备技术越先进、数量越多，机械费占整个工程费用的比例越大，因此，要根据工程的具体质量要求和施工的进度要求合理选型优化配套，既要保证施工质量和进度，又要经济合理，尽可能降低工程成本。

一、在施工设备选型时应注意的问题

(1)同一道工序或一个作业面应使用同一品牌或技术性能相同的设备，如前面所说并列摊铺的摊铺机熨平板的压实能力应相同，并列进行复压作业的压路机型号也应相同，使复压遍数相同，这样可保证路面质量均匀一致。

(2)所选择的设备应符合生产安全和当地环境保护的要求。

(3)设备的技术状况对施工质量影响很大，技术状况不好、达不到性能指标的设备和故障频繁的设备，施工中不可能满足施工质量要求。一旦出现故障，必然影响整个施工的顺利进行，甚至对施工质量和进度产生不可弥补的后果。

(4)如果设备的性能和技术状况可以满足施工要求后,操作人员的技术水平对工程质量的影响也非常大,如果操作人员的技术不熟练,即使是使用一台先进的设备,也可能把活干得一塌糊涂。考察操作人员的技术水平,可以了解他们参加了哪些重要工程,再了解该工程的施工质量,就可以对操作人员的技术水平给予基本的评价。

二、了解设备的种类及用途,确定施工关键设备

沥青混合料路面施工所使用的施工设备的种类多、数量大,表 6-1 为使用的主要设备的名称和用途。

表 6-1　沥青混合料路面施工常用的施工设备及用途

分类	设备名称	用途
沥青拌和厂设备	沥青混合料拌和机	拌制沥青混合料
	装载机及推土机	给拌和机上料
	沥青乳化机	制备乳化沥青
	改性沥青制备设备	制备改性沥青
	地秤	用于收料时计量
	供电设备	拌和厂供电
运输设备	沥青运输车	往拌和厂运送沥青
	自卸车	往拌和厂运送矿料
		往路面施工现场运送沥青混合料
路面施工设备	沥青混合料摊铺机	摊铺沥青混合料
	压路机	沥青混合料初压
	重型压路机	沥青混合料复压
	轮胎压路机	消除沥青混合料表面裂纹
	小型压路机	碾压靠近路缘石的混合料
	振动平板夯	修补基础部位坑洞
	沥青洒布车	洒布透层和黏层沥青
	路面铣刨车	用于旧路面修整,接缝部位修整
	切缝机	用于切直接缝
	液压镐或风镐	小面积地面修整
	装载机	施工现场倒运混合料
	洒水车	压路机洒水装置的补水
	照明设备	夜间施工照明
	供电设备	施工现场电动机具供电,照明设备供电

续表 6-1

分类	设备名称	用途
其他辅助设备	平板拖车	施工现场倒、运大型施工机械
	吊装设备	摊铺机加长熨平板的安装
	辅助运输车	摊铺机加长熨平板运输及其他材料的运输等
	柴油运输车	施工设备补给燃料

在沥青混合料路面施工中,沥青混合料拌和站、沥青混合料摊铺机、压路机的选型和配套对施工质量影响很大,这些设备的性能、技术状况、生产率对顺利完成施工任务起到了关键的作用,因此这些设备的选型非常重要。

三、沥青混合料拌和站的选型

沥青混合料拌制是施工的第一道工序,沥青混合料拌和站的性能对施工的影响非常重要。

码 6-1　沥青混凝土拌和站

(一)沥青混合料拌和站选型的技术要求

沥青混合料拌和站应满足以下条件:

(1)有足够大的生产率,保证摊铺作业的连续性。

(2)有足够准确的计量配比精度,一般沥青的计量精度应达到±0.5%,矿料的计量精度应达到±1.0%,沥青混合料中沥青与矿料质量百分比的误差小于±0.5%。

码 6-2　沥青混凝土拌和控制

(3)温度控制精度也应达到要求,沥青混合料出料控制温度的精度应达到±5 ℃ 。

(4)距离施工地点较近,以减少运输时间和运输费用。

(5)故障率低,能保证施工顺利进行。

(6)使用的燃料费应少,生产每吨沥青混合料消耗燃料一般为 7~8 kg。消耗电力少,生产成本低。

(7)环保性能达到当地的标准,指标包括经过消烟除尘器后烟囱排烟的烟度值,整个设备运行时的噪声值。

(8)设备适应能力强,如矿料含水量达到 5%时,设备依然能够达到额定的生产率。

(二)沥青混合料拌和站选型方法

城市路网密集,工程多,工作量大,建在城市的拌和站可以长期为城市建设服务,一般选用大型固定式沥青混合料拌和站,具有完善的环保性能。在城市进行道路施工,如果该城市已有若干家沥青混合料拌和站,就不必新建拌和站了,可对已有的几家拌和站进行考察,从中选择出符合施工要求、生产成本低、运输距离近的沥青混合料拌和站。

高速公路建设,远离城市,需要在修筑的公路附近建立沥青混合料搅拌站,这样可以减少运输成本;高速公路修筑完成后,拌和站要转移到其他工地;拌和站选型时应考虑拆装方便,应选择移动式或半移动式沥青混合料拌和站。

四、沥青混合料摊铺机选型

(一)考虑使用履带式摊铺机还是轮胎式摊铺机

履带式摊铺机摊铺作业驱动力大,摊铺宽度大,行驶平稳,摊铺平整度好。但履带摊铺机转移工作地点时行驶速度慢,必须使用拖车运输。

轮胎式摊铺机结构简单,使用费用较低。轮胎式摊铺机转移工作地点时行驶速度较快,可以自己行驶,不必使用拖车运输。轮胎式摊铺机在弯道摊铺施工时,转弯灵活,可以摊铺出平滑、圆润的曲线。但是轮胎式摊铺机靠轮胎行驶,摊铺机的驱动轮胎与地面的接触面积远小于履带式摊铺机的接触面积,使轮胎的地面附着力比履带式摊铺机小,造成轮胎式摊铺机行驶的驱动力较小,特别是当地面喷洒黏层沥青时,可能会出现打滑现象,不得不缩小摊铺宽度。在铺筑 SMA 这种高黏度沥青混合料时,轮胎式摊铺机也会显示出驱动力不足的现象。另外,一般认为轮胎式摊铺机行驶的平稳性不如履带式摊铺机,摊铺的平整度也不如履带式摊铺机。

总之,如果路面要求平整度高、摊铺的路面宽、工作量大,要使用履带式摊铺机。摊铺宽度窄、工作量小的工程,可使用轮胎式摊铺机。

(二)选择摊铺机熨平板的形式

熨平板的形式分为机械组装式熨平板和液压伸缩式熨平板。

机械组装式熨平板通过螺栓组装,并且用刚性支架加固,因此刚性好,摊铺平整度好,摊铺的外观质量好,由于具有较好刚性,可以安装较宽的加宽段熨平板,使摊铺宽度较宽。机械组装式熨平板的缺点是作业过程中,熨平板的宽度不能随时调整,当需要改变宽度时,必须停机,安装或拆卸加宽段熨平板,因此拆装烦琐。

液压伸缩式熨平板两侧的熨平板由液压油缸控制,可以随时向两侧伸出或缩回。作业时,可根据摊铺需要随时调整熨平板的宽度,每侧可伸缩量可达 1.25~1.5 m,液压伸缩式熨平板特别适用于路面宽窄有变化的路段,如城市道路的交叉路口处或道路进出口的匝道路段。液压伸缩熨平板随时可以伸缩,无法使用支架加固,因此刚性稍差。熨平板在摊铺宽度较大时,熨平板的边缘部位易产生颤动,影响边缘部位的平整度,所以一般液压伸缩式熨平板的最大摊铺宽度较组装式熨平板摊铺宽度要窄一些。另外,这种熨平板的固定板和伸缩板之间易产生高低错位,因此一般认为液压伸缩熨平板摊铺的平整度和外观质量不如机械组装式熨平板。

总之,在熨平板选型时,高速公路、城市主干路一般平整度要求高、宽度大、道路宽度没有变化,大多使用机械组装式熨平板。城市一般道路、村镇公路,道路的进出口多、弯道多、匝道多,摊铺作业中路面宽度经常变化,应采用液压伸缩式熨平板。

(三)两台或多台摊铺机组合作业

铺筑高速公路和一级公路沥青混合料时,一台摊铺机的摊铺宽度不宜过宽,双车道不宜超过 6 m,单车道不宜超过 7.5 m,当实际铺筑的宽度较大,一台摊铺机的摊铺宽度不能满足施工要求时,如果采用全路幅摊铺,可使用两台摊铺机梯队并排摊铺,作业时,可使用一台机械组装式熨平板摊铺机和一台液压伸缩式熨平板摊铺机配合作业,如图 6-1 所示。机械组装式熨平板的摊铺机在路中心摊铺,保证快车道的路面有很好的平整度,用液压伸缩式熨平板的摊铺机在路的边上摊铺,以适应路边宽窄变化。当采用两台摊铺机作业时,最好使用同一厂家生产的摊铺机，还要选择初压实能力相同的熨平板，同一生产厂家的摊铺机，才能保证熨平板的振捣梁、振动器结构相同，高密实度熨平板更应注意这一点，初压实能力完全相同，才能使两台摊铺机摊铺的虚厚完全相同，便于控制摊铺厚度，使修筑的路面厚度相同。初压实能力完全相同，在压路机碾压作业时，使两个摊铺带的碾压遍数相同，最终达到相同的压实度，这样便于控制碾压遍数。

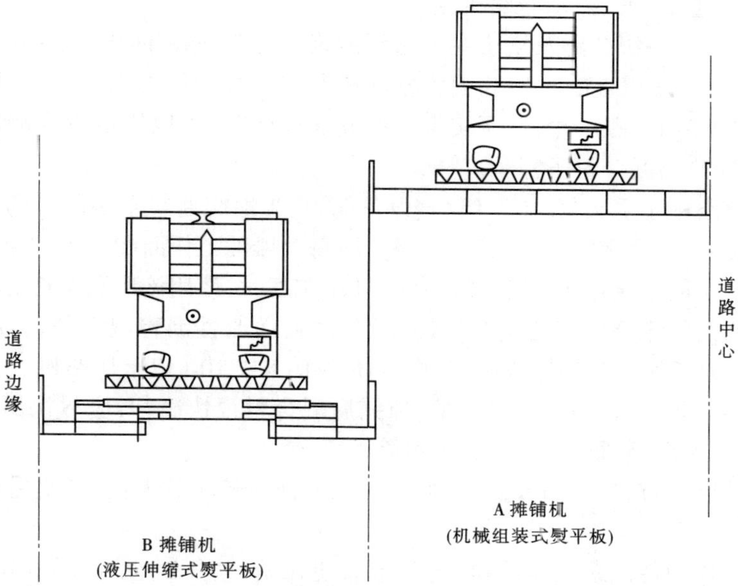

图 6-1　两台摊铺机并排梯队作业

五、压实机械的选型

沥青混合料路面施工使用的压实机械有双钢轮振动压路机、钢制光轮静作用压路机、轮胎压路机、小型振动压路机和振动平板夯。

(一)双钢轮振动压路机

可变振幅和振频的双钢轮振动压路机是压实沥青混合料最好的压路机。现在通常双钢轮振动压路机都具有双轮驱动、双轮振动，每个振动轮的振幅和振频可调，初压时可关闭振动，采用静作用力碾压；随着混合料密实度的增加，复压时，可逐渐加大激振力，以增加压实能力。因此，双钢轮振动压路机可以适应各种压实工况。

1. 双钢轮振动压路机的选型依据

双钢轮振动压路机的选型主要是选择压路机的自重，常用的双钢轮振动压路机自重为 6~13 t，选型时可考虑以下因素：

(1)铺筑混合料的类型。

(2)摊铺厚度。

(3)工程对压实度的要求。

(4)施工的工程量。

(5)作业时的环境温度。

(6)初压、复压和终压可选择不同吨位的压路机。

2. 双钢轮振动压路机的选型举例

(1)在压实工序中主要通过复压使铺筑的沥青混合料达到规定的密实度,而且复压工作量大,要求压实能力强,因此选型时从复压使用的压路机着手。

(2)以粗集料为主的较大粒径的混合料尤其是大粒径沥青稳定基层,应优先采用10 t或10 t以上的大型双钢轮振动压路机复压。

(3)高速公路、一级公路及城市主干路等铺筑厚度大、摊铺面积大、压实度要求高,复压应使用10 t或10 t以上的大型双钢轮振动压路机。其线压力大,压实深度大,碾压轮直径大,压实平整度好,碾压轮宽,压实生产率高。作业时,可以用最少的碾压遍数、最少的碾压幅数将铺筑的混合料压实。

(4)由于道路施工受天气、施工组织、设备能力、当地交通等众多因素的影响,情况复杂多变,为了减少施工风险,高速公路、一级公路每个摊铺工作面配备1~2台13 t的压路机,施工过程中,当某些部位因种种原因达不到压实度时,使用该压路机追加压实度。

(5)如果修筑的道路使用的是改性沥青混合料,而改性沥青混合料需要在较高的温度下压实成活,为了使混合料尽快压实,也应使用10 t或10 t以上压路机。

(6)环境温度较低,铺筑的厚度较薄,摊铺后混合料很快冷却,应尽快压实,使用10 t或10 t以上的大型压路机可以减小施工风险。

(7)二级公路、城市次干道及以下的道路,压实面积较小的工程,可使用8~9 t的双钢轮振动压路机。

(8)一个工作面使用多台压路机,为了节省机械费,初压时也可以使用8 t的双钢轮振动压路机。

(9)小面积的道路修补作业,可以使用6 t或更小的压路机。

(二)钢制光轮静作用压路机

钢制光轮静作用压路机是一种传统的压路机,在早期的沥青混合料路面施工中曾经得到广泛应用,这类压路机分为双轮压路机和三轮压路机,钢制光轮静作用压路机只能用于四级公路、乡村公路、城市支路、居民区内的道路等铺层薄、压实度要求不高的工程,小面积的道路修补作业也使用这种压路机。

1. 传统的压实作业压路机配套方法

修筑的道路面积较大时,可采用以下配套方法:

(1)初压时应选用双钢轮压路机,质量6~8 t,这种压路机碾压轮较宽,线压力略小,碾压时轮迹小,不会对混合料产生推移现象。

(2)复压时应选用三轮压路机。三轮压路机后面的两个大轮为主碾压轮,压轮较窄,能产生较大的线压力,可以使路面达到规定的密实度。三轮压路机的自重分为10~12 t、12~15 t和18~21 t三种,根据压实厚度而定,碾压沥青混合料的压路机质量一般不得小于12 t。

(3)终压再用双钢轮压路机进行碾压,用以消除轮迹。传统的压路机和传统的配备方法,曾在以往的道路施工中发挥过重要的作用,完成过很多重要的工程。

2. 静作用压路机选型时的注意事项

(1)静作用压路机在居民区内作业不会产生振动干扰。

(2)静作用压路机结构简单,使用费用低。

(3)如果道路的基层很薄或铺筑的面层很薄,路面承载力小,使用重型三轮压路机碾压,可能造成下陷过深,不但不能将混合料压实,还可能破坏基层的强度,不能选用重型压路机。

(4)三轮压路机的后轮较窄,碾压时易造成纵向抢迹,要求操作驾驶员必须有较高的技术水平,否则不能保证路面的平整度。

(5)钢制光轮静作用压路机在压实质量、密实度、压实深度和压实生产率方面远不如双钢轮振动压路机,碾压遍数要比双钢轮振动压路机多。

(6)老式的静作用压路机没有洒水装置,为了防止混合料黏着在碾压轮上,作业时要涂刷隔离剂或防黏结剂,严禁刷柴油。也可对压路机进行改装,配备洒水装置。

(7)由于目前对道路的承载能力要求越来越高,沥青混合料面层铺层厚度较大,并且大量使用改性沥青,钢制光轮静作用压路机的压实能力已不能满足高等级公路的施工要求。

(三)轮胎压路机

轮胎压路机的碾压轮为橡胶轮胎,碾压沥青混合料时,轮胎的柔性变形对混合料产生揉搓作用,有利于消除压实表面的裂纹,增加沥青混合料的密水性。

1. 密级配沥青混凝土的复压

密级配沥青混凝土的复压宜优先采用重型轮胎压路机,压路机应满足以下要求:

(1)压路机总质量不得小于 25 t ,吨位不足时可以附加重物。

(2)每个轮胎对地面的压力不小于 15 kN 。

(3)冷态时的轮胎充气压力不小于 0.55 MPa ,轮胎发热后不小于 0.6 MPa ,各个轮胎的压力应大体相同。

2. 碾压其他类型的沥青混合料

碾压其他类型的沥青混合料有以下作用:

(1)钢制光轮压路机复压后用轮胎压路机进行碾压,有利于消除表面的裂纹。

(2)如果铺筑混合料的基础是旧沥青或水泥混凝土路面,基础可能出现凹凸不平,摊铺沥青混合料后,如果使用钢轮压路机碾压,基础凸起处的混合料能够得到较好的压实,基础低凹部分混合料可能由于凸起处对碾压轮的支撑作用得不到碾压,有可能产生漏压。使用轮胎压路机碾压,橡胶轮胎具有一定的弹性,碾压轮的平衡架可以摆动,将凹陷部位压实,不会产生漏压现象,轮胎压路机这个优点是钢轮压路机所不能替代的。

小吨位轮胎压路机自重一般为 9 t ,通过加水和加配重的方法质量可增加到 16 t ,大吨位轮胎压路机自重一般为 16 t ,通过加水和加配重的方法质量可增加到 25 t。轮胎压路机不适宜用于初压,初压时混合料较软,易于产生轮迹。轮胎压路机不适宜碾压 SMA 沥青玛琋脂碎石混合料,可能使沥青玛琋脂胶浆挤出来,使路面纹理减弱,表面不能到最佳的构造深度。

(四)小型压实机械

小型压实机械有小型振动压路机和振动平板夯。小型振动压路机自重较轻,质量仅为 1~3 t,压实能力小,一般不作为主要碾压设备,只能用于辅助作业。

用于碾压道路两侧的沥青路面与路缘石接茬的部位。如果使用大型压路机贴边碾压,极易压碎和挤坏道牙,而使用小型压路机就安全多了。小的弯道、加宽段和港湾式停车带大型压路机难以碾压的部位,可以采用小型压实机械和振动平板夯补压。小型振动压路机还可用于沥青混合料摊铺时接缝或修补地面凹坑,具有机动灵活、使用方便的优点。振动平板夯自重较轻,使用更为方便,适宜路面接缝时使用,也可用于沥青混合料路面修补作业。

(五)压路机组合

较大规模的路面施工,使用一台压路机是不够的,一般要使用多台压路机作业,多台压路机匹配形式对压实质量、生产率和施工成本影响很大,一般根据工作量和质量要求有如下几种匹配方式:

(1)双轮静作用压路机+三轮静作用压路机。

(2)双轮静作用压路机+三轮静作用压路机+轮胎压路机。

(3)双轮振动压路机。

(4)双轮振动压路机+轮胎压路机。

(5)双轮振动压路机+轮胎压路机+小型振动压路机。

六、施工设备的配套

沥青混合料路面施工是整个道路施工最关键的工序,也是难度最大的工序,各道工序采用流水作业,衔接非常紧密,由于采用综合的机械化施工,设备的配套非常重要。

(1)从作业时间考虑,热拌沥青混合料从生产出来,运到施工现场进行摊铺,直至碾压成活,整个生产过程必须在短时间内完成,否则混合料冷却凝团,无法施工。

(2)从保证平整度考虑,摊铺机必须连续不断进行摊铺作业,中途停顿,然后再次起步,会在路面形成一个波形,如果由于拌和站和运输车造成沥青混合料供应的不均衡,摊铺机被迫开开停停,势必影响整条道路的平整度。

(3)从保证压实度考虑,压路机配备的数量也很重要,如果压实效率跟不上,不能保证足够的压实遍数,摊铺的混合料还没有得到压实就已冷却,就会影响碾压的密实度。

(4)在施工过程中如果造成质量缺陷,一旦沥青混合料冷却,就不可能进行修复。

(5)整个施工过程完全采用机械化作业,设备使用量大,大多使用技术水平高、价值高的设备,机械费占很大比重。

为了保证施工质量和进度,尽可能降低施工成本,最重要的是保证整个施工过程达到均衡生产,特别是保证拌和设备、运输设备、摊铺设备和碾压设备的生产率保持平衡,因此施工前要进行周密的计划,选用的设备的生产率应配套,使全套设备生产达到平衡。

在测算时,首先要分别计算出每种设备的生产率,然后计算出所需设备的数量。

(一)拌和设备生产率的确定

沥青混合料拌和设备的生产率取决于每缸搅拌数量、进料时间、拌和时间、卸料时间及搅拌机效率,可按式(6-1)计算:

$$Q_B = \frac{60C_B}{t_1 + t_2 + t_3} \cdot K_B \tag{6-1}$$

式中　Q_B——拌和站生产率,t/h;

C_B——每缸搅拌数量,t;

t_1——进料时间,min;

t_2——拌和时间,min;

t_3——卸料时间,min;

K_B——效率系数。

实际生产中进料时间和卸料时间是固定的,拌和时间根据实际生产的沥青混合料而定,不同类型的沥青混合料配比不同,拌和时间不同,生产率就会有所不同,这些数值可以通过拌和设备的使用经验进行初步推算,再经过生产配合比验证阶段,即铺筑试验段后经过试拌验证,方可得出精确的生产率数值。

有些拌和设备用生产率标定型号,如某拌和设备型号为 MAP320 ,标定生产能力为 320 t/h ,这个生产率是沥青拌和站实际生产能力的中值,可以作为生产率的基本参考值。

拌和设备的生产率取决于矿料的加热温度,加热温度高,矿料加热时间长,生产率就会降低。生产率还取决于矿料的含水量,含水量大,矿料加热时间长,生产率也会有所降低。

(二)沥青混合料运输车生产率和数量

沥青混合料运输车的运输能力应保证生产出的混合料及时运到施工现场,保证摊铺机连续不断地摊铺,为防止热拌沥青混合料在运输过程中温度下降过快,应选用大吨位自卸汽车。为了保证摊铺现场有足够的混合料,每台摊铺机前应有 5 辆自卸车等候卸料,防止混合料不足,造成摊铺机被迫停车。

运输车数量的计算可按式(6-2)计算:

$$N_c = \frac{Q_B(t_1 + t_2 + t_3)}{60Z_c} \cdot K_c + N_2 \tag{6-2}$$

式中　N_c——运输车的数量,辆;

Q_B——拌和站生产率,t/h;

Z_c——单台运输车载质量,t/辆;

t_1——进料时间,min;

t_2——拌和时间,min;

t_3——卸料时间,min;

K_c——时间利用率,时间利用率为受社会交通因素影响因素的数值;

N_2——保证摊铺连续性,在摊铺机前等待卸料的车数。

一般每台摊铺机前 N_2 应为 5 辆。多台摊铺机并列摊铺, N_2 应为各台摊铺机前面等候自卸车数量之和。

运输车的数量得出数值为小数时进位取整数。

沥青混合料运输车的运输能力和沥青拌和站的拌和能力相比应有所富余,特别是城市施工,道路交通可能出现拥堵,防止由于运力不足造成摊铺机被迫停顿。

(三)摊铺施工生产率的计算

(1)单台沥青混合料摊铺生产率按式(6-3)计算:

$$Q_P = \frac{60TW_PV_PD}{100} \cdot K_P \tag{6-3}$$

式中 Q_P——生产率,t/h;

T——摊铺层压实后的平均厚度,cm;

W_P——摊铺宽度,m;

V_P——摊铺机运行速度,m/min;

D——沥青混合料的密度,t/m³;

K_P——效率系数。

摊铺厚度为路面设计厚度(压实后的厚度)。

沥青混合料密度一般为 2.3~2.4 t/m³。

摊铺宽度为摊铺机安装熨平板的宽度,根据所选摊铺机的型号和实际摊铺宽度而定:大型摊铺机可安装较宽的熨平板,摊铺宽度可大一些。当施工的道路较窄,小于选定的摊铺机熨平板最大摊铺宽度时,可采用一台摊铺机作业,将熨平板组装成路面宽度,进行全路幅摊铺。

摊铺机的摊铺速度一般可从 0~16 m/min 范围内调节,为了保证施工质量,作业时一般应控制在 2~6 m/min 的范围内,计算时可初步设定为 4 m/min ,SMA 混合料宜放慢至 1~3 m/min。待所有施工设备的生产率确定后,通过调整摊铺机作业速度,使生产率达到平衡。

效率系数取决于施工整体配合情况,一般效率系数为 0.7~0.95,根据实际作业情况和施工条件确定,如混合料供应是否均衡充足,施工组织是否周密,作业时其他辅助工作量的多少,效率系数可以提高。

(2)分幅摊铺或多台摊铺机作业:

当施工的路面宽度较大,大于一台摊铺机熨平板的最大摊铺宽度时,就要采用分幅摊铺。分幅摊铺可以采用一台摊铺机施工,摊铺完一幅后,掉过头来再摊铺第二幅。这种施工方法的优点是使用的机械和人员少,施工费用低;主要的问题是接缝质量,因为摊铺完第一摊铺带,再摊铺第二摊铺带时,第一摊铺带已经完全冷却,后一摊铺带混合料在接缝处不能完全融合到第一个摊铺带内,不能成为一个整体,道路使用一段时间后,可能会从接缝处开裂。

高等级公路、城市主干路及质量要求较高的道路,为了避免冷接缝,采用两台或多台摊铺机并列梯队摊铺,如图 6-1 所示,两台或多台摊铺机的效率计算为各台摊铺机效率之和。多台摊铺机并列摊铺,必然造成使用的拌和站、运输车辆、摊铺机及压路机等设备的成倍增加,使机械费用大大增加。因此,对于小型工程,由于工程费用的限制,一般道路可使用单台摊铺机分幅摊铺。

(3)摊铺机生产率应与拌和站生产率配套,可以通过调整摊铺速度和摊铺机数量实现,以达到均衡生产,摊铺机实际行驶速度为

$$V_P = \frac{100Q_B}{60TW_PDK_P} \tag{6-4}$$

参数意义同前面公式。

当计算出的摊铺机的摊铺速度大于合理的速度时,应增加摊铺机的数量。

(四)压路机生产率和台数计算

1. 计算单台压路机生产率

$$Q_Y = \frac{(W_Y - L_Y)v_Y TD}{B_Y} \cdot K_Y \tag{6-5}$$

式中　Q_Y——压路机生产率,t/h;

W_Y——碾压轮宽度,m;

L_Y——碾压轮重叠量,m;

v_Y——压路机行驶速度,km/h;

T——摊铺层压实后的平均厚度,cm;

D——沥青混合料的密度,t/m^3;

B_Y——压实遍数;

K_Y——效率系数。

碾压轮宽度为该型号压路机压轮的宽度。

2. 计算碾压轮重叠量

碾压轮重叠量根据施工要求而定,三轮静作用压路机重叠量为后碾压轮宽度的 1/2 轮宽度。双钢轮振动压路机重叠量基本要求为 10~20 cm ,实际碾压时应对碾压带进行规划,根据路面宽度 W 、碾压轮宽度 W_Y 和重叠量基本要求,大致规划摊铺带需要 n 次才能完全碾压一遍,然后按照下式计算实际重叠量:

$$L_Y = \frac{nW_Y - W}{n - 1} \tag{6-6}$$

重叠量在满足基本要求 10~20 cm 的前提下应尽可能小,这样可以提高压实生产率。

压实速度的确定一般根据先慢后快的原则,初压 1.5~2 km/h ,复压 4~5 km/h ,终压 2~3 km/h。

压实遍数取决于压路机类型、自重、摊铺厚度、摊铺材料、环境温度等因素,另外初压、复压和终压的遍数也不相同,一般初压 2 遍,复压 4~8 遍,终压 2~4 遍,计算时可用中值或上限值,经过试验路段试压后再确定。

效率系数是由于前进、倒退、换向时间及纵向碾压带重叠量等因素影响的效率降低程度,一般为 0.6~0.8。

3. 计算所需压路机台数

计算出单台压路机生产率后,还要根据实际作业的摊铺生产率确定所需压路机台数,计算方法如下:

$$N_Y = \frac{Q_P}{Q_Y} \tag{6-7}$$

式中　N_Y——压路机台数;

Q_P——单台压路机生产率;

Q_Y——摊铺机总生产率。

压路机台数的数值出现小数时应进位取整数。

初压、复压和终压二道主序应分别计算,一般初压和终压碾压遍数较少,压路机工作量小,复压碾压遍数较多,碾压工作量大。

当计算结果得出的初压和终压使用的压路机台数小于 1 时,可将两道相互衔接工序使用的压路机合并。如初压和复压使用一台压路机,或复压和终压使用一台压路机,甚至可以二道工序只使用一台压路机完成,但使用压路机的压实能力应以压实要求最高的工序而定,以保证压实质量。

高速公路碾压密实度要求高,以铺筑双车道沥青路面为例,压路机数量不宜少于 5 台,施工温度低、风大、碾压层薄时,压路机的数量应适当增加。

(五)编制设备配套计划程序

编制设备配套计划要找出影响施工的关键因素。编制设备配套计划,确定设备能力,确定使用设备的数量,首先要满足道路设计的质量要求和工期进度要求,其次要符合当地的施工条件,还要兼顾施工成本,使机械费不超过预算,使设备能力得到充分发挥,是降低成本的途径之一。设备配套要考虑以下因素:

(1)设备配套计划以施工质量确定。高等级公路、城市主干道为了保证路面的平整度,摊铺机必须连续作业,不能停顿,为了避免摊铺过程中纵向冷接缝,整幅路面必须一次全幅摊铺,当摊铺宽度较大时,要使用多台摊铺机梯队并排摊铺,将整个路面一次摊铺完成。这样编制设备配套计划时,首先根据摊铺作业面的宽度确定摊铺机的数量,先计算出摊铺机生产率,再根据该生产率确定拌和站的生产能力,确定拌和站的数量,计算出运输车的数量和压路机的数量。

(2)设备配套计划要兼顾施工成本。第一种施工配套方法由于施工的工作面太宽,要投入大量的施工设备和施工人员,使施工投入的机械费大为增加。一般道路由于工程量小,如果道路建设的投资较小,对道路质量的要求不是特别高,一般选择路面不易被损坏的部位,如道路的中心线或车轴分道线作为分幅的界限,采用一台或两台摊铺机分幅摊铺,这样可以使施工中投入的机械费和人工费有所降低,将施工成本控制在预算范围内。

(3)设备配套计划要切实可行。实际组织施工时,沥青混合料拌和站设备庞大,移动性差,社会拥有量少,是影响施工的关键设备,编制设备配套计划时可先从拌和站入手,计算出拌和站的生产能力,再计算摊铺机的数量,确定运输车数量和压路机的数量。

(4)设备配套要达到均衡生产。当摊铺生产率与沥青拌和站在实际施工中不相吻合时,可通过调整摊铺速度,使拌和生产率和摊铺生产率相匹配,使生产达到均衡。

(5)后道工序的生产能力要大于前道工序。在计算生产率和确定设备需求数量时,应使后道工序的生产能力比前道工序略大,即压实能力>摊铺能力>运输能力>拌和能力,从而保证能把拌和好的沥青混合料运到现场,摊铺到路面上,并且得到充分的压实。如果后道工序施工能力不足,如摊铺能力不足,沥青混合料运到施工现场后没有摊铺就冷却凝固,无法摊铺,就会造成浪费。如果压实能力跟不上,摊铺后的混合料碾压遍数不够或碾压温度低,就会造成密实度不够,使碾压质量达不到规定的要求。

(6)最后要测算机械费。使用设备的型号和数量初步确定后,要根据生产率测算施工时间,再根据使用的数量和天数预测所花费的机械费,费用不能超过工程预算价格,如果超过预算,可以进行调整,进一步挖掘设备的潜力,调整设备型号、设备数量和设备工作参数,甚至可以调整施工工艺。

（7）设备的选型和配套要得到监理的确认。施工的技术准备工作、设备的选型和配套完成后，要向监理工程师汇报，得到批准后方可确定。

工作任务二　编制沥青混合料生产工艺

一、生产准备

（一）材料

沥青、碎石、矿粉、砂、改性剂、稳定剂、木质纤维素、乳化剂等。

（二）机械设备

1. 生产设备

生产设备为间歇式沥青拌和设备，根据年需求量和工作时间进行配备（见表6-2）。沥青拌和设备，包括拌和楼主体、成品仓、沥青罐、导热油炉、石粉仓、集料输送及烘干集尘设备。

表6-2　沥青混合料拌和设备选择

沥青站生产能力/（t/h）	生产期6个月/（$\times10^4$ t）	生产期8~10个月/（$\times10^4$ t）
120	5~10	11~15
160	11~15	15~20
240	15~20	20~30
320	20~30	30~40

2. 配属设备

（1）乳化沥青设备。高速公路施工乳化沥青由甲方指定供应；如果不指定供应，则应配备乳化沥青设备（每小时生产能力4~6 t）。

（2）改性沥青设备。如果甲方不指定改性沥青供应商，则应配备改性沥青设备，见表6-3。

表6-3　改性沥青设备选择

沥青站生产能力/（t/h）	沥青灌储量/t	改性沥青设备能力/（t/h）
120	300~400	4~6
160	400~500	6~8
240	500~800	8~12
320	800~1 000	12~15

（3）试验设备。沥青试验仪器（针入度仪、软化点仪、延度仪等）；原材料试验仪器（压力试验机、磨耗试验机等）；沥青混合料检测试验仪器（马歇尔试验测试仪、沥青含量测试

仪等)。

(4)运输车辆。自卸式卡车,数量应根据沥青拌和设备生产能力、拌和站与摊铺现场之间的距离以及摊铺进度合理配置。

(三)生产条件

(1)沥青混合料拌和设备是由若干个体独立工作装置所组成的综合性设备。厂区内一般包括材料存放场地、沥青贮存地、熔化及加热设备、实验室及办公用房屋。沥青混合料拌和厂运行时会产生较大的粉尘和噪声等污染,因此厂址不宜选在居民区附近,又要满足拌和对供电和排水的要求。厂址离施工工地以在 2 h 运距之内为佳,此外,厂址还应处于交通干线或至少 7 m 宽路面道路的旁边,以便生产成品的运输。

场地形状以矩形为佳,场地内的各种设施和布置应协调厂址选择好后,根据生产能力估算场地面积,其面积应能容纳拌和厂的所有设施(见表 6-4)。

表 6-4 改性沥青设备选择

沥青站生产能力/(t/h)	拌和器容量/kg	场地面积/m^2
120~160	2 000	12 000
180~240	3 000	15 000
240~320	4 000	18 000

注:1 亩 = 1/15 hm^2。

(2)应保证路通、水通、电通及场地平整。路应是环形路,方便运输车辆进出自由。用水量应满足职工生活用水及少量的生产用水,每天需求量 20 t 左右。电的供应最好有变压器,如无变压器则需配发电设备以保证电力供应,设备功率见表 6-5。

表 6-5 改性沥青设备选择

沥青站生产能力/(t/h)	拌和设备功率/kW	附属设备功率/kW	改性沥青设备功率/kW
120	350	80	200
160	500	80	200
240	700	80	200

二、生产工艺

(一)沥青混合料生产工艺流程

沥青混合料生产工艺流程如图 6-2 所示。

(二)改性沥青生产工艺流程

改性沥青生产工艺流程如图 6-3 所示。

(三)乳化沥青生产工艺流程

乳化沥青生产工艺流程如图 6-4 所示。

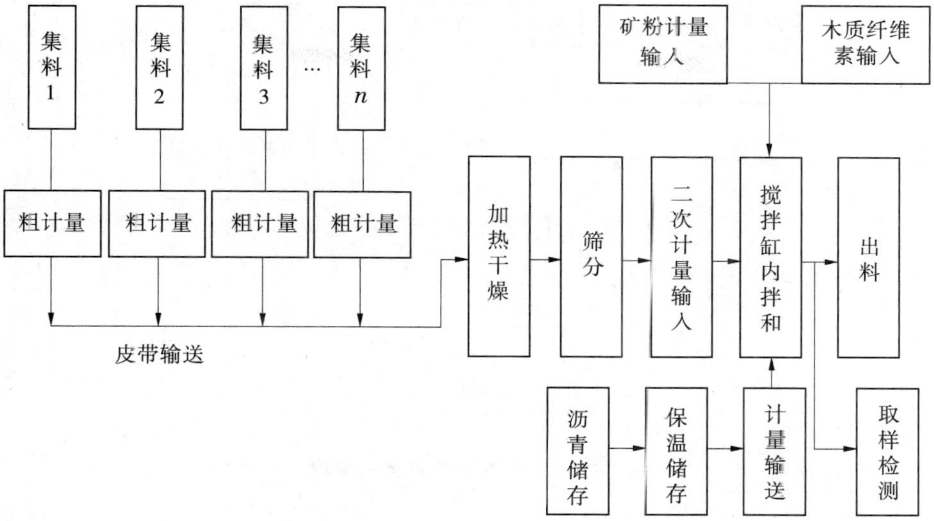

图 6-2 沥青混合料生产工艺流程

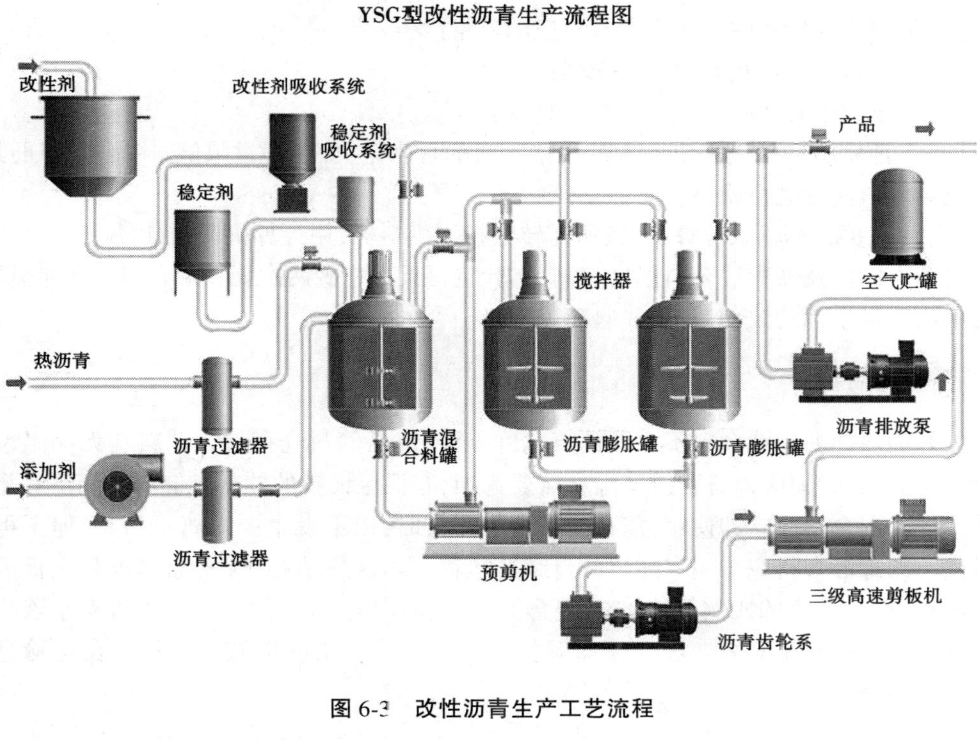

图 6-3 改性沥青生产工艺流程

(四)沥青混合料生产操作方法

1. 生产工艺

沥青混合料(改性沥青、乳化沥青)生产工艺主要通过中心控制室电子计算机发出的

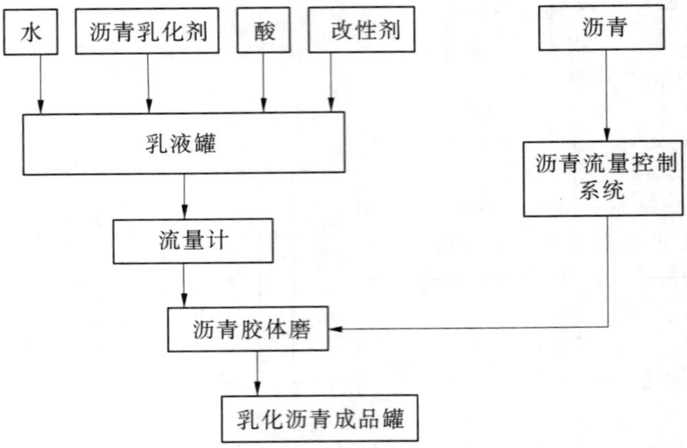

图 6-4 乳化沥青生产工艺流程

各种指令进行操作。控制室装有各种仪表和信号装置,可监视整套设备运转情况,反映出矿料、矿粉、沥青用量的变化,实现生产过程的全自动控制。

2. 计量控制

(1)测定不同转速时对各冷料斗对应的流量(t/h)。

(2)确定各配合比相对应的要求转速。

(3)生产前中心实验室先确定混合料配合比。

(4)工地实验室每天测定一次各规格冷料的含水量,如果超过限值,控制室可通过调速旋钮对供料流量进行调整。

(5)将有关数据输入计算机,按所需转数控制供料器,用计算机调控计量。

对沥青冷料及沥青混合料温度控制,实验室每天上午做两次沥青混合料马歇尔试验,监视各项质量指标的波动情况,并通知控制室。

三、成品保护

拌好的热拌沥青混合料不立即铺筑时,可放入成品储料仓存储。储料仓无保温设备时,允许的储料时间应以符合摊铺温度需要为准,有保温设备的储料仓储料时间不宜超过72 h。SMA 混合料应立即使用,需在储料仓中存放时,以不发生沥青离析为宜,但不得储存过夜。沥青混合料应采用大吨位的自卸车运输。车厢应清扫干净,厢侧板和底板可涂一层油水(柴油与水的比例可为 1:3)混合液,防止沥青与车厢板黏结,且不得有余液积聚在车厢底板。运料车应采取覆盖篷布等保温、防雨、防污染的措施。运料车在运输过程中,不得随意停歇。

四、应注意的质量问题

沥青混合料应拌和均匀,所有矿料颗粒应全部裹覆沥青结合料。间歇式拌和机每锅拌和时间宜为 30~50 s,其中干拌时间不得少于 5 s,拌制 SMA 混合料时,干拌时间宜提高到 10~15 s。从拌和机向运料车上装料时，应防止粗细集料离析，每卸一斗混合料应挪动一下汽车位置。

五、质量记录

根据生产施工执行的国家及行业技术标准和施工规范，质量记录包括以下内容：

(1)粗集料试验记录：包括筛分、密度、吸水率、含泥量、针片状含量、压碎值、磨耗值。粗集料检验报告。

(2)细集料试验记录：包括筛分、表观密度、含泥量、含水率、砂当量。细集料检验报告。

(3)矿粉试验记录：包括筛分、表观密度、亲水系数的矿粉试验报告。

(4)沥青试验记录及报告：

①沥青出厂检验报告，外加剂、纤维出厂检验报告。

②沥青混合料沥青用量及矿料级配试验记录，沥青混合料马歇尔试验记录。沥青混合料检验报告。

③产品合格证。

④沥青混合料配合比设计报告。

⑤沥青混合料配合比通知单。

六、安全环保措施

(一)安全措施

(1)设备应有专人负责管理、使用，实行“定机、定人、定岗位”的三定制度。

(2)设备操作人员要熟读各设备的操作说明书，熟悉设备的构造、性能、保养规程，严格执行持证上岗制度。

(3)设备的管理及操作人员要每年至少参加一次岗位培训，并由相关部门进行考核，不合格者不允许上岗工作。

(4)生产中至少有两名以上的操作员在岗，以便替换。

(5)工作人员禁止在过劳、饮酒后或身状况不好时进行检查、修理及操作生产。

(6)工作应着安全的工作装；准备安全用具(保护眼镜、防尘口罩、耳塞、皮手套、安全带)、安全帽、安全鞋以便在检查设备或运转作业时穿着使用。

(7)准备灭火器和急救药箱(工作人员应熟知灭火器的使用方法)，确认放置场所，并按国家消防规则进行清点检查。

(8)保持操作室、动力盘的清洁。

(9)生产中工作人员应经常巡视主机，但不得在搅拌杆下停留。

(10)巡视时应检查各部有无异常、异响，以及沥青、燃油、骨料、石粉、车辆、溢料等情况，发现问题及时采取措施，处理不了的立即向主管领导和控制室主管操作人员汇报，问题严重的则应紧急停机。

(11)检查时要锁上操作盘和动力盘。

(12)检查干燥机、拌和机时一定要将动力盘电源切断。

(13)检查中要注意安全标识,并从指定道路通行。

(14)禁止使用未经检查的装置。

(15)无关人员不得接近设备,对允许接近的人要进行彻底的安全教育。

(16)非当班操作人员不得操作设备。

(17)操作人员工作中要注意力集中,注视操作盘、电流计、指示灯等是否显示正常,出现异常要参照说明书处理后再工作。

(18)生产中如突然停电,应立即切断电源,用气动阀门打开搅拌门,手动放出搅拌机内骨料。

(19)如停电时间超过 2 h,应排出热料仓内的热骨料后,方可继续生产。

(20)出料时要注意保证拌和机下无人,且要确认拌和机下有接料车在。

(21)当日工作快结束时,应掌握好停止冷料上料的时间,以保证打出的沥青混凝土满足产量和质量的要求。

(二)环保措施

1. 粉尘治理

(1)设备中安装布袋式集尘装置,过滤后的粉尘排放可以达到标准。

(2)对粉尘易扬起部位加装围挡。

2. 沥青油烟治理

针对沥青油烟的理化特性及沥青搅拌站的实际情况,采用电捕集法进行治理较为适宜,沥青油烟经电捕集器净化处理后排出的气体,油烟含量低于 75 mg/m^3,达到国家环保总局规定的排放标准。

3. 噪声污染治理

(1)经常检修设备,减少不正常噪声。

(2)对溢料管进行包裹,消除石料与金属撞击噪声。

(3)安装吸音壁,进行封闭处理。

4. 砂石料场扬尘污染治理

(1)覆盖大棚,封闭处理。

(2)每隔一段时间,在料堆上喷洒覆盖剂。

工作任务三　编制沥青路面施工工艺

一、施工准备

(一)材料

出厂的沥青混合料应均匀一致、无花白料、无结团成块或严重粗细料分离现象,温度应符合表 6-6 的规定。

表 6-6　沥青混合料出厂温度及到场温度

单位：℃

沥青种类	石油沥青				聚合物改性沥青		
沥青标号	50 号	70 号	90 号	110 号	SBS 类	SBR 胶乳类	EVA、PE 类
沥青混合料出厂温度	150～170	145～165	140～160	135～155	170～185	160～180	165～180
运输到现场温度(不低于)	150	145	140	135	160		

(二)施工机具设备

1. 摊铺、碾压设备

单机作业时需采用摊铺宽度 12 m 以上的摊铺机，双机联合梯队作业时需增加一台熨平板可伸缩式摊铺机。摊铺机行走方式应为履带式并具有横坡调整装置。

码 6-3　沥青混凝土路面摊铺机履带行走装置

碾压设备为双钢振动轮压路机(8～12 t)、轮胎式压路机、小型双钢振动轮压路机或柴油平板夯。

2. 其他设备

其他设备包括 15 t 以上自卸汽车、浮动基准梁或非接触式平衡梁、空压机、装载机、水车、加油车、移动照明车。

3. 小型施工工具

小型施工工具包括手推车、铁锹、扫把、铁钎、耙子。

4. 检测、测量设备

检测、测量设备包括平整度仪、3 m 直尺、摆式摩擦仪、构造深度仪、水准仪、全站仪、钢卷尺、3～5 mm 钢丝绳、高程可调托盘(顶托钢丝绳或铝合金导梁)、5 m 铝合金导梁、1 t 倒链等。

(三)施工作业条件

(1)正式施工前应准备好需用的沥青混合料生产、运输、推铺、压实等设备，并进行必要的校验调试工作。

(2)铺筑改性沥青混合料前，应检查下承层的质量，检验合格方可铺筑沥青混合料。路缘石与沥青混合料接触面应涂刷黏结油。

(3)在旧沥青路面或水泥混凝土路面上加铺改性沥青面层时，应修补破损的路面、填补坑洞、封填裂缝或失效的水泥路面接缝；松动的水泥混凝土板应清除或进行稳定处理；表面应整平，摊铺前应清扫干净，喷洒黏层油。

(4)夜间施工时，必须有充足良好的照明条件。

(5)施工前对各种施工机具做全面检查，经调试证明处于性能良好状态，机械设备数量应足够，施工能力应配套，关键设备宜有备用设备或应急方案。

(6)当气温低于 10 ℃时，不得进行沥青混合料路面施工。

(四)施工技术准备

(1)提前对现场情况进行调查，并制订出详细的试验路段摊铺、碾压方案，质量保证措施和预防措施，对参施人员技术交底，并做好试验段施工总结工作，为展开规模化施工奠定基础。

(2)对各种计量仪器、设备进行调试、标定。

(3)建立测量控制系统：按施工要求加密坐标点、水准点控制网，按照设计位置、宽度和高程测设出边线、桩位，调整好摊铺机熨平板横坡、虚铺厚度。

二、沥青路面操作工艺

(一)工艺流程

沥青路面操作工艺流程如图6-5所示。

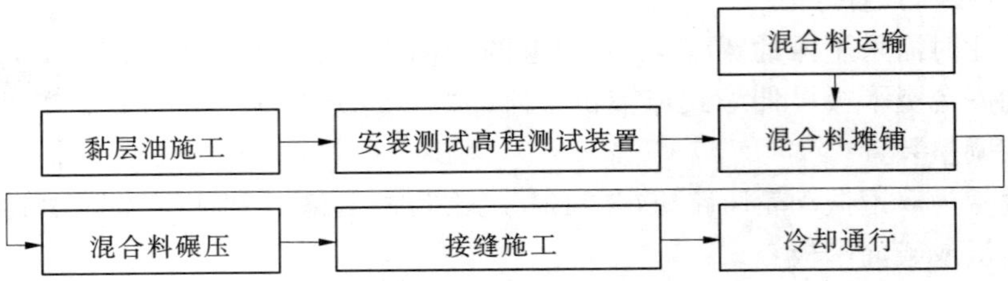

图6-5 沥青路面操作工艺流程

(二)操作方法

1. 黏层油施工

(1)黏层的沥青材料宜采用快裂的洒布型乳化沥青，也可采用快、中凝液体石油沥青，黏层沥青应符合《公路沥青路面施工技术规范》(JTG F40—2004)的规定。

(2)黏层沥青宜采用沥青洒布车喷洒，洒布时应保持稳定的速度和喷洒量。沥青洒布车在整个洒布宽度内必须喷洒均匀。黏层沥青也可采用人工喷洒方式，手工喷洒必须由具有熟练喷洒技术的工人操作，均匀洒布。

(3)在路缘石、雨水进水口、检查井等局部应用刷子人工涂刷。

(4)黏层沥青浇洒过量处应予刮除。

(5)路面有脏物尘土时应采用人工清扫或空压机吹扫的方式清除干净，必要时采用水车进行冲洗，并待表面干燥后进行浇洒作业。

2. 安装高程控制装置

(1)当无路缘石时，应先施测出路面边线和高程控制装置。当有路缘石时，应严格按路缘石进行边线控制。

(2)沥青混合料摊铺高程控制通常采用两种方式：下面层和中面层摊铺时采用钢丝绳或铝梁等基准高程线导引高程的方式，严格控制摊铺面的设计高程；上面层摊铺时采用浮动基准梁或非接触式基准平衡梁，严格控制上面层厚度。当采用基准高程线导引方式时，在固定板两侧按设计高程每5 m设一个侧墩(高程可调托盘)，在测墩上放置经检验合格的铝梁或顶托拉紧的钢丝绳，作为高程基准面，并设专人看护。当采用钢丝绳作为基准高程线时，应通过倒链将钢丝绳拉紧，并锚固牢固，张拉力不宜小于0.5 t。

(3)当路面较宽时，应采用多台摊铺机成梯队联合摊铺方式。当采用联合摊铺方式时,内侧宜设置一台固定熨平板的摊铺机并向前行驶,外侧设置一台液压伸缩式摊铺机紧随其后。后方摊铺机靠前方摊铺机侧宜以前一台摊铺机已摊铺的面层为基准面,采用滑靴方式控制摊铺高程。

(4)当采用浮动基准梁或非接触式平衡梁作为高程控制装置时,在使用前应根据其产品指导书进行调试,符合相关规定时方可投入使用。

3. 混合料运输

(1)应采用大吨位自卸车辆运输,车辆的数量应与摊铺机数量、摊铺能力、运输距离相适应,在摊铺机前应形成一个不间断的供料车流。为便于卸料,运输车车厢的底板和侧板应均匀涂抹一层隔离剂,一般采用油水混合物(柴油:水=1:3),并擦净积存的余液。

(2)运输车装料时,应通过前后移动分层装料的方式消除离析现象。

(3)连续摊铺过程中,运料车应停在摊铺机前 10~30 cm 处,并不得撞击摊铺机。卸料过程中运料车应挂空挡,靠摊铺机推动前进。

(4)为避免温度下降或防雨时应对混合料进行覆盖。每车混合料应进行温度检测,并填写随车单。

4. 混合料摊铺

(1)当采用多台摊铺机联合梯队摊铺时,相邻两幅的宽度应重叠 50~100 mm。两机宜相距 10~15 m。

(2)沥青混合料摊铺温度不应低于 110 ℃,当采用低标号沥青时,摊铺温度不应低于 130 ℃,且均不应高于 165℃,低温施工时不高于 175 ℃。

(3)为保证平整度,摊铺时要均匀、连续不间断地摊铺。一般要求摊铺机前至少要有 5 台以上的运料车等候。

(4)摊铺过程中,摊铺机两侧螺旋送料器应不停地匀速旋转,使两侧混合料高度始终保持熨平板的 2/3 高度,以减少离析现象。

(5)在摊铺过程中,一旦不能连续供料时,摊铺机应将剩余混合料摊铺完,抬起熨平板,做好临时接头,将混合料压实,避免出现等候时间长,混合料冷却结硬。

(6)所有路段均应采用摊铺机摊铺,但对于个别加宽、边角等机械无法摊铺的部位,则应配备充足而熟练的人力进行人工摊铺。摊铺时必须扣锹布料,并用耙子找平 2~3 次,施工过程中,应对铁锹、耙子等工具进行加热、涂抹少许油水混合液。找平时应迅速,应在碾压前找平完成,以免温度下降过快,难以压实。

(7)摊铺过程中和摊铺结束后,设专人清扫基准梁和摊铺机履带处洒落和粘连的材料。

(8)人工处理离析时,要选用温度较高的混合料进行筛料,筛孔不宜小于 10 mm。处理要及时,随用随筛。处理要在复压前完成。

【相关链接】

一、改性沥青混合料

(1)由于改性沥青混合料黏度较高,摊铺温度较高,摊铺阻力比较大,应采用履带式摊铺机,且单机摊铺宽度不宜超过 8 m,伸缩板摊铺机摊铺宽度不宜大于 7.5 m,相邻两幅的宽度应重叠 50~100 mm。两机宜相距 5~15 mm。

(2)改性沥青混合料摊铺温度不应低于 160 ℃,为保证平整度,摊铺时要均匀、连续不间断地摊铺。一般要求摊铺机前至少要有3台以上的运料车等候。

二、SMA沥青混合料

(1)摊铺高程控制宜采用浮动基准梁或非接触式基准平衡梁。对于有些特殊要求的路段,施工可采用基准高程线导引方式,即固定板两侧按设计高程每5 m设一个测墩,在测墩(顶盘式)上放置经检验合格的铝梁,作为高程基准面,并设专人看护。

(2)当路面较宽时,应采用多台摊铺机成梯队联合摊铺方式。当采用联合摊铺方式时,内侧宜设置一台固定熨平板的摊铺机并凸前行驶,外侧设置一台液压伸缩式摊铺机紧随其后。后方摊铺机靠前方摊铺机侧宜以前一台摊铺机已摊铺的面层为基准面,采用滑靴方式控制摊铺高程。摊铺过程中,相邻两台摊铺机前后相距宜为5~15 m,摊铺面重叠50~100 mm。

(3)在混合料摊铺前,熨平板应预热足够长的时间,保证开始摊铺时熨平板温度不低于85 ℃。在熨平板预热完成后,应采用人工拉小线的方式校核、调整熨平板的直顺度、平整度。

(4)摊铺温度控制应符合表6-7的规定。

表6-7 SMA路面的正常施工温度范围

单位:℃

工序	不使用改性沥青	使用改性沥青		
		SBS类	SBR类	EVA、PE类
混合料出厂温度	160~170	175~185	175~185	170~180
混合料最高温度	195	不高于195		
摊铺温度	不低于150	不低于160		
初压开始温度	不低于140	不低于150		
复压最低温度	不低于120	不低于130		
碾压终了温度	不低于110	不低于120		
开放交通温度	不高于50	不高于60		

(5)沥青混合料倾卸时应听从摊铺机操作人员的指挥,缓慢均匀卸料。开始摊铺时,摊铺速度应缓慢,宜按1.5 m/min的速度进行摊铺,当摊铺5~10 m后,用刻度尺检查摊铺厚度、测量横坡度,在厚度和横坡调整无误时再继续摊铺。在摊铺过程中保证摊铺机均匀行驶,中间不得有停机待料现象,施工过程摊铺机前方要有足够的运料车处于等待卸料状态,摊铺机料斗内应保持1/3~1/2以上的混合料。摊铺时,摊铺机振捣参数应依据摊铺速度、混合料厚度选定。

(6)摊铺过程中混合料不应有离析、拥包等现象,摊铺后的面层未经压实严禁上人行走。

5.混合料压实

(1)沥青混合料的压实应根据路面宽度、厚度,沥青混合料类型,混合料温度、气温、拌和、运输、摊铺能力等条件综合确定压路机的数量、质量、类型以及压路机的组合、编队等。

(2)沥青混合料初压应尽早进行,初压压路机与摊铺机间最大未摊铺距离应在50 m

以内。在初压时宜采用 10 t 以下双钢轮压路机进行静压,复压时采用 16 t 以上轮胎压路碾压或 10 t 以上的振动压路机振动碾压。终压采用双钢轮压路机静压。碾压控制温度应符合表 6-8 的规定。

表 6-8　碾压控制温度

沥青种类		石油沥青		
沥青标号		AH-50、AH-70、AH-90、A-60	AH-110、AH-130、A-100、A-140、A-180	A-200
初压温度/℃	正常施工	130	120	110
	低温施工	140	130	120
沥青标号		AH-50、AH-70、AH-90、A-60	AH-110、AH-130、A-100、A-140、A-180	A-200
碾压终了温度/℃	正常施工	80	70	70
	低温施工	90	80	80

(3)压路机碾压的速度选择应根据压路机本身的能力、压实厚度、碾压位置等确定。采用振动压路机时,压路机的振频、振幅大小应与路面铺筑厚度协调,厚度较薄时应采用高频低振幅。碾压各阶段速度应符合表 6-9 的规定。

表 6-9　压路机碾压速度

单位:km/h

压路机类型	初压		复压		终压	
	适宜	最大	适宜	最大	适宜	最大
双钢轮振动压路机	1.5~2(静压)	3(静压)	2~4(振动)	5(振动)	3~5(静压)	5(静压)
轮胎压路机	—	—	3~5	6	4~6	8

(4)采用振动压路机碾压时,压路机轮迹的重叠宽度不应超过 20 cm,静压时轮迹重叠宽度不应少于 20 cm。碾压时应由低向高、由外及内梯次碾压。

(5)采用轮胎压路机进行复压的时机应在双钢轮压路机已经碾压完成 30 m 左右碾压段后及时跟进复压。为避免粘轮,碾压前应在轮胎上均匀喷涂浸润 4:6比例的油水混合液或其他防粘连措施,并派专人跟机前后检查有无粘轮现象,并及时刮除,待轮胎温度升高后,粘轮现象即可消失。

(6)碾压段落长度以随摊铺面温度下降情况和摊铺的速度为原则确定,压路机每完成一个来回的碾压,应追随向摊铺机靠近,形成阶梯形碾压。

(7)压路机不得在未成型冷却的工作面上停车、急转向、急刹车起步和加油、水。振动压路机不得原地起振,必须行进起来后加振或停止行进前减振。

(8)设专人在压实过程中对厚度、压实度、平整度和外观情况等进行跟踪检测。

【相关链接】

一、改性沥青混合料碾压

(1)改性沥青混合料压实应在摊铺以后紧接着进行,初压压路机与摊铺机间最大未摊铺距离应在 30 m 以内。在初压和复压过程中,宜采用同类压路机并列呈梯队压实,初压时温度不应低于 150 ℃,复压时温度不应低于 130 ℃。

(2)压路机碾压的速度选择应根据压路机本身的能力、压实厚度、碾压位置等确定。采用振动压路机时,压路机的振频、振幅大小应与路面铺筑厚度协调,厚度较薄时应采用高频低振幅碾压各阶段速度应符合表 6-9 的规定。

(3)改性沥青混合料碾压终了温度不应低于 120 ℃。

(4)对于 SMA 类改性沥青混合料不宜采用轮胎压路机碾压。

(5)改性沥青混合料的正常施工温度范围见表 6-10。

表 6-10　改性沥青混合料的正常施工温度范围

初压开始温度	不低于 150 ℃	摊铺层内部
复压最低温度	不低于 130 ℃	碾压层内部
碾压终了温度	不低于 120 ℃	碾压层内部
开放交通温度	不高于 60 ℃	路面内部或路表

二、沥青混合料的碾压

碾压分初压、复压和终压三个阶段。碾压均应采用双钢轮压路机。

(1)初压。初压应紧跟摊铺机进行,初压时机应以不产生混合料的推挤、拥包为标准。当采用改性沥青时,初压压路机与摊铺机间最大未摊铺距离应在 30 m 以内。初压采用静压方式,当采用改性沥青时初压可采用低频振动方式。初压速度应控制在 1.5~2 km/h。初压一般为 1~2 遍。初压温度应符合表 6-7 的规定。

(2)复压。复压应紧随初压进行,复压应根据摊铺机速度配置足够的压路机数量。复压应采用高频低振碾压方式。复压速度宜为 2.0~4.0 km/h。初压后检查平整度和横坡,如发现问题,及时在复压阶段调度压路机横向或斜向 45°碾压。复压温度控制应符合表 6-10 的规定。

(3)终压。终压在复压之后,采用静压方式。碾压速度为 4~6 km/h,到最后赶光阶段碾压速度可以适当加快,直至消除轮迹,终压终了温度应符合表 6-10 的规定。

(4)碾压基本作业规定:

①碾压要遵循先轻后重、先慢后快、由低向高的碾压原则。

②每个碾压阶段应紧密衔接连续进行,碾压轮迹要与路中心平行,必须沿同一个轮迹返回。碾压重叠宽度不大于 20 cm,但不宜小于 10 cm。

③碾压时严禁急停、急行,当振动停止后,须行驶一段后再停止。

6. 接缝施工

1)纵向缝

当采用两台摊铺机成并列梯队摊铺作业时,纵向缝应采用热接缝,两台推铺机相距宜为 10~20 m,熨平板设置在同一水平,当不得不采用冷接时宜采用平接缝或自然缝。

(1)平接缝:施工时采用挡板或施工后用切割机切齐可形成平接缝。

(2)自然缝:在施工中自然形成的缝,施工前应清除松散的混合料。

摊铺前切缝应涂上黏层油,摊铺时,搭接宽度不应大于 10 cm;新铺层的厚度通过松铺系数计算获得。

2)横向缝

(1)沥青混合料路面铺筑期间,当需要暂停施工时,应采用平接缝。宜在当天施工结束后用 3 m 直尺检查挂线切割、清扫、成缝。

(2)接续摊铺前应再次直尺检查接缝处已压实的路面,如果不平整、厚度不符合要求,应切除后再摊铺新的混合料。

(3)横向缝接续施工前应涂刷黏层油或用喷灯烘烤至沥青混合料熔融状态。

(4)重新开始摊铺前,应在摊铺机的熨平板下放置厚度为松铺厚度减去压实厚度之差的垫板,其长度应超过熨平板的前后边距。

(5)横向接缝处摊铺混合料后应先清缝,然后检查新摊铺的混合料松铺厚度是否合适。

(6)横向接缝碾压时宜按垂直车道方向沿接缝进行,并应在路面纵向边处放支撑木板,其长度应足够压路机驶离碾压区。接缝处不得转向。

7. 开放交通

当路面经碾压合格,温度低于 50 ℃时可开放交通。

(三)季节性施工

(1)当气温低于 10 ℃时,不得进行沥青混合料路面施工。

(2)雨季施工时,应加强施工现场与沥青拌和厂的联系,缩短施工长度,做到随摊随压,各工序更加紧密衔接。

(3)运料车辆和施工现场应备有防雨设施,并做好基层及路肩排水。

(4)当遇雨或下层潮湿时,不得摊铺沥青混合料,对未经压实即遭雨淋的混合料应全部清除。

三、质量标准

(一)基本要求

(1)用于高速公路、一级公路沥青面层的改性沥青混合料应进行高温稳定性能、低温抗裂性能和水稳定性能等试验,其技术指标应符合施工技术规范的规定。必要时,应进行耐久性能、抗老化性能等方面的试验。

(2)拌和后的混合料应均匀一致,无花白、无粗细料分离和结团成块现象。

(3)下承层必须碾压密实,表面干燥、清洁、无浮土,其平整度和路拱度应符合要求。

(4)摊铺时应严格掌握摊铺厚度和平整度,避免矿料离析,要注意控制摊铺和碾压温度,碾压至要求的密实度。

(二)检查项目

检查项目见表 6-11。

表 6-11　沥青混凝土面层和沥青碎(砾)石面层实测项目

项次	检查项目		规定值或允许偏差：高速公路、一级公路	规定值或允许偏差：其他公路	检查方法和频率	权值
1	压实度/%		实验室标准密度的 96%(*98%); 最大理论密度的 92%(*94%); 试验段密度的 98%(*99%)		按《评定标准》附录 B 检查,每 200 m 测 1 处	3
2	平整度	σ/mm	1.2	2.5	平整度仪:全线每车道连续按每 100 m 计算 *IRI* 或 σ	2
		IRI/(m/km)	2.0	4.2		
		最大间隙 *h*/mm	—	5	3 m 直尺:每 200 m 测 2 处×10 尺	
3	弯沉值(0.01 mm)		符合设计要求		按《评定标准》附录 I 检查	2
4	渗水系数		SMA 路面 200 mL/min; 其他沥青混凝土路面 300 ml/min	—	渗水试验仪:每 200 m 测 1 处	2
5	抗滑	摩擦系数	符合设计要求	—	摆式仪:每 200 m 测 1 处;摩擦系数测定车:全线连续	2
		构造深度			铺砂法:每 200 m 测 1 处	
6	厚度/mm	代表值	总厚度:设计值的-8% 上面层:设计值的-10%	-8%*H*	按附录 H 检查,双车道每 200 m 测 1 处	3
		合格值	总厚度:设计值的-10% 上面层:设计值的-20%	-15%*H*		
7	中线平面偏位/mm		20	30	经纬仪:每 200 m 测 4 点	
8	纵断高程/mm		±10	±15	水准仪:每 200 m 测 4 断面	
9	宽度/mm	有侧石	±20	±30	尺量:每 200 m 测 4 断面	
		无侧石	不小于设计			
10	横坡/%		±0.3	±0.5	水准仪:每 200 m 测 4 处	

注:1. 表内压实度可选用其中的 1 个或 2 个标准,并以合格率低的作为评定结果。带 * 号者是指 SMA 路面,其他为普通沥青混凝土路面。

2. 表列厚度仅规定负允许偏差。其他公路的厚度代表值和极值允许偏差按总厚度计,当总厚度≤60 mm 时,允许偏差分别为-5 mm 和-10 mm;当总厚度>60 mm 时,允许偏差分别为-8%和-15%的总厚度。*H* 为总厚度,mm。

3. 表中《评定标准》是指《公路工程质量检验评定标准 第一册 土建工程》(JTG F80/1—2017)。

(三)外观鉴定

(1)表面应平整密实,不应有泛油、松散、裂缝、粗细料明显离析等现象。

(2)搭接处应紧密、平顺。

(3)面层与路缘石及其他构筑物应接顺,不得有积水现象。

四、成品保护

(1)沥青路面碾压完成后,派人维护,封闭交通,应待摊铺层完全冷却,表面温度低于50 ℃后,方可开放限制性交通。交工前应限制重型、超载车辆。

(2)施工中注意加强对路缘石、护栏等附属工程的保护,必要时采用塑料布等覆盖措施。

(3)摊铺面无异常情况,人员不得在其上行走。

(4)设立明显标识,禁止有遗洒、漏油的车辆上路,防止污染成品路面。

(5)当天施工结束,所有机械不得停放在新铺沥青混凝土面上,以免造成面层永久变形。

五、应注意的质量问题

(1)拉沟、麻面:主要是由于沥青混合料黏度高,熨平板温度低、混合料温度降低等造成的,应提高熨平板预热温度,严格控制混合料温度。

(2)压实度不足:主要是由于碾压不及时,混合料温度下降造成的,应严格按方案规定的碾压工艺执行,对于沥青混合料,宜采用重型压路机,宜在混合料温度较高时趁热碾压。

(3)平整度差:主要由于摊铺不连续、混合料温度不稳定等造成的,应适当增加运输车辆,使摊铺机保持均匀稳定摊铺,加强对沥青混合料各阶段要求温度的控制。

(4)表面离析:主要原因是混合料级配不好、放料方法不对和摊铺机螺旋分料器高度不对。应针对具体情况,采取调整级配、运输车分层放料和调整摊铺机螺旋分料器距地高度。同时,对离析处根据严重程度采用换料等方式及时处理。

六、质量记录

(1)混合料质量检验记录(混合料抽提、筛分记录;混合料马氏试验记录;压实度检验记录)。

(2)工序质量评定表(包括厚度、宽度、高程、中线、横坡度、弯沉、抗滑等项目)。

七、安全、环保措施

(一)安全操作要求

(1)各设备应有专人负责管理、使用,实行“定人、定机、定岗位”的三定制度。

(2)拌和站操作人员应注意防止高空坠物、高温烫伤等安全事故的发生,进入现场必须戴好安全帽,接触高温液体应戴防高温手套,必要时穿防护服。

(3)所有现场施工人员应注意防止混合料烫伤,施工时穿防护鞋、戴防护手套。

(4)所有设备操作人员都要熟读各相关设备的操作指南,必须经培训后持证上岗。严禁过劳、酒后操作。

(5)压路机的配合人员不得在压路机行进前方作业。

(6)各设备性能应处于良好状态,严禁故障机械进入施工现场。

(7)运输车辆必须控制车速,不得强行超车。

(8)准备灭火器材及急救药箱,确认放置场所,并按国家消防规则进行清点检查。

(9)无关人员禁止接近设备,对允许接近的人员要进行安全教育。

(二)环保措施

(1)施工垃圾及污水的清理排放处理。

①拌和站的施工垃圾及污物主要是超温混合料和除尘器排除的粉尘,应洒水降尘后装运至环保部门认可的填埋场填埋处理,对粉尘易扬起位置加装围挡。

②对拌和站的沥青油烟应采用围挡限制电捕集的方法治理,使其排放满足国家环保局要求。

③施工现场的施工垃圾主要是切边、局部处理产生的废弃混合料,应集中收集,施工结束后统一清运至环保部门认可的填埋场填埋处理。

④喷洒黏层油时应封闭交通,对路缘石等附属工程进行防护,在4级以上的风力下不宜喷洒,以免污染环境。

(2)施工噪声的控制:施工现场各种机械应加强检修、保养,防止因故障造成噪声增大,有条件时尽量采用低噪声设备。

(3)施工扬尘的控制:对于运输道路应经常性洒水降尘,对进出现场的路段应采取用篷布铺垫措施。

(4)在城市施工时,振动压路机在作业时对周边建筑会造成共振影响,因此为保证质量,同时避免对建筑物损害的发生,应采用大吨位钢轮压路机和重型轮胎压路机压实,适当减少振动作业,禁止低频高幅振动作业。

工作任务四　铺筑试验路段

一、铺筑试验段的目的

修筑每一条道路都有其特殊性:

(1)修筑沥青混合料道路一般采用就地取材,每个地区的材料性能和特点各不相同,在进行道路设计时,要根据现有的材料确定矿料的级配、沥青用量。

(2)道路施工时,各个施工单位使用的设备不同。

(3)施工技术的不断发展,新技术、新工艺、新材料、新设备不断应用。

为了减少这些不定因素造成的风险,防止道路铺筑后造成缺陷,采用铺筑试验路段的方法,对这些技术、工艺、材料、设备进行综合验证和评定,待各项指标完全满足设计要求后,才能投入正式摊铺施工。通过试验路段的作业,还可以总结出全套的作业参数,供正式施工时参照执行。

二、铺筑试验段的要求

《公路沥青路面施工技术规范》(JTG F40—2004)对铺筑试验段有具体规定：

(1)高速公路和一级公路在正式施工前都应铺筑试验段。

(2)其他等级的公路,在缺乏施工经验或使用新材料、新设备,采用新的施工方法时,也应铺筑试验段。

(3)只有同一个施工单位、同一种材料、同样的机械设备以及施工方法都相同时,才能用已有的经验施工,不用铺筑试验段。

(4)试验段的长度一般为100~200 m。

(5)为了使试验结果准确,应选择直线路段进行试验。

(6)沥青混合料路面的每个结构层都要进行试验段的试铺。

(7)选择各层试验段位置时,不能在同一地段。

三、铺筑试验段应取得的数据

通过试验段试铺应得到以下数据：

(1)通过试验段试铺应验证设计阶段取得的沥青混合料配比数据,如目标配合比、生产配合比等数据是否满足设计要求。

(2)要对施工准备阶段设定的沥青拌和站的各项参数进行验证,包括拌和时矿料加热温度、沥青加热温度、混合料拌和时间及其他设备生产参数,测量混合料出厂温度。还要测算拌和站实际生产率。

(3)测量运输车将混合料运达现场后混合料的温度,运输过程所用的时间,运输车数量是否满足施工要求。

(4)通过实际施工,验证各种施工机械的性能是否满足施工质量要求,施工机械的数量是否足够,施工机械匹配是否合理,全套施工机械能否满足均衡生产的要求,设备的技术状况是否可靠,性能是否达到最佳稳定运转状态,保证设备不出故障,使整个施工能够顺利完成。

(5)测量摊铺机摊铺温度、松铺系数、摊铺机各项作业数据。

(6)测量压路机初压时混合料的温度,复压时混合料的温度,复压遍数,终压混合料的温度,碾压过程所用的时间,使用振动压路机时,比较各振动频率和振幅的碾压效果,确定最佳振动频率和振幅参数。

四、铺筑试验段注意事项

试验段的施工方法与正式的施工基本相同,应严格按照正规的施工方法进行,铺筑试验段施工还应注意以下几点。

(一)试验段施工混合料生产

(1)沥青混合料生产应在沥青拌和站试运转完成,生产配合比设计完成,并将拌和站调试成生产配合比设计的数据,要进行充分准备,不能盲目试验。

(2)通过铺筑试验段要对生产配合比的矿料级配和沥青用量进行验证。这是配比设计从实验室转化为实际生产的过程，是保证路面质量的关键。

(3)沥青混合料拌和时沥青的加热温度和矿料的加热温度影响到沥青混合料的出厂温度，以致对整个施工全过程包括摊铺、碾压的温度都有影响，开始试拌时，温度可先以规范的中值加热，见表6-12，还要根据沥青黏温特性、沥青和易性及以往的经验对该值进行适当修正，在试验段铺筑过程中，观察沥青混合料运到现场的温度、摊铺温度、初压温度、终压温度是否能够满足施工要求，如果不能满足要进行调整。试拌时确定温度应特别注意，既要避免混合料加热温度过高，使沥青老化，又要避免加热温度过低，使施工各个环节温度过低。

码 6-4　热拌沥青混合料拌和

表 6-12　热拌沥青混合料的施工温度　　单位：℃

施工工序		石油沥青的标号			
		50号	70号	90号	110号
沥青加热温度		160~170	155~165	150~160	145~155
矿料加热温度	间隙式拌和机	集料加热温度比沥青温度高10~30			
	连续式拌和机	矿料加热温度比沥青温度高5~10			
沥青混合料出料温度		150~170	145~165	140~160	135~155
混合料贮料仓贮存温度		贮料过程中温度降低不超过10			
混合料废弃温度，高于		200	195	190	185
运输到现场温度，不低于		150	145	140	135
混合料摊铺温度，不低于	正常施工	140	135	130	125
	低温施工	160	150	140	135
开始碾压的混合料内部温度，不低于	正常施工	135	130	125	120
	低温施工	150	145	135	130
碾压终了的表面温度，不低于	钢轮压路机	80	70	65	60
	轮胎压路机	85	80	75	70
	振动压路机	75	70	60	55
开放交通的路表温度，不高于		50	50	50	45

注：1. 沥青混合料的施工温度采用具有金属探测针的插入式数显温度计测量。表面温度可采用表面接触式温度计测定。当采用红外线温度计测量表面温度时，应进行标定。
2. 表中未列入的130号、160号及30号沥青的施工温度由试验确定。

(4)确定沥青混合料拌和时间时，先以略长于规定的拌和时间搅拌，拌和时严密观察混合料的拌和质量，应使所有集料颗粒全部裹覆沥青，保证拌和均匀，在保证质量的前提下，逐步缩短拌和时间，使生产能力逐步加快。

(5)沥青混合料拌和站试拌过程中，尽可能通过实测收集一些自动控制生产的加热温度、称取质量和拌和时间等数据，与计算机打印系统输出数据对比，检查计算机打印系统输出数据的可信度和准确性。

（二）试验段混合料摊铺

（1）喷洒透层沥青时确定洒布机洒布操作的数据，检查单位面积的洒布量、检查透层沥青渗透深度。

（2）在沥青混合料试铺过程中，通过测量混合料摊铺温度，并与混合料出厂温度比较，可以判断出混合料在运输和摊铺过程中温度下降情况。

（3）初步确定松铺系数。先以经验值确定松铺系数，也可参看表 6-13 取中值，结合经验做适当修正，作为试验段松铺系数值。

表 6-13　沥青混合料松铺系数

种类	机械摊铺	人工摊铺
沥青混凝土混合料	1.15~1.35	1.25~1.50
沥青碎石混合料	1.15~1.30	1.20~1.45

（4）验证摊铺机自动找平方法是否可行，纵坡找平基准是否达到预期效果。

（5）检验摊铺设备性能、设备是否配套。

（6）确定摊铺速度。根据拌和、运输和摊铺设备实际生产率，检验是否满足施工进度的要求，确定实际摊铺速度。

（三）混合料试碾压

1. 确定初压温度

在试验段沥青混合料试压过程中，开始碾压时可参考表 6-12 或表 6-14 中的初压温度，当混合料达到表中规定的温度时，压路机开始碾压，观察碾压轮前面对沥青混合料的推移情况和热混合料的承载能力，推移量过大时应暂缓碾压，待推移量适度时，测量该状态下混合料的温度，即为初压温度的试验结果。

表 6-14　聚合物改性沥青混合料的正常施工温度范围　　单位：℃

工序	聚合物改性沥青品种		
	SBS 类	SBR 胶乳类	EVA、PE 类
沥青加热温度	160~165		
改性沥青现场制作温度	165~170	—	165~170
成品改性沥青加热温度，不大于	175	—	175
集料加热温度	190~220	200~210	185~195
改性沥青 SMA 混合料出厂温度	170~185	160~130	165~180
混合料最高温度（废弃温度）	195		
混合料贮存温度	拌和出料后降低不超过 10		
摊铺温度，不低于	160		

续表 6-14　　单位:℃

工序	聚合物改性沥青品种		
	SBS 类	SBR 胶乳类	EVA、PE 类
初压开始温度,不低于	150		
碾压终了的表面温度,不低于	90		
开放交通时的路表温度,不高于	50		

2. 确定复压遍数

复压时先以规程规定的遍数进行复压,一般为 4~6 遍,碾压过程中随时用核子密度仪检查密实度,达到规定的压实度后,统计压实遍数,即为复压的压实遍数试验结果。

3. 振动压路机选择振幅和振频

振动压路机初压时,应使用静作用压实,复压时使用振动压实,铺筑厚度薄时应使用小振幅,防止将混合料的集料压碎,使用高振频,提高压实速度。铺筑厚度大时应采用大振幅,提高压实能力。一般应尽可能使用大振幅,使沥青混合料迅速得到压实,提高压路机的生产率。但应注意观察碾压轮对混合料的推挤状况,推挤量过大不能保证压实的平整度。在试验段试压时应进行各种振幅、振频的试验,总结出振幅、振频的数据。通过实际观察压实状况,最后确定振幅和振频。

4. 终压时应消除纵向碾压轮迹

在混合料没有完全冷却前完成全部压实工作,完全达到压实质量后,测量混合料的温度,即为压实终了温度的试验结果。

5. 评定所选压路机的压实性能

从试验段的平整度、压实度的结果,评价压路机型号、数量是否满足施工要求,检查各碾压工序的安排及碾压速度是否合理。

五、试验段检验和数据处理

试验段施工完成后要进行以下检验:

(1)用钻孔取样法取得试样,做马歇尔试验,将试验数据与生产配合比的数据进行比较,检验沥青混合料各项指标是否满足设计要求。

(2)进行路面渗水系数试验,检查路面沥青混合料的防水性能。

(3)通过钻孔取样法取出试样,实测出试样的厚度,与初步确定松铺系数比较,确定出精确的松铺系数。

(4)建立钻孔取样法与核子密度仪测量密实度的对比关系。试验段试铺压实完成后,用核子密度仪测得热态的密度数据,施工完成后,采用钻孔取样得到试件并测得试件的密度,将两个数据对比,就可得出对应关系,然后对核子密度仪的精度进行校对,正式施工时,就可以利用校对后的核子密度仪准确测量碾压的密实度。

(5)获得试验数据、钻取试件和计算时应注意:

①核子密度仪测试的结果波动较大,因此要取 13 个测点为一组,取平均值,作为一个试验数据。

②试验段检测时不得少于 3 组。

③实际路面的压实度有一定的离散性,钻孔取样数量不得少于 12 个。

④钻孔取样要在第 2 天或第 3 天钻取。

⑤马歇尔试验、松铺系数试验、密实度检验都要从路面进行钻孔取样,为了减少钻孔取样的数量,减少对路面的破坏,可将以上试验结合起来进行。

(6)根据拌和生产能力,摊铺机施工能力,确定施工产量及作业段长度,制订施工进度计划。

(7)检验施工工艺、施工程序、质量检验方法是否满足设计要求,人员、设备、材料的组织是否满足施工要求,使工程达到业主所确定的质量目标。

要将以上试验的各项数据认真分析整理,总结出试验段的施工经验,同时对不完善的地方进行相应的调整,做好下一阶段的施工准备。

六、试验段总结

要将整个试验段施工的过程、取得的数据、总结的经验和改进措施写出总结报告,汇报给监理和业主,得到正式开工令后方可开始正式施工。

投入正式施工后,要严格按照试验段筛选出的最佳数据操作,不得随意更改。

工作任务五　沥青混凝土路面施工

沥青混合料路面施工采用机械化施工,流水作业,施工过程中的每道工序都要认真操作、严格检验,才能保证质量。

施工组织要统一指挥,分工负责。总体的施工过程分为沥青混合料制备和路面摊铺施工两个主要方面。沥青混合料制备由沥青混合料生产厂负责,路面摊铺施工由摊铺现场管理人员负责。

沥青混凝土路面施工程序如图 6-6 所示。

码 6-5　沥青混凝土路面施工与管理

一、工序 1:浇洒透层沥青和黏层沥青

浇洒透层沥青和黏层沥青由施工现场的乳化沥青洒布组负责,施工要服从质量控制人员的指导。

(一)浇洒透层沥青

新修筑的道路,无论是采用水泥、石灰、粉煤灰等结合料铺筑的半刚性基层,还是采用无结合料的级配砂砾、级配碎石铺筑的柔性基层,在摊铺沥青混合料面层前都应浇洒透层沥青。

1. 透层沥青材料选择

透层沥青也称透层油,应完全渗透入基层,可以作为透层沥青材料的名称、规格和用量见表 6-15,目前,采用慢裂乳化沥青作为透层沥青最为广泛。

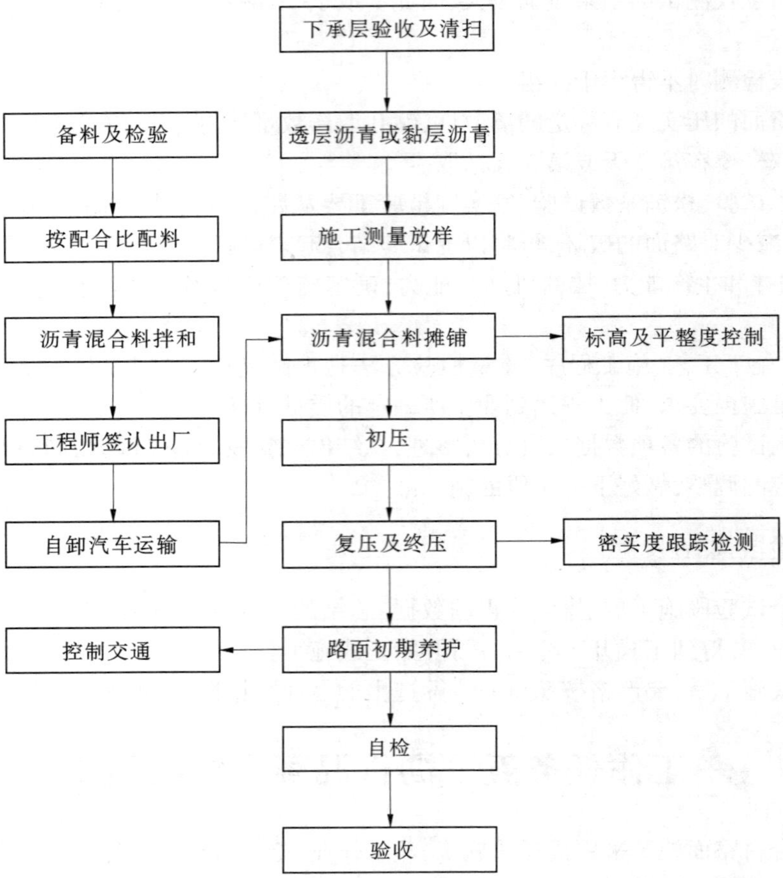

图 6-6　沥青混凝土路面施工程序

表 6-15　沥青路面透层材料的规格和用量

用途	液体沥青		乳化沥青		煤沥青	
	规格	用量/(L/m^2)	规格	用量/(L/m^2)	规格	用量/(L/m^2)
无结合料粒料基层	AL(M)-1、2 或 3 AL(S)-1、2 或 3	1.0~2.3	PC-2 PA-2	1.0~2.0	T-1 T-2	1.0~1.5
半刚性基层	AL(M)-1 或 2 AL(S)-1 或 2	0.6~1.5	PC-2 PA-2	0.7~1.5	T-1 T-2	0.7~1.0

注:表中用量是指包括稀释剂和水分等在内的液体沥青、乳化沥青的总量。乳化沥青中的残留物含量以 50% 为基准。

2. 根据基层种类,确定透层沥青洒布时机

1) 柔性基层

柔性基层渗透效果较好,对洒布透层沥青的时间没有特殊要求,为了防止喷洒后表面

被污染，可在铺筑沥青层1~2 d前洒布。

2）半刚性基层

半刚性基层要经过养生，才能达到定的强度，洒布透层沥青最好在基层施工结束待表面稍干后马上浇洒，这样方可使透层沥青渗透下去，如果错过洒布时机，半刚性基层已经硬化，透层沥青难以渗透，达不到透层的效果。洒布透层沥青对半刚性基层也可以起到养护作用，可以防止半刚性基层表面水分蒸发过快，避免造成表面干缩，出现开裂。

洒布透层喷洒时，如果基层施工晾晒时间较长，致使表面出现干燥，应该在表面洒少量水，待表面水分稍干后浇洒透层沥青，这样有利于乳化沥青更好地渗透。

3. 透层沥青施工机械

透层沥青洒布应用量准确、洒布均匀，最好使用沥青洒布车进行洒布。

汽车式沥青洒布车如6-7图所示。

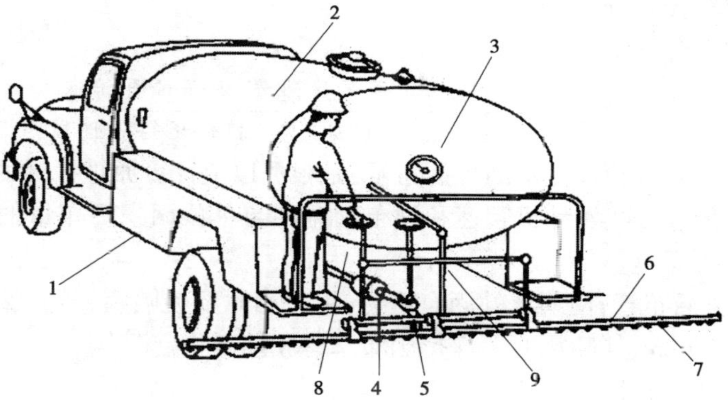

1—汽车底盘；2—沥青罐；3—沥青储存量指示；4—沥青泵；5—阀门；6—喷洒管；7—喷嘴；8—喷洒管升降调节手柄；9—喷嘴喷洒角度调节手柄。

图6-7 汽车式沥青洒布车

1）结构及工作过程

沥青洒布装置安装在汽车底盘上。车上安装沥青罐用以储存沥青，罐上安装有沥青储存量指示器，指示罐内沥青储存量。

沥青罐的下面有沥青泵，由汽车的发动机驱动，可将沥青罐内的沥青输出。

洒布车后面有洒布管，管上均匀地排列着喷嘴，沥青泵抽出沥青，输送到洒布管内，通过喷嘴将沥青均匀地喷洒在地面上。

当需要洒布的宽度较宽时，可以将洒布管接长，使喷洒宽度加宽，喷洒管的高度可通过喷洒管升降调节手柄调节，喷嘴的喷洒角度可由喷嘴喷洒角度调节手柄调节，两个调节手柄配合调节，可以起到较好的喷洒效果。

2）操作要求

（1）合理地控制单位面积的沥青洒布量汽车式。

沥青洒布车作业时单位面积洒布量的控制决定于以下几点：

①沥青泵的转速。沥青泵转速快，输出沥青多，单位面积洒布量就大，转速慢，洒布量就小。沥青洒布车的发动机通过取力器驱动沥青泵，取力器有高速挡和低速挡两个挡位，

沥青泵的转速可以由发动机控制,还可以由取力器的挡位控制。

②车辆行驶速度。车辆行驶速度快,单位时间通过距离长,单位面积洒布沥青数量就少;车辆行驶速度慢,单位时间通过距离短,单位面积洒布沥青数量就多。

但发动机的转速也会影响到洒布车的行驶速度,因此洒布车行驶时要正确选择车辆行驶挡位,如使用低速挡发动机转速快,车辆行驶慢,洒布量多;使用高速挡,发动机转速慢,车辆行驶快,洒布量少。还要合理地选择取力器挡位,使车辆在行驶时沥青泵的转速符合洒布要求。

有些沥青洒布车的沥青泵是由一台单独的发动机驱动,沥青泵的转速可以单独控制,不受车辆行驶速度的影响,使沥青洒布量更加便于控制。

③洒布管的宽度。

当沥青泵转速一定时,洒布管的宽度大,单位面积洒布的沥青量就小,洒布管的宽度窄,单位面积洒布的沥青量就大。

洒布作业时符合下式:

$$\text{单位面积洒布量} = \frac{\text{沥青泵排泄量} \times \text{沥青泵转速}}{\text{洒布管宽度} \times \text{洒布车行驶速度}} \tag{6-8}$$

一般洒布车上有五轮仪显示沥青洒布量,是根据以上计算原理设计的,可以用简单的方法快速算出挡位、车速、发动机转速和洒布管宽度与单位面积洒布量的关系,使洒布量控制工作变得较为简单。

(2)合理调整洒布管,使沥青的洒布均匀:①喷洒时要使喷嘴畅通;②喷射角为20°~30°;③离地高度25 cm;④喷洒时要保持洒布车行驶速度稳定。

4.洒布透层沥青的技术要求

(1)浇洒前应将路面清扫干净。

(2)沥青的品种和用量应按照设计的要求。

(3)气温低于10 ℃或大风、即将降雨时不得喷洒。

(4)透层沥青应渗入基层一定深度,半刚性基层不小于5 mm,柔性基层不小于10 mm。为了保证渗透深度,应进行试喷,喷洒后应通过钻孔或挖掘确认渗透的深度。达不到渗透深度,可调换透层沥青的稠度或更换其他品种的透层沥青。

(5)透层沥青洒布后不能在表面有流淌的现象,不能在表面形成油膜,如果局部地方有多余的沥青未渗入基层,应及时予以清除。

(6)透层沥青浇洒完成后可根据需要洒布石屑或粗砂,作用是:

①可以使基层与上层的沥青混合料产生良好的过渡作用,使基层与上面的沥青混合料结合牢固。

②当浇洒基层表面的透层沥青稍多时,洒布石屑或粗砂,可以起到一定的下封层的作用。

③还可以防止摊铺沥青混合料时,沥青混合料运输车通过时将浇洒的透层沥青黏附在车轮上带走。洒布石屑或粗砂用量为(2~3)m^3/1 000 m^2。

(7)透层沥青洒布后严禁车辆和行人通行,并应尽快摊铺沥青面层,乳化沥青作透层沥青时洒布后应待其充分渗透,且水分完全蒸发后铺筑沥青面层,一般不宜少于24 h。

5. 透层沥青单位面积的洒布量的检查方法

1) 使用的工具

(1) 天平或磅秤。

(2) 受样盘:可用浅搪瓷盘,也可用硬质牛皮纸代替(面积不小于 1 000 cm^2)。

(3) 钢卷尺或皮尺。

2) 检验方法(以牛皮纸为例)

(1) 用钢卷尺测量牛皮纸的长和宽,计算出面积(F),用天平称牛皮纸的质量(m_1)。

(3) 根据沥青洒布车预计洒布的路段,在距两端 1/3 长度附近的位置各放置一张牛皮纸。

(3) 沥青洒布车按正常的施工速度和洒布方法洒布沥青。将已接受有沥青的牛皮纸取走,称质量(m_2)。

(4) 计算单位面积的洒布量可按下式计算:

$$Q = \frac{m_2 - m_1}{F} \tag{6-9}$$

式中　Q ——单位面积的洒布量,kg/m^2;

m_1——牛皮纸的质量,kg;

m_2——牛皮纸与沥青合计的质量,kg;

F ——牛皮纸的面积,m^2。

(5) 透层沥青单位面积洒布量还可用整条道路总面积和实际使月的沥青用量核算,检验以上测量的准确性,计算公式如下:

$$\text{单位面积洒布量} = \frac{\text{实际洒布的沥青总量}}{\text{洒布路面的总面积}} \tag{6-10}$$

(二) 浇洒黏层沥青

旧的沥青路面或水泥路面铺筑沥青混合料面层前应浇洒黏层沥青,在铺筑中面层和表面层的沥青混合料前也应浇洒黏层沥青。

1. 黏层沥青材料选择

可以作为黏层沥青的材料见表 6-16,表中还说明了规格和用量。目前,采用最多的是快裂或中裂乳化沥青、改性乳化沥青,使用的基质沥青应与主层沥青混合料所用沥青相同。

表 6-16　沥青路面黏层材料的规格和用量

下卧层类型	液体沥青		乳化沥青	
	规格	用量/(L/m^2)	规格	用量/(L/m^2)
新建沥青层或旧沥青路面	AL(R)-3~AL(R)-6 AL(M)-3~AL(M)-6	0.3~0.5	PC-3 PA-3	0.3~0.6
水泥混凝土	AL(M)-3~AL(M)-6 AL(S)-3~AL(S)-6	0.2~0.4	PC-3 PA-3	0.3~0.5

注:表中用量是指包括稀释剂和水分等在内的液体沥青、乳化沥青的总量。乳化沥青中的残留物含量以 50% 为基准。

2. 黏层沥青施工机械

由于黏层沥青单位面积用量少,且要求喷洒均匀,可使用喷洒呈雾状的气压式沥青洒布机喷洒。

1)结构及工作过程

气压式沥青洒布机如图 6-8 所示。

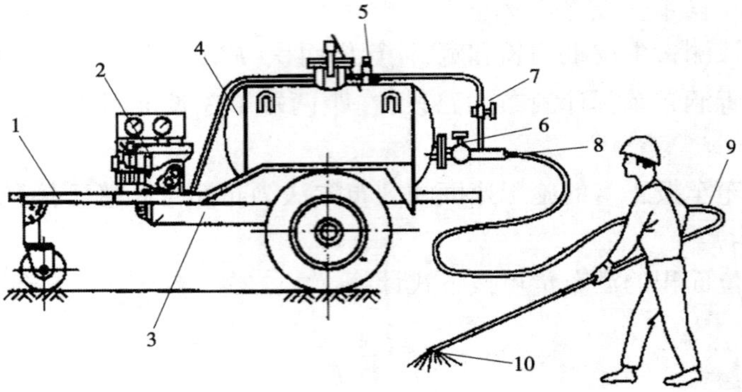

1—车架;2—气压动力系统;3—贮气筒;4—沥青罐;5—安全阀;
6—沥青输出阀门;7—压缩空气阀门;8—沥青与压缩空气混合管;9—输送软管;10—喷嘴。

图 6-8　气压式沥青洒布机

沥青罐用于储存乳化沥青,乳化沥青从加注口注入沥青罐内,之后将加注口封闭,沥青罐就成为一个密封的高压容器。

空气压缩机由一台小型柴油机驱动,能够产生 0.4~0.6 MPa 的压缩空气,压缩空气贮存在贮气罐内。

压缩空气是喷洒的动力,贮气罐内的压缩空气通入沥青罐内,压缩空气将罐内的乳化沥青从沥青输出阀门压出,进入沥青与压缩空气混合管,从贮气罐输出的另一股压缩空气通过压缩空气阀也通入混合管,乳化沥青和压缩空气在混合管内混合,从输送软管输出,通过喷嘴喷出,操作人员挥动喷枪,即可将沥青喷洒到地面上。由于喷出的是乳化沥青和空气的混合物,且喷出为高压雾状,因此喷出的乳化沥青较汽车式沥青洒布车喷洒得均匀。

2)操作要求

(1)施工时气温低于 10 ℃时不得喷洒黏层沥青,寒冷季节施工不得不喷洒时可分两层喷洒。

(2)喷洒前,应将旧路面上的污物及尘土清扫干净。可用压缩空气将缝隙内的尘土吹干净。也可用水冲刷干净,但要等表面完全干燥后才能喷洒。

(3)沥青的品种和用量应按照设计要求,当黏层沥青上铺筑薄层大空隙排水路面时,黏层沥青的用量应增加到 0.6~1.0 L/m^2。在沥青层之间兼作封层而喷洒的黏层应采用改性沥青或改性乳化沥青,用量不少于 1.0 L/m^2。

(4)黏层沥青要喷洒均匀,使表面形成一薄层,不能有漏洒部位,不能在表面形成花白状的漏洒出现,不能有流淌现象,喷洒过量处应刮除。操作人员挥动喷枪时移动的速度应均匀,应使喷嘴离地面的高度为 40~50 cm。

(5)由于黏层沥青以高压雾状喷出,易于产生飞溅,喷洒人员应佩戴口罩,并对反肤暴露部位进行必要的保护。

(6)黏层沥青单位面积洒布量的检查方法与透层沥青检查方法相同。

(7)雨水井和检查井等构筑物与沥青混合料接缝处应刷黏层沥青,沥青混合料路面的冷接缝处垂直面也应刷黏层沥青,这样可使接茬黏结牢固,这些部位可使用刷子刷涂。

(8)洒布黏层沥青应在铺筑沥青混合料的当天洒布,待乳化沥青破乳、水分蒸发后,或稀释沥青中的稀释剂基本挥发后,紧接着摊铺沥青混合料,避免黏层沥青受到污染。

(三)路缘石表面的保护

浇洒透层沥青和黏层沥青时,如果接近路缘石作业,可能会喷洒在路缘石上,影响路缘石的美观,可用塑料布对路缘石等其他构筑物进行遮挡保护。摊铺施工时,作业人员粘满沥青的鞋子踩到路缘石上,可能将路缘石踩脏。摊铺施工前应在路缘石表面刷上一层石灰,用于保护路缘石,摊铺完成后,用水将石灰冲刷干净。

二、工序2:沥青混合料生产

沥青混合料生产是沥青路面施工第一道工序,是施工质量的重要环节。

(一)生产前的准备

(1)沥青混合料由拌和站的生产管理机构组织生产。

(2)生产沥青混合料前应对沥青拌和设备和辅助设备进行全面检查,保证处于良好的状态。

按照试验段施工取得的数据对各项装置进行调整:

①将矿料级配数据、沥青用量数据调整为生产配合比验证后确定的数据。

②沥青加热温度、矿料加热温度、沥青混合料搅拌时间要严格遵守试验段确定的数据。

(3)沥青、各种粒径矿料和矿粉的数量要满足连续生产的要求。

(4)按照质量标准和检验程序对材料进行检验。

(5)燃烧器所用的重油、液化石油气,沥青加热用的柴油应准备充足。

(二)沥青混合料的生产

(1)沥青混合料拌和站操作应严格遵守安全技术操作规程及相关的注意事项。

(2)生产时要配备足够的管理人员、作业人员和检验人员做好以下工作:

①保证设备正常运转。

②对质量进行监控。

③对现场的车辆进行调度。

④保证原材料和沥青混合料的供应。

⑤与摊铺施工现场的密切配合。

(三)控制沥青混合料的温度

拌制沥青混合料的加热温度对混合料的拌和质量影响很大。沥青混合料拌制完成出厂,运到施工现场混合料的温度对摊铺质量影响很大,特别是摊铺完成后铺层混合料的温度对压实的密实度影响最大,如果混合料温度过低,铺筑的混合料还没有完全压实就已经冷却,铺筑层混合料将不能压实,路面就达不到规定的密实度,路面的强度、防水性能就会受到很大的影响。表 6-12 为普通沥青混合料的施工温度。表 6-14 为改性沥青混合料的施工温度，通常改性沥青混合料黏结的温度高，施工温度要比普通沥青施工温度高。

沥青混合料出厂温度通常由沥青、矿料的加热温度控制。

（四）检查矿料和沥青的质量

沥青混合料拌和站生产过程中要随时对质量进行检验，检查频度和质量要求见表 6-17。

表 6-17　热拌沥青混合料的频度和质量要求

项目		检查频度及单点检验评价方法	质量要求或允许偏差	
			高速公路、一级公路	其他等级公路
混合料外观		随时	观察集料粗细、均匀性、离析、油石比、色泽、冒烟、有无花白料、油团等各种现象	
拌和温度	沥青、集料的加热温度	逐盘检测评定	符合《公路沥青路面施工技术规范》（JTG F40—2004）规定	
	混合料出厂温度	逐车检测评定	符合《公路沥青路面施工技术规范》（JTG F40—2004）规定	
		逐盘测量记录，每天取平均值评定	符合《公路沥青路面施工技术规范》（JTG F40—2004）规定	
矿料级配（筛孔）	0.075 mm	逐盘在线检测	±2%（2%）	—
	≤2.36 mm		±5%（4%）	—
	≥4.75 mm		±6%（5%）	—
	0.075 mm	逐盘检查，每天汇总 1 次取平均值评定	±1%	—
	≤2.36 mm		±2%	—
	≥4.75 mm		±2%	—
	0.075 mm	每台拌和机每天 1～2 次，以 2 个试样的平均值评定	±2%（2%）	±2%
	≤2.36 mm		±5%（3%）	±6%
	≥4.75 mm		±6%（4%）	±7%
沥青用量（油石比）		逐盘在线监测	±0.3%	—
		逐盘检查，每天汇总 1 次取平均值评定	±0.1%	—
		每台拌和机每天 1～2 次，以 2 个试样的平均值评定	±0.3%	±0.4%

续表 6-17

项目	检查频度及单点检验评价方法	质量要求或允许偏差	
		高速公路、一级公路	其他等级公路
马歇尔试验：空隙率、稳定度、流值	每台拌和机每天 1～2 次，以 4～6 个试件的平均值评定	符合《公路沥青路面施工技术规范》(JTG F40—2004)规定	
浸水马歇尔试验	必要时(试件数同马歇尔试验)	符合《公路沥青路面施工技术规范》(JTG F40—2004)规定	
车辙试验	必要时(以 3 个试件的平均值评定)	符合《公路沥青路面施工技术规范》(JTG F40—2004)规定	

注：1. 单点检验是指试验结果以一组试验结果的报告值为一个测点的评价依据，一组试验(如马歇尔试验、车辙试验)有多个试样时，报告值的取用按《公路工程沥青与沥青混合料试验规程》(JTG E20—2011)的规定执行。

2. 对高速公路和一级公路，矿料级配和油石比必须进行总量检验和抽提筛分的双重检验控制，互相校核，表中括号内的数字是对 SMA 的要求。油石比抽提试验应事先进行空白试验标定，提高测试数据的准确度。

1. 沥青混合料拌和站现场应检查内容

(1)检查料堆上有无泥块或粒径超大碎的石块。

(2)装载机将不同粒径的材料装入相应的冷料仓装料时，装料要准确，不能流入其他料仓，造成窜仓现象。

(3)随时目测检查皮带运输机上各种材料的质量材料是否均匀。

(4)目测检查制成的沥青混合料拌和是否均匀。

(5)所有矿料颗粒应全部裹覆沥青、不能有花白料。

(6)沥青混合料不能有结成团块状混合料。

(7)沥青混合料不能有粗细料离析情况。

2. 控制室应检查内容

(1)观察计算机屏幕显示的各项参数应始终达到设定的数值，核对计算机打印记录的数据与显示值应一致。

(2)观察沥青、矿料的加热温度控制，使其能够有效地控制沥青混合料的出厂温度，满足施工对沥青混合料温度的要求。

3. 专业质量检验员应检查内容

每天上午和下午各取沥青混合料样品，制成标准试件，并对试件进行试验：

(1)测出沥青混合料的标准密度，该密度值作为路面压实度的标准密度值。

(2)进行马歇尔试验，测定空隙率、稳定度、流值，计算合格率。

(3)取样抽提、筛分检测混合料的矿料级配、石油比。抽提、筛分应至少检查 0.075 mm、2.36 mm、4.75 mm、公称最大粒径及中间粒径等 5 个筛孔的通过率。

(4)测量 VMA、VFA 指标，该指标只作记录。

(5)应保存试验结果和样品，以备验收时数据的整理。

(6)拌和生产过程中计算机记录的各种矿料的用量,沥青用量、拌和温度都应逐盘记录,并打印出来,记录应保存,以备对生产质量的分析。

(五)沥青混合料出厂记录

沥青混合料出厂应逐车用地磅称量,并按规定测量运料车中沥青混合料的出厂温度,签发一式三份的沥青混合料运料单,见表6-18,一份存拌和厂,一份交驾驶员留存,一份由驾驶员代交摊铺现场。

表6-18 沥青混合料运料单

托运方	发运单位		发运人		联系电话	
	起运地点		运距		出厂时间	
承运方	承运单位		联系人		联系电话	
	运输车型及牌照号		驾驶员姓名		手机	
接收方	接收单位		地点		工程项目	
	收料人		联系电话		到达现场时间	
沥青混合料						
沥青混合料型号		批号	数量	装车温度	装车时间	备注

(六)沥青混合料储存

拌好的热拌沥青混合料应当天拌和当天摊铺,遇特殊情况,如下雨或摊铺设备出故障不能立即摊铺,可存放在成品储料仓内储存。储料仓没有保温设备时,允许储存时间视混合料温度而定,沥青混合料储存在储料仓内温度会有所降低,但运到摊铺现场后不应低于摊铺要求的温度。有保温设备的储料仓储存时间不宜超过72 h。

三、工序3:沥青混合料运输

沥青混合料生产出来后使用自卸车运到施工现场,应注意以下几点。

码6-6 沥青混凝土运输

(一)沥青混合料运输车施工前的准备

(1)施工前应查看运输路线,选择出最佳的运输路线,估测运输里程,估算沥青混合料运输车来回所用的时间。

(2)估算沥青混合料运输车在拌和站等候装料所用的时间,以及摊铺现场等候的时间。

(3)按照选定的车型和数量配备沥青混合料运输车。

(4)沥青混合料运输车使用前应进行检查,保证车辆具有良好的技术状况,使运输顺利进行。

(5)运输沥青混合料的车辆应清扫干净。为了防止沥青混合料与车厢板的黏结,车厢内壁的侧板和底板可薄薄涂一层油水混合液,但不得有余液积聚在车厢底部。

(6)沥青混合料运输车要配备苫布。

(二)沥青混合料的运输

(1)拌和站向自卸车卸料过程中,为了不使沥青混合料产生离析,应前后挪动车辆,分 3~4 次卸料,如图 6-9 所示,装车时装成一大堆的方法是错误,这样大块集料可能顺着斜坡滚到车厢底部或车槽边,造成粗细料离析。

(a)正确的混合料装车方法　　(b)错误的混合料装车方法

图 6-9　沥青混合料装车方式

(2)沥青混合料运输车装满后驾驶员要索要运料单,并进行核对。

(3)沥青混合料运输过程中防止污染环境,车厢应用篷布苫盖,既可起到保温作用,又可防止遗撒造成浪费或污染环境。

(4)沥青混合料运输车进入摊铺现场时,轮胎要清洁,不得粘有泥土等可能污染路面的污物,否则要设水池洗净轮胎,方可进入工程现场。

(5)沥青混合料运输车进入不得在喷洒透层、黏层沥青上急刹车、急转弯,防止对铺层造成损坏。

(6)摊铺施工现场要设专门的交通疏导员指挥疏导运料车。

(7)自卸车将沥青混合料运到摊铺现场后应听从交通疏导员的指挥,将车停到路边排队等候,将路的中间留做通道,以便卸完料的车辆离去。

四、工序 4:沥青混合料摊铺

(一)施工准备

1. 铺筑施工现场的准备

(1)路面施工由路面施工现场管理机构组织施工。

(2)施工人员必须准备好设备、工具,提前到达施工现场,做好各项摊铺准备工作。

(3)铺筑沥青混合料前,应检查透层、黏层沥青的洒布质量。

(4)要根据预先设计的调平方案,检查调平基准设置状况。

2. 摊铺机准备

(1)摊铺作业由摊铺组负责,沥青混合料运输车向摊铺机卸料时应与交通疏导配合,要服从质量控制人员的指导。

(2)摊铺机按规定的程序启动发动机,检查各部机件运转状况。

(3)按摊铺宽度将加长熨平板组装好,液压伸缩熨平板将熨平板伸出,并将熨平板调整好。

(4)开启熨平板预热装置,对熨平板预热,熨平板加热需要 10~20 min,振捣梁上的沥青必须完全融化,使振捣梁能够运转自如。

(5)所有准备工作完成后,将摊铺机开至预定的摊铺位置。熨平板外侧与道牙保持5~10 cm距离,防止行进中挤坏道牙。

(6)为了防止混合料粘连在工作装置上,可用喷雾器在接料斗和刮板输送器喷一些柴油。喷洒柴油时,必须待预热结束,关闭火焰加热装置后进行,防止失火,保证安全。

3. 摊铺机调整、就位

1)放置熨平板垫木

摊铺机开至预计摊铺地带,如图6-10所示,将预先准备好的两块摊铺厚度基准垫木放在熨平板下面,垫木分别放在两侧熨平板的中间位置,使熨平板落在垫木上,熨平板的后端面与垫木对齐。

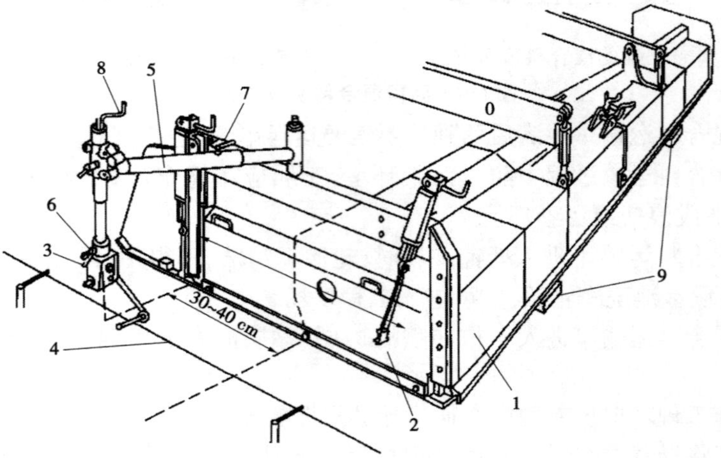

1—熨平板;2—挡料板;3—纵坡传感器;4—纵坡基准;5—传感器安装支架;6—传感器安装固定螺栓;7—支架伸出长度紧回螺栓;8—传感器高度调整手柄;9—摊铺厚度基准垫木。

图6-10 纵坡传感器的安装和调整

2)熨平板调整

铺筑不同类型的沥青混合料、铺筑厚度不同,应对熨平板进行调整。

(1)路拱调整。

先检查熨平板路拱是否满足施工要求,观察熨平板下平面与路面的缝隙是否均匀,如果缝隙不均匀,说明熨平板路拱不合适,调整熨平板路拱调节装置,使熨平板下端面与地面缝隙均匀。

(2)牵引枢铰点高度设定。

观察熨平板牵引枢铰点,高度标尺和熨平板仰角控制在0°15′~0°40′,调整熨平板仰角控制液压油缸,使熨平板。摊铺层薄或摊铺的混合料密实,仰角应小一些,摊铺层厚或摊铺的混合料松软,仰角应大一些。实际作业时不同类型的熨平板、摊铺厚度大或摊铺不同的混合料、不同的摊铺厚度,熨平板的仰角不同,摊铺机驾驶员要注意收集所操作的摊铺机铺筑不同类型混合料不同摊铺厚度标尺和仰角变化规律,在进行该项调整时做到心中有数。

(3)仰角调整。当摊铺厚度较大,牵引枢铰点高度已接近上端整仰角调整装置,使仰角增大。

(4)液压伸缩熨平板调整。熨平板的仰角不能达到规定的角度,应调整使其符合理想的效果。摊铺机采用液压伸缩熨平板,固定板和伸缩板后沿的高度相同。

3)传感器的安装和调整

(1)安装自动找平装置。

安装支架、纵坡传感器、横坡传感器和控制器,将所有的电线连接上,接通电源。

码 6-7　沥青混凝土路面摊铺机自动找平系统

(2)调整纵坡传感器安装位置。

调整纵坡传感器安装支架的位置,使纵坡传感器的摆臂搭在纵坡基准上,纵坡传感器的纵向位置应在熨平板前端面以前 30~40 cm 处,然后将支架固定好。

(3)调整纵坡传感器高度。

转动调节手柄的升降螺杆,同时观察传感器指示灯,使传感器指示灯处于中位,这样在摊铺时,纵坡传感器就会控制熨平板以摊铺厚度基准垫木的厚度进行摊铺。

(4)调整横坡控制器。

使用纵坡和横坡综合控制时,调整横坡控制器的坡度控制旋钮,将预计摊铺横坡数值输入横坡控制器。

4)摊铺机就位

调整好熨平板和传感器后,将垫木撤掉,将摊铺机停在开始摊铺位置,如果道路边缘有路缘石,熨平板边缘应与路缘石保持 3~5 cm。

(二)摊铺作业

所有准备工作完成后,即可进行摊铺作业。

1. 自卸车卸料

(1)保证现场混合料充足,摊铺机前至少要有 5 辆以上的自卸车才能开始摊铺。以保证摊铺机连续作业,不致由于沥青混合料供料不足,使摊铺机被迫停机,摊铺机停机会影响摊铺的平整度。

码 6-8　沥青混凝土路面摊铺施工工艺

(2)卸第一车料。为了使摊铺机接触沥青混合料的部位更好的预热,第一车料应使用温度较高混合料,后拌和出厂运到现场的自卸车上的混合料温度会略高一些,故卸入摊铺机的第一车混合料应挑选后拌和出厂的混合料。

(3)办理收料手续。自卸车卸料前,要对沥青混合料运料单进行签收,办理收料手续。

(4)测量卸料温度。要测量沥青混合料运到现场的温度,可使用数字显示式温度计或度盘指针显示式温度计,温度计的测杆长度不小于 300 mm,测温范围为从常温至 300 ℃,精度 1 ℃。测量时将测杆插入运料车上部侧面混合料堆内,插入深度应大于 150 mm,观察温度变化,直至不再继续上升,温度值应符合表 6-12 的规定,读取温度值并进行记录。

(5)卸料方法自卸车倒车时驾驶员应听从卸料指挥人员指挥,倒车时对准摊铺机接料斗,慢慢接近摊铺机,避免与摊铺机猛烈撞击,自卸车应距摊铺机 10~30 cm 后停车,挂空挡,解除制动,等待摊铺机前行,推动自卸车前进。卸料时要听从摊铺机驾驶员和卸料指挥人员指挥，徐徐起斗将混合料倒入摊铺机接料斗内。卸完料后，摊铺机驾驶员发出信号，自卸车离去。

(6)卸料要干净。如果自卸车车厢内尚有粘着的混合料没有完全卸干净，应将混合料卸到停在现场的装载机里，并由人工将车厢内的混合料清理干净，防止混合料浪费。

(7)防止溢撒混合料。如溢出摊铺机接料斗，落在摊铺机车轮前，应迅速清理，防止摊铺机碾压在混合料上，产生颠簸，影响摊铺平整度。

2. 开始摊铺

1)使混合料充满熨平板

接料斗卸满后，摊铺机操作人员启动刮板输送器将混合料送到熨平板处，开启螺旋摊铺器，使整个熨平板前都充满混合料，并滞留 3~5 min，用热的沥青混合料对熨平板预热，同时对接茬部位旧的沥青路面加热，以利于接茬牢固。

2)摊铺机启动

预热后将摊铺机所有控制钮置于自动位置，开动摊铺机开始摊铺前进。

3)测量摊铺厚度

摊铺机摊铺出 1.5~2 m 后，观察纵坡传感器工作情况，当纵坡传感器厚度上调信号灯和厚度下调信号灯交替闪烁时，说明自动调平装置已将熨平板调整到预先设置的厚度，且运行稳定，这时应用厚度尺测量摊铺厚度，观察是否符合要求，厚度测量尺如图 6-11 所示。摊铺厚度应为试验段试铺确定的摊铺虚厚，熨平板的中间和两侧三个位置都应进行检查。如果测出摊铺厚度不合格，应做微量调整，方法是调整纵坡传感器支架螺杆，纵坡传感器向上移动，摊铺厚度加厚，纵坡传感器向下移动，摊铺厚度减薄。调整后待传感器指示灯工作稳定后，再次测量摊铺厚度，如此反复调整，直至厚度符合要求。

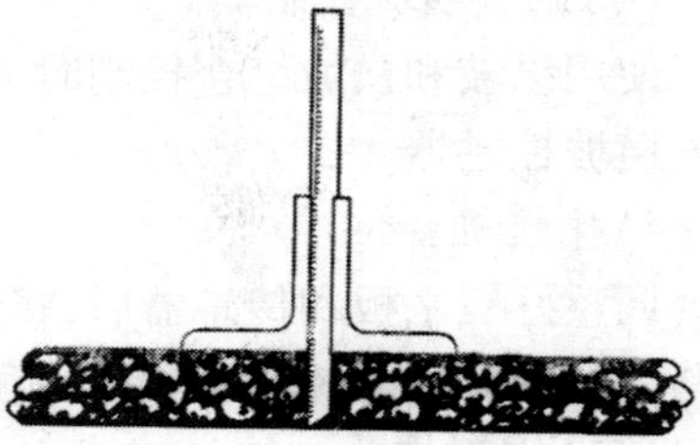

图 6-11 摊铺厚度测量尺

4)测量摊铺温度

摊铺温度是在螺旋摊铺器的位置测定，测量时，将温度计插入料堆中并跟随摊铺机前进，如果料堆滚动，可拔出来再插入，注意观察温度表变化，直至温度不再继续上升，记录摊铺温度数值，温度应符合表 6-12 及试验段试铺的数值。

5)两台摊铺机并列摊铺行进顺序

两台摊铺机并列成梯队联合摊铺时，第一台先从一侧开始摊铺，行进 10~20 m 后，第二台摊铺机开始摊铺。第二台摊铺机熨平板应与第一台摊铺机摊铺带搭接 3~6 cm，并与第一台摊铺机纵向保持 10~20 m 的距离。

3. 摊铺机行进

(1)保证熨平板处混合料充足摊铺机行驶中应始终保持熨平板前混合料充足，料位高度保持在螺旋摊铺器 2/3 高度的位置。

(2)要匀速摊铺。摊铺机摊铺速度应控制在预定的摊铺速度，应控制在 2~6 m/min 范围内，一般最佳摊铺速度为 3~4 m/min，改性沥青混合料及 SMA 混合料摊铺速度应放慢至 1~3 m/min，可以使摊铺层获得更好初压实效果。行驶速度要保持稳定，摊铺时要随时注意沥青运输车的数量，保证供料充足，当沥青运输车数量减少，供料量不足，可逐渐放慢摊铺速度，目的是防止混合料铺完后被迫停机。调整速度应缓慢操作，调速操作过猛也会影响摊铺的平整度，使路面上留下明显印迹。

4. 弯道摊铺

1）转弯操作要柔和

摊铺至弯道摊铺机须转向时，动作应非常缓慢，可先轻微转向，观察熨平板边缘，当略感转向不足后，再逐渐增加转向量。切不可一次转向过猛，使转弯过量，之后再向回调整，这样反复调整，会使熨平板移动速度忽快忽慢，影响摊铺的平整度。转向时熨平板边缘离道牙的距离应适当放宽一些，防止挤坏道牙。

2）弯道横坡控制

摊铺的弯道有横坡，因道路的弯度不同，横坡值不同，一般由直道进入弯道时，横坡值逐渐增加，离开弯道时横坡值逐渐减小。

摊铺机在弯道上摊铺时，难以实现自动控制，应使用人工操纵，纵坡和横坡综合控制。

为了使铺筑的横向坡度正确，弯道纵坡基准间距可以适当缩小，即每 5 m 打一个标高桩，如果转弯半径很小，可进一步缩小间距，直至 1 m 一个，将各标高桩作出编号，根据道路设计的横坡逐一计算出横坡值，并记录在一表格内，画出曲线图，如图 6-12 所示，供操作人员摊铺作业时比照。

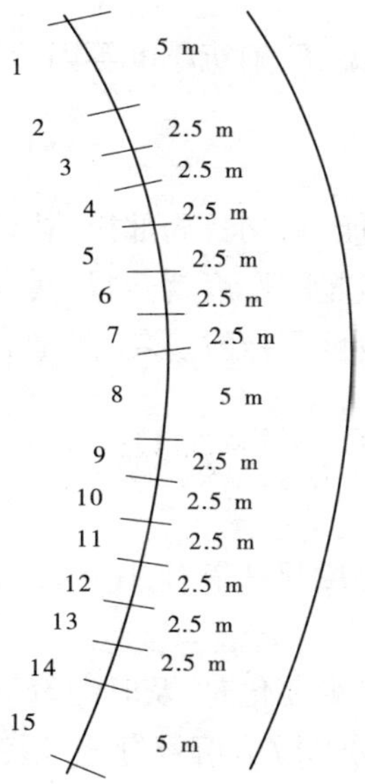

编号	横坡
1	2.00
2	2.00
3	2.20
4	2.40
5	2.60
6	2.80
7	3.00
8	3.00
9	3.00
10	2.80
11	2.60
12	2.40
13	2.20
14	2.00
15	2.00

图 6-12　弯道摊铺有超高时纵坡、横坡综合控制

摊铺机作业时，由专人控制横坡控制仪，按照曲线图铺筑，摊铺机行至标号接近弯道编号标高桩时，提前约 2 m 处将横坡控制器调整至图表规定的横坡值，提前调整的原因是熨平板横坡的实际变化滞后于调整动作。随着摊铺机前进，按照编号标注的横坡进行铺筑。

(三)摊铺质量控制

1. 控制摊铺厚度

1)摊铺厚度对路面强度和道路成本的影响

沥青混合料摊铺薄了,路面的承载能力、防水性能和耐磨耗能力就会下降,达不到设计强度,易于造成路面早期损坏。沥青混合料摊铺厚了,消耗的沥青混合料就会增加。而沥青混合料是道路施工最贵的材料,特别是有些路面的表面层使用坚硬的石料和改性沥青,如果摊铺厚了,将会大大增加道路施工的成本。因此,要精心控制沥青混合料的摊铺厚度。

2)影响摊铺厚度的因素

(1)摊铺机的因素。

摊铺机铺筑的松铺厚度一般按下式设定:

$$松铺厚度 = 松铺系数 \times 路面设计厚度 \tag{6-11}$$

施工时摊铺机按松铺厚度铺筑,压路机碾压完成后摊铺层达到设计厚度。松铺系数受摊铺机熨平板初压实能力的影响,不同的摊铺机采用不同形式的熨平板,其初压实能力不同。摊铺机初压实能力强,松铺系数取值就应当小,松铺厚度可以减小;初压实能力弱,松铺系数取值就应当大,松铺厚度应当加大。因此,采用不同的摊铺机,设定的松铺厚度是不同的,这给松铺厚度的确定造成一定的困难。

(2)沥青混合料的因素。

实际施工时,松铺系数还与混合料的类型、摊铺温度、铺筑厚度等因素有关,造成实际松铺系数难以精确的确定。

(3)基础不平的因素。

摊铺机在铺筑过程中对基础的不平具有找平功能,在测量局部松铺厚度时,如果测到低洼部位铺筑厚度就会加厚,铺筑底部凸起的部位测量的厚度就会减薄,实际作业时检查松铺厚度,每个局部的测量都不能反映整体的摊铺厚度,要经过多次测量取平均值。

因此,摊铺厚度要采用综合控制。

3)摊铺厚度应采用综合控制

(1)在线控制。

①摊铺机操作人员作业时应每隔 10~20 m 用厚度尺或其他工具插入摊铺层测量松铺厚度。

②随时通过铺筑边缘观察摊铺厚度,发现厚度发生变化时,及时测量厚度。

③随时观察摊铺厚度自动调平装置的显示灯,发现指示信号灯连续控制朝一个方向变化时,说明自动控制在调整摊铺厚度,应测量摊铺厚度。

④调整摊铺厚度前要查明原因,方可调整。

⑤调整时应循序渐进,调整过猛、反复调整,会影响铺筑的平整度。

(2)总量检查。

①摊铺一段距离后,如达到 500 m 后,根据运料车运到现场摊铺使用的混合料的总量与摊铺面积核算摊铺厚度,用下式计算:

$$T = \frac{100M}{DLW} \tag{6-12}$$

式中　T——摊铺层压实成型后的平均厚度，cm；

M——摊铺的沥青混合料总质量，t；

D——压实成型后沥青混合料的厚度，t/m^3；

L——摊铺段长度，m；

W——摊铺宽度，m。

不符合要求时应根据铺筑情况及时进行调整。

②每一天施工完成后，利用拌和厂沥青混合料总生产量与实际摊铺的面积计算平均厚度进行总量检查。

(3)无损检测。

①当具有地质雷达等无损检验设备时，可利用其连续检测路面厚度，但这种设备比较复杂，其检测精度须经标定。

②路面压实完成后，用水平仪测量高程，与基层的高程进行对比，也可得到摊铺厚度值。

(4)钻孔检查。

待路面完全冷却后，在钻孔检测压实度的同时测量沥青层的厚度。

2. 防止沥青混合料离析

1)离析的种类和原因

沥青混合料的离析现象易发生在摊铺过程中，离析分为温度离析和矿料离析。

(1)温度离析及原因。

温度离析是指有些部位的混合料已经冷却，造成温度过低，使整个摊铺面的混合料温度不均匀。

温度离析的原因如下：

①运输过程中运输车车厢边缘冷却。

②摊铺机接料斗边缘冷却。

③熨平板边缘处没有得到混合料的加热，使熨平板冷却。

④熨平板边缘混合料堆积时间过长，没有及时摊铺，造成混合料冷却。

温度离析的危害是冷却部位的沥青混合料难以压实，可能造成路面早期破坏。

(2)矿料离析及原因。

矿料离析是指摊铺的混合料粗细分离，使摊铺面有的部位分布混合料较粗，有的部位分布混合料过细。

矿料离析是由于沥青混合料堆移动时，料堆表面的粗集料从混合料堆的上面滚落，集中到料堆下面，造成料堆下面集中了一部分粗集料，产生离析。

①拌和站向自卸车装车时，如果采用大堆斜料，大块混合料将滚落到车厢边缘处，造成车厢边缘处粗集料聚集，产生离析。

②自卸车向摊铺机接料斗卸料时表面的大块的矿料向下滚落造成离析。

③接料斗内混合料基本用完后，接料斗两侧翼板抬起时，表面混合料的粗集料滚落造

成离析。

④熨平板过宽,螺旋输送器在输送过程中,造成粗集料上浮,熨平板的振动器振动作用,使上浮作用更加明显,造成上浮的粗集料输送到熨平板的边缘,使摊铺带的边缘粗集料较多,熨平板摊铺宽度越大,边缘部位离析现象越明显。

⑤熨平板靠近螺旋输送器驱动箱处,螺旋输送器轴承支座处,由于这些装置的阻挡,混合料不够饱满,易于造成亏料,使上浮的粗集料从这些亏料处流到熨平板的下面,造成该部位铺筑混合料较粗,产生离析。熨平板边缘的离析、螺旋输送器驱动箱及轴承支座处产生的离析,施工时可以从摊铺层看到,如图 6-13(a)所示。

在施工过程中,矿料离析问题尤其以上述④和⑤熨平板处的离析最为明显,是重点应当控制的对象。

矿料离析的危害是沥青混合料级配破坏,粗集料集中的部位路面易于渗水、松散,细集料集中的部位路面易于泛油、拥包和波浪。

2)避免产生离析的方法

(1)拌和站向自卸车卸料时,车辆应挪动 3~4 次,不要大堆卸料,如图 6-13 所示。

(2)自卸车运输混合料时要加盖苫布保温。应合理地选择路线,缩短运输时间,减少在运输途中混合料降温。

(3)现场合理调配卸车顺序,使先来的车辆先卸车,防止混合料停留在车上时间过长,混合料温度降低。

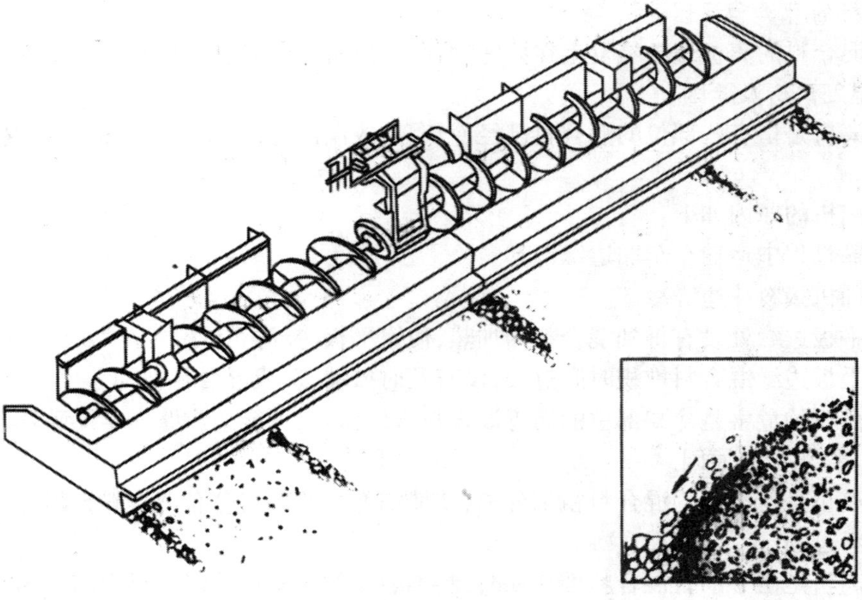

(a)熨平板易于产生离析的部位　　(b)粗集料从料堆上滚落

图 6-13　离析原因及现象

(4)自卸车向摊铺机接料斗卸料时,翻斗应徐徐升起,避免造成混合料卸料过快,使大块矿料滑落，造成离析。

(5)摊铺机驾驶员要观察接料斗内的混合料，随时调整接料斗翼板，使接料斗处刮板输送器上的混合料始终保持饱满。不要等刮板输送器上的混合料不足时，猛抬起翼板，这样会造成离析。

(6)摊铺机最大摊铺宽度不宜超过 7.5 m，过大的摊铺宽度很难控制边缘处混合料不出现离析。

(7)摊铺机驾驶员要观察熨平板前摊铺仓内混合料，使其始终保持饱满，混合料不足会使熨平板螺旋输送器驱动处、支架处熨平板边缘处产生离析，还会造成该部位混合料变冷，造成温度离析。

(8)用低而稳定的速度调整螺旋输送器输料量，过猛的调整、时转、时停都会造成矿料离析。摊铺仓内的混合料应高于输送器叶片 2/3。

(9)作业人员在施工中应随时观察铺筑层是否有矿料离析现象，发现离析应马上找出原因，及时排除。

(10)在有些工程中使用了沥青混合料转运车，如图 6-14 所示，自卸车将混合料卸在转运车上，由转运车向摊铺机供料，这种施工方法的优点是：

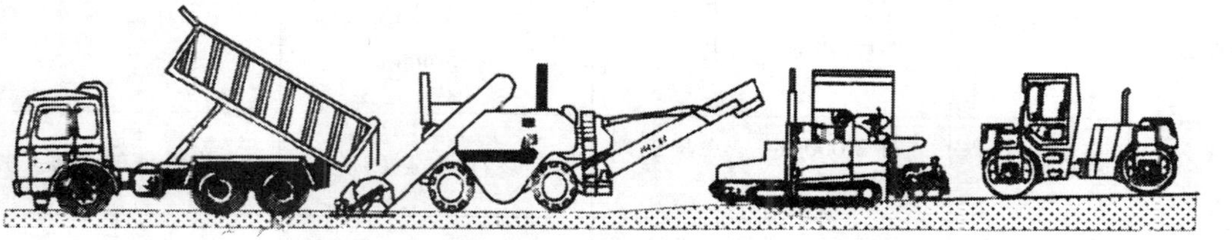

图 6-14　使用沥青混合料转运车

①可以保证摊铺机连续供料，减少停机可能。

②减少自卸车对摊铺机的碰撞，使摊铺机行驶平稳。

③减少自卸车在摊铺现场的停留时间，从而减少自卸车的数量。

④在减少沥青混合料的离析方面也能起到一定的作用，由于沥青混合料卸入转运车内可以再次搅拌，可以使温度离析有所减少。但摊铺过程中的矿料离析主要是由于摊铺机造成的，转运后不可能对矿料离析进行根本解决。

上述优点①、②有利于保证摊铺的平整度。

转运车是一种大型昂贵的设备，如果一个摊铺工作面上有两台摊铺机并列摊铺，就要配备两台转运车，投入的费用是相当大的。

3. 路面施工过程中的质量控制

在整个沥青路面施工过程中，必须随时对摊铺、碾压质量进行控制，检查的内容、频率、允许偏差应符合表 6-19 的规定，通过对全过程的综合改进，使施工过程的质量始终能够满足要求。

码 6-9　热拌沥青混凝土施工

表 6-19　公路热拌沥青混合料路面施工过程中工程质量的控制标准

项目		检查频度及单点检验评价方法	质量要求或允许偏差	
			高速公路、一级公路	其他等级公路
外观		随时	表面平整密实,不得有明显轮迹、裂缝、推挤、油汀、油包等缺陷,且无明显离析	
接缝		随时	紧密平整、顺直、无跳车	
		逐条缝检测评定	3 mm	5 mm
施工温度	摊铺温度	逐车检测评定	符合现行规范规定	
	碾压温度	随时	符合现行规范规定	
厚度[1]	每一层次	随时 厚度 50 mm 以下 厚度 50 mm 以上	设计值的 5% 设计值的 8%	设计值的 8% 设计值的 10%
	每一层次	1 个台班区段的平均值 厚度 50 mm 以下 厚度 50 mm 以上	-3 mm -5 mm	—
	总厚度	每 2 000 m^2 一点单点评定	设计值的-5%	设计值的-8%
	上面层	每 2 000 m^2 一点单点评定	设计值的-10%	设计值的-10%
压实度[2]		每 2 000 m^2 检查 1 组,逐个试件评定并计算平均值	实验室标准密度的 97%(98%) 最大理论密度的 93%(94%) 试验段密度的 99%(99%)	
平整度(最大间隙)[3]	上面层	随时,接缝处单杆评定	3 mm	5 mm
	中下面层	随时,接缝处单杆评定	5 mm	7 mm
平整度(标准差)	上面层	连续测定	1.2 mm	2.5 mm
	中面层	连续测定	1.5 mm	2.8 mm
	下面层	连续测定	1.8 mm	3.0 mm
	基层	连续测定	2.4 mm	3.5 mm
宽度	有侧石	检测每个断面	±20 mm	±20 mm
	无侧石	检测每个断面	不小于设计宽度	不小于设计宽度

续表 6-19

项目	检查频度及单点检验评价方法	质量要求或允许偏差	
		高速公路、一级公路	其他等级公路
纵断面高程	检测每个断面	±10 mm	±15 mm
横坡度	检测每个断面	±0.3%	±0.5%
沥青层层面上的渗水系数[4]	每 1 km 不少于 5 点，每点 3 处取平均值	300 mL/min（普通密级配沥青混合料），200 mL/min（SMA 混合料）	

注：[1]表中厚度检测频度指高速公路和一级公路的钻坑频度，其他等级公路可酌情减少，且通常采用压实度钻孔试件测定。上面层的允许误差不适用于磨耗层。

[2]压实度检测按《公路沥青路面施工技术规范》（JTG F40—2004）附录 E 的规定执行，钻孔试件的数量按规定执行。括号中的数值是对 SMA 路面的要求，对马歇尔成型试件采用 50 次或者 35 次击实的混合料，压实度应适当提高要求。进行核子仪等无破损检测时，每 13 个测点的平均数作为一个测点进行评定是否符合要求。实验室密度是指与配合比设计相同方法成型的试件密度。以最大理论密度作标准密度时，对普通沥青混合料通过真空法实测确定，对改性沥青和 SMA 混合料，由每天的矿料级配和油石比计算得到。

[3]3 m 直尺主要用于接缝检测，对正常生产路段，采用连续式平整度仪测定。

[4]渗水系数适用于公称最大粒径等于或小于 19 mm 的沥青混合料，应在铺筑成型后未遭行车污染的情况下测定，且仅适用于要求密实的密级配沥青混合料、SMA 混合料。不适用于 OGFC 混合料，表中渗水系数以平均值评定，计算的合格率不得小于 90%。

五、工序 5：沥青混合料碾压

碾压作业由碾压组负责，碾压至接缝部位时，应与砌筑组密切配合，要服从质量控制人员的指导。严格按照施工组织设计规定的型号和数量配备压路机。碾压分为初压、复压、终压。对摊铺后初始压实度较大，经实践证明，采用振动压路机或轮胎压路机直接碾压无严重推移而有良好效果，可免去初压，直接进入复压工序。如经过复压后已无明显轮迹，可免去终压。

（一）确定开始碾压的时机

摊铺机摊铺一段距离，形成碾压工作面后，压路机应紧跟摊铺机进行初压，摊铺层迅速得到初压，可以使摊铺层散热速度减慢，有利于保证后续压实能够达到规定的压实度，开始碾压时应注意以下几点。

1. 测量初压温度

开始碾压前应测量混合料的温度。测量时将温度计插入路面混合料一半的深度，轻轻压紧温度计旁被松动的混合料，观察温度计数值，当温度上升停止后，拔出温度计读取数值。如此测量 3～4 次，取平均值作为测试温度。也可采用红外线测温仪测量，但测量精度略低一些。初压温度在试验段试压时应进行确定。初始碾压温度应符合表 6-12 和表 6-14 的规定，当达到初压温度，即可上压路机进行碾压。

2. 观察碾压轮碾压状况

开始碾压时还应观察碾压轮对混合料的推移量，如图 6-15 所示。碾压过早，沥青混合料温度较高，混合料过软，摊铺带承载能力不够，易于造成碾压轮对混合料的推移，影响碾压的平整度，碾压过晚，混合料温度过低，在后续碾压时混合料已冷却，使最终碾压密实度达不到要求，因此开始碾压时要观察碾压轮对混合料的推移量。

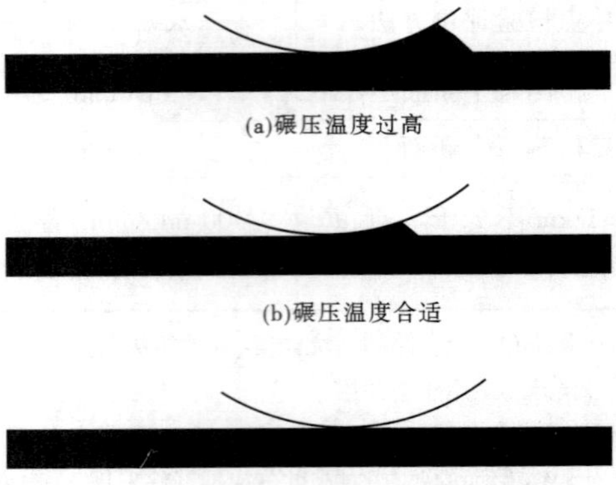

(a)碾压温度过高

(b)碾压温度合适

(c)碾压温度过低

图 6-15　开始碾压要观察混合料的推移量

3. 控制初压温度和时机

确定初压温度和时机后，使压路机初压带与摊铺机始终保持一定距离，这样就可以保证以后的初压始终为开始测量的初压温度。

4. 改性沥青混合料初压控制

改性沥青混合料温度稍一降低就会冷却凝固，因此改性沥青混合料压实应在摊铺后紧接着进行，不能有片刻的等待时间，否则在后续的复压和终压时，沥青混合料就会冷却，无法压实。

(二)初压

初压的目的是使混合料初步形成一定的密实度，使路面混合料能够承载压路机，减缓摊铺层的冷却速度。

1. 一般要求

1)配备技术水平高的压路机操作人员

初压是保证碾压平整度的关键环节，如果操作不当，碾压时易产生推移和拥包，缺陷一旦产生，很难通过复压整平。因此，初压对碾压质量要求较高，应配备技术水平高的操作人员。

2)初压时应轻压

混合料温度较高，质地松软，支承能力差，为了避免产生混合料推移现象，应使用双钢轮静作用压路机。使用双钢轮振动压路机时，第一遍碾压应关闭振动装置，待第二遍碾压时再开启振动。

3)开启洒水装置

为了防止混合料黏着在碾压轮上，应开启压路机碾压轮上的洒水装置，也可以涂刷隔离剂或防黏结剂，严禁刷柴油。

4)驱动轮在后

由于驱动轮比从动轮碾压效果好，当使用后轮驱动的压路机碾压时，驱动轮应朝向摊铺机方向,这样可减小碾压轮对混合料推移现象。

5)碾压速度应缓慢

初压时铺层承载能力不够,为了防止推移,压路机行进速度应缓慢,速度的控制见表6-20。

表6-20　压路机碾压速度　　单位:km/h

压路机类型	初压		复压		终压	
	适宜	最大	适宜	最大	适宜	最大
钢筒式压路机	2~3	4	3~5	6	3~6	6
轮胎压路机	2~3	4	3~5	6	4~6	8
振动压路机	2~3 (静压或振动)	3 (静压或振动)	3~4.5 (振动)	5 (振动)	3~6 (静压)	6 (静压)

6)先从边缘开始碾压

为避免混合料向两侧推移,应从边缘开始碾压,将边缘混合料稳住。

7)碾压道路边缘

如果压路机有错轴功能,应将后轮向内错开一定距离,这样可使压路机司机专心观察前轮碾压,防止后轮碰坏路缘石。如有条件,最好使用小型压路机在路缘石边缘来回各压一遍,这样就可以使边缘既有较好的密实度,又不会挤坏道牙。

8)碾压作业基本行进路线

碾压作业基本行驶路线如图6-16所示,应注意以下几方面:

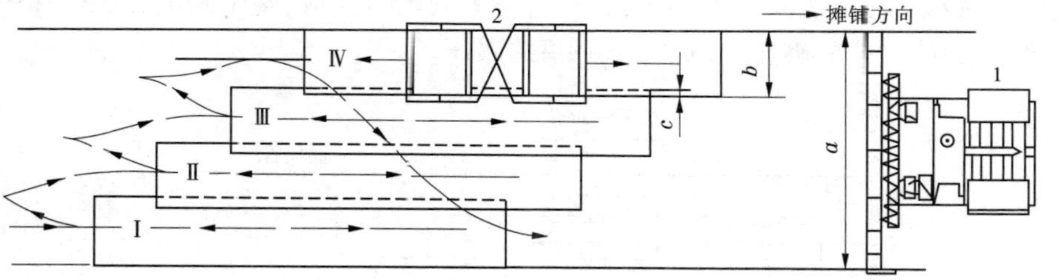

1—摊铺机;2—压路机;

a—摊铺宽度;b—压轮机压轮宽度;c—碾压重叠宽度;→压路机行驶路线。

图6-16　压路机基本碾压程序

(1)相邻碾压带重叠应大于10~20 cm,实际重叠量在压路机选型、配套时已确定,每一幅碾压的重叠量应均匀。

(2)每次停车换向不能在同一横截面上,即每次倒轴应向前推进,应呈阶梯形,纵向推进距离为2~3 m。

(3)碾压时要往返碾压各一次,错轴换向的位置应选择在初压完成的地段。

9)压路机进退

前进转为倒退操作应平稳,停机换向时,应提前减速,再慢慢停车,操作要柔和,不能紧急制动。

10)转弯

转向时应缓慢,不能急转弯。生硬的操作会在路面上产生拥包,甚至造成开裂。

11)碾压段长度

初压时碾压作业面长度取决于环境温度和沥青混合料的类型。环境温度高,可延长碾压长度,以减少停车换向次数,有利于提高平整度。环境温度低,摊铺后沥青混合料很快降温,应缩短碾压长度。改性沥青碾压温度高,成型温度高,也应适当缩短碾压长度,具体可参考表6-21。为了保证碾压的密实度,应尽可能缩短初压作业面长度。

表6-21　压路机碾压段长度

环境温度/℃	普通沥青/m	改性沥青/m	环境温度/℃	普通沥青/m	改性沥青/m
<10	20~40	10~20	20~30	50~70	30~50
10~20	40~50	20~30	>30	70	50

12)碾压遍数

初压遍数根据实际情况确定,一般为1~2遍。

2. 两侧有路缘石的道路碾压程序

道路两侧有路缘石,中间有一定的路拱时,应先靠近一侧路缘石开始碾压,使边上的混合料有一定支撑能力,然后依次向中央碾压,这样可以防止混合料横向往边侧推移,保持路面的路拱形状,压路机碾压行走路线如图6-17所示,接近道路的中央处后,从另一侧道路边缘开始碾压,依次向中央碾压,直至将中央处碾压完成;整个路面完全碾压一遍后,再从边缘开始第二遍的碾压,或进行下一幅的碾压。

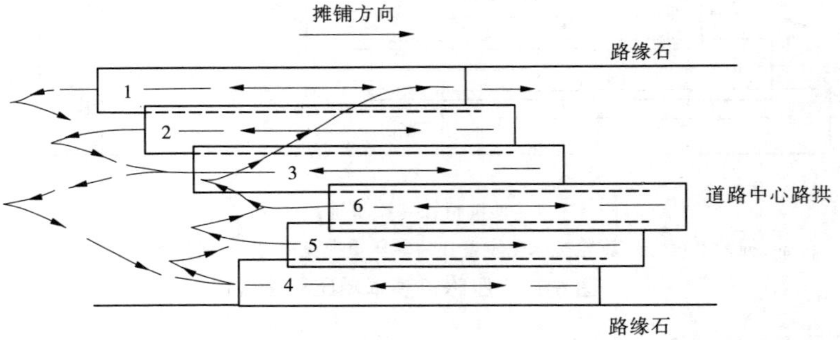

1~6—碾压顺序。

图6-17　道路两侧有路缘石压路机碾压程序

3. 一侧有路缘石另一侧没有路缘石的碾压程序

摊铺机采取分幅摊铺,开始摊铺时,熨平板一侧贴近路缘石摊铺,另一侧,即朝向路中心的一侧没有侧面限制,如果处理不好,容易造成边缘处的混合料松散,或造成边缘处出现抹坡，影响接缝的平整度。碾压前，应对无侧限的边缘进行处理，碾压方法如图 6-18 所示。

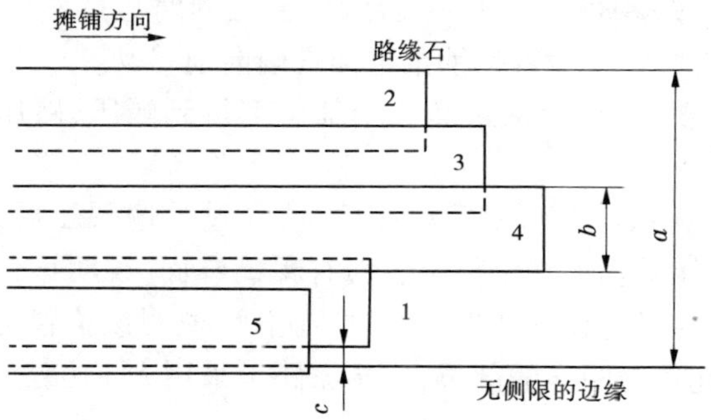

a—摊铺宽度；b—压路机压轮宽度；c—开始碾压时暂留部分不碾压。

图 6-18　无侧限道路的碾压程序

(1) 碾压前先用耙子将边缘的沥青混合料向内推，使混合料的边缘整齐饱满。

(2) 压路机先从无侧限处碾压开始，但边缘先空出 20~30 cm 宽暂不碾压，往返碾压一次。

(3) 然后将压路机调至路缘石一侧，依次向道路中间碾压，碾压至无侧限处，将压路机大部分重量位于已压实处，碾压轮外侧伸出边缘 10 cm 碾压，如此对边缘混合料来回碾压一遍，将无侧限边缘的混合料压实，同时保证边缘处的平整度。

4. 初压质量管理

路面施工进入碾压阶段是整个施工过程的关键，保证路面的平整度和密实度，质量检验员要密切注意碾压质量，重点做好以下工作：

(1) 测量初压时沥青混合料的温度，确定初压时机，沥青混合料路面的施工温度对道路的质量影响非常大，应符合表 6-12 的要求，对实际测量的结果要认真进行记录，填写在沥青混合料路面施工温度记录表中，见表 6-22，施工过程中各个环节的温度都应记录在该表格中。

表 6-22　沥青混合料路面施工温度记录表

桩号	卸料温度	摊铺温度	初压温度	终压温度	压实度

(2)观察碾压轮的碾压状况,检查碾压轮对沥青混合料的推移量,当推移量过大时,指挥压路机暂缓碾压。可待温度降低后再进行碾压。

(3)检查初压停车换向的位置,可在初压位置上的路边插彩旗,标出初压开始的位置,指示给压路机司机,彩旗要随着摊铺推进而逐渐向前移动。

(4)质量检验员还要检查,确保路面各个部位都得到碾压,碾压遍数达到要求,防止发生漏压。

(5)质量检验员要注意检查初压后路面质量,经过一遍碾压后,碾压层表面应密实、平整,表面均匀一致。如果发现某个部位表面有粗糙麻面,说明该位置可能有凹坑,沥青混合料不足,应填补一些混合料。如果表面过于光滑,说明该位置可能有凸起,应重点将其压平。对凹坑和凸起较为明显的部位,应指派路工采用人工方法整平。

(三)复压

复压的目的是使混合料达到设计的压实度。

1. 采用双钢轮振动压路机的压实方式

(1)复压应开启振动器,采用振动压实,以提高压实效率。

(2)振动频率和振动幅度的选择应注意以下几点:

①根据铺筑层的厚度选择振频、振幅。

薄层混合料易于将集料振碎,应采用低的振幅。薄层混合料冷却速度快,应采用高的振频,使材料迅速压实。因此,薄层混合料采用低振幅、高振频能获得良好的压实效果。大振幅具有较强的压实能力,厚层混合料要达到充分的压实应使用大的振幅。厚度小于30 mm的薄层沥青混合料不宜采用振动压实。

②根据环境温度选择振频、振幅。

环境温度低时应使用大振幅,使混合料可在短的时间内迅速压实。

③根据沥青混合料类型选择振频、振幅。

粗粒式厚层混合料难以压实,应使用大振幅进行碾压才能达到规定的密实度。细粒式混合料承载能力差,用大振幅会产生混合料的推移,应使用小的振幅或使用静作用碾压。

④改性沥青混合料碾压。

改性沥青混合料黏度大,温度较高就有凝固的趋势,开始时应使用较大的振幅碾压,使其迅速达到规定的密实度。

⑤选择振幅和振频应尽可能使用强的压实力,使混合料能够尽快压实。

(3)碾压时应随时观察实际压实效果:

①振动力应适当,过大的振动力会使碾压轮跳离地面,这样压实能力反而降低,出现这种情况的表现是压路机感觉横向移动,难以控制。

②观察沥青混合料不能有压碎现象,出现这种情况驾驶员同时能够感觉到压路机钢轮振动剧烈。

(4)复压碾压轨迹,由于碾压遍数多,应采用错轴碾压方法,如图6-19所示。

(5)复压碾压重叠量,通过控制碾压重叠量调整碾压遍数,碾压带重叠宽度取决于碾压轮的宽度和碾压遍数,重叠量可用下式计算:

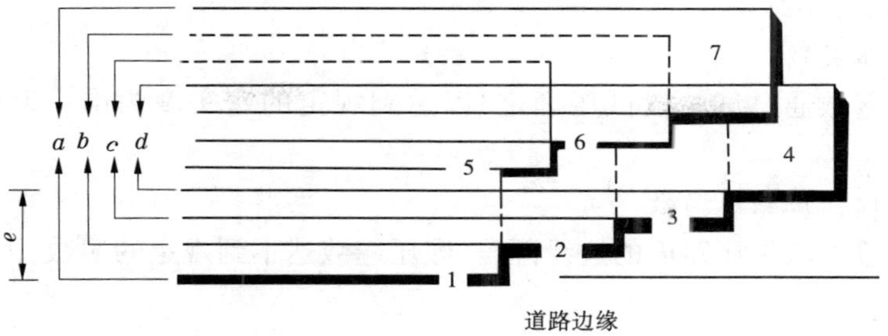

a—碾压 1 遍的区域；*b*—碾压 2 遍的区域；*c*—碾压 3 遍的区域；*d*—碾压 4 遍的区域；

e—边缘部位碾压遍数不足，应增加碾压遍数。

图 6-19　复压的碾压方法

$$L_Y = \frac{B_Y - 1}{B_Y} W_Y \tag{6-13}$$

式中　L_Y——碾压轮重叠量，m；

B_y——压实遍数；

W_y——碾压轮宽度，m。

2. 钢轮静作用压路机压实方法

(1)使用静作用三轮压路机相邻碾压带应重叠后轮 1/2 宽度，重叠量不能少于 20 cm。

(2)三轮压路机完全靠自重碾压，线压力一般较大，当混合料较软时，易于造成混合料推移，开始碾压时应慢速碾压，随着碾压遍数的增加，逐渐加快碾压速度。

3. 轮胎压路机压实方法

(1)密级配沥青混凝土复压宜优先采用重型的轮胎压路机，作业前应检查轮胎状况以满足相关的技术要求。

(2)通常用钢轮压路机复压完成后，再用轮胎压路机碾压，可消除表面的裂纹。

(3)用轮胎压路机碾压沥青混合料，当轮胎的温度升高后，轮胎上不会黏附沥青混合料。开始作业时，将轮胎压路机开至高温区对轮胎进行预热，此时为了防止粘连，可少量洒水，待温度升高后停止洒水。为了使轮胎保温，可在轮胎周围安装皮质围裙。

(4)碾压作业时，相邻碾压带应重叠后轮 1/3～1/2 轮宽。

4. SMA 路面碾压要求

(1)SMA 沥青玛瑞脂碎石混合料路面，一般认为不宜采用轮胎压路机碾压。

(2)SMA 路面应采用振动压路机和钢轮静作用压路机碾压，振动压路机应遵循“紧跟、慢压、高频、低幅”的原则：①紧跟在摊铺机后面；②采用高的振动频率；③采用低的振幅；④慢速碾压。

如发现 SMA 混合料高温碾压有推拥现象，应复查级配是否合适。

5. 复压碾压速度

复压时混合料已达到一定的密实度，面层已具有一定的承载能力，碾压速度应逐渐加快,碾压速度见表 6-21。

6. 复压碾压遍数

复压碾压遍数通过试验段试压确定,以达到规定的密实度为准。碾压不少于 4~6 遍。

7. 边缘部位保证碾压遍数

按以上重叠方法碾压路面的边缘部位,碾压遍数达不到规定的遍数,因而必须对两侧增加碾压遍数。

8. 其他注意事项

可参看前面初压的要求。

9. 复压质量控制

(1)复压时应由质量检验员插彩旗,指示开始复压和结束复压的位置,明确复压地带的范围,复压完成,范围逐步向前推进。

(2)检验压实度。

复压完成后,质量检验员要用核子密度仪及时检查碾压的压实度,对达不到压实度要求的部位,可增加压实遍数进行补压,或用振动压路机大振幅强行压实。

(3)用核子密度仪检查密实度,该数值作为检验结果时,要取 13 个测点为一组,取平均值,作为一个检测数据。

(4)压实度不足的处理方法。当检查出压实度整体不足时,应及时调整压实工序的安排,可采用以下几种方法:

①缩短初压、复压碾压段长度,缩短压实时间,使混合料在短的时间内得到压实。

②将碾压工序向前推移,即初压的压路机跟随摊铺机间隔尽量缩小,使压实作业在混合料较高的温度开始进行碾压。

③还可以提高振动压路机的振幅和振频,增加压路机的压实能力。加快碾压速度,使沥青混合料没有冷却前及时得到碾压。

(5)复压后沥青混合料面层应达到规定压实度,表面应没有明显的碾压轮迹。

(四)终压

终压的目的是消除碾压轮迹,最终形成平整美观的压实路面。

1. 碾压方式

(1)使用的压路机:①终压时可采用 6~10 t 双钢轮静作用压路机;②采用振动压路机应关闭振动装置。

(2)碾压速度参考表 6-21。

(3)碾压遍数终压不宜少于 2 遍,直至消除压路机碾压轮迹。

2. 终压质量控制

(1)检查终压温度。

碾压终了时,应测量混合料的温度,温度不应低于表 6-12 或表 6-14 的数值。

(2)平整度检查。

用 3 m 直尺检查,碾压质量检验员用 3 m 直尺检查表面平整度,如果检查时发现有纵向的轮迹,应继续碾压,直至轮迹消失,如果个别部位较高,采用振动压路机强行压实,可在一定程度上消除凸起。复压时检查出密实度不足的部位,也可安排在终压时追加密实度。

(3)外观检查。

复压完成后路面应达到较好的平整度、光洁均匀的表面质量,具备验收的质量。

(4)摊铺厚度检查。

碾压完成后应使用水平仪测量铺筑路面的高程,与基层的高程数值比较,可计算出摊铺厚度。

(5)终压完成后要对路面质量进行全面的检验。

(五)压路机操作应注意的问题

(1)压路机在碾压全过程中不得在没有完全压实路面或者没有完全冷却的路面上转向、掉头、停车滞留,这样会造成沥青混合料推移、拥包、开裂、凹坑等现象。

(2)碾压过程中压路机操作应平稳,碾压速度不能过快,不能停车、加速,转向不能过猛,否则会使碾压轮在沥青混合料表面滑移,可能造成表面出现裂纹。

(3)如果环境温度低或大风天气会造成铺筑的沥青混合料表面迅速冷却,结成硬壳,碾压时也会造成裂纹,因此气温较低、大风天应迅速摊铺,及时碾压。

(4)出现表面裂纹后,一般可以在终压之后用轮胎压路机碾压 4~6 遍,这样可以在一定程度上消除这些细小裂纹。

(5)振动压路机严禁在已经完全压实并且完全冷却的路面开启振动,这样会造成路面损坏,也会使振动压路机振动机件损坏,缩短压路机使用寿命。

(六)弯道碾压

1. 弯道碾压基本要求

(1)弯道碾压应以直代曲。压路机在转弯时,碾压轮内侧和外侧走过的距离不同,碾压轮内侧走过的距离较短,外侧走过的距离较长,而碾压轮内外侧转动的圈数却相同,这样碾压轮必然会在地面上产生滑移。压路机转弯半径越小,产生的滑移量就会越大,滑移会使摊铺层表面产生开裂的趋势,为了避免压路机弯道急转弯,碾压时应采用以直代曲的方法。

(2)弯道碾压应由内向外。高速公路的弯道设计时,为了平衡车辆转弯时的离心力,通常在转弯处设计成内侧低、外侧高。在碾压时应先从低处碾压,使低处的混合料具有一定的承载能力,再逐步向高处碾压,防止混合料向下滑移,保证道路达到预期的横向坡度。

(3)尽可能采用振动压实,既可以提高密实度,振动时碾压轮瞬间跳离地面,又可以减少转弯时碾压轮的滑移量。

(4)尽可能使用较慢的速度碾压,减少滑移量。

2. 弯道碾压轨迹

(1)转弯的曲率半径较大,压路机转弯时滑移量很小,可采用常规的碾压方法,如图 6-20 所示的方法。先从弯道内侧低的部位开始碾压,逐步错轴向外侧高的部位碾压,直至碾压完成。

(2)转弯的曲率半径适中,可采用以直代曲的作业方法,如图 6-21 所示,进入弯道时先转 45°角进行直线碾压,弯道碾压完成后,再转 45°角直线碾压。压路机转弯时应在已压实的部位转弯,先从弯道内侧低的部位开始碾压,逐步错轴向外侧高的部位碾压。

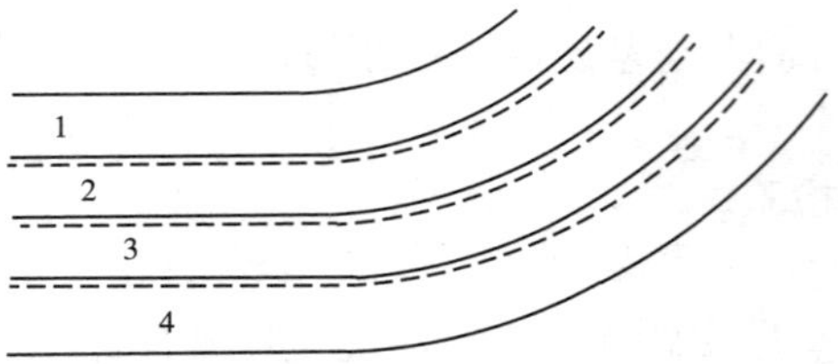

图 6-20　曲率半径较大弯道的碾压方法

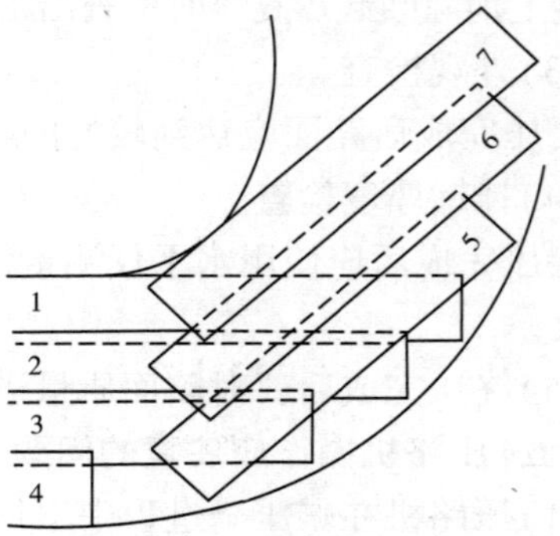

图 6-21　曲率半径适中弯道的碾压方法

(3)转弯的曲率半径很小,近似垂直相交的弯道,可采用如图 6-22 所示的作业方法,直线碾压时,碾压带延伸到弯道内,从低处向高处逐渐错轴碾压,碾压完成后,将压路机掉转 90°进行碾压,碾压带延伸到弯道内,依然从低处向高处逐渐错轴碾压,直至碾压完成。

(4)弯道外缘碾压。路面主体碾压完成后,最后顺着弯道外侧碾压。如果压路机有错轴功能,弯道外侧碾压应将后轮向内错开,防止挤坏道牙。

(5)弯道内缘碾压。弯道内侧边缘的圆弧很小,碾压时不能采用转小弯的方法,这样会使沥青混合料面层产生滑移,使面层产生开裂,应以直代曲或用大的圆弧代替小的圆弧,操作方法如图 6-23 所示,分步将圆弧部位压实。

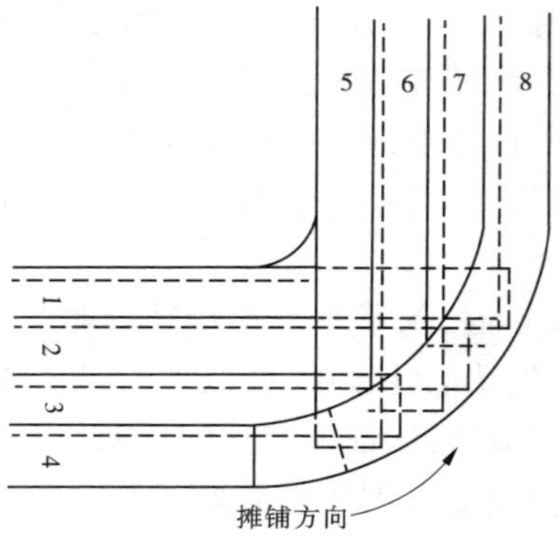

图 6-22　曲率半径较小弯道的碾压方法

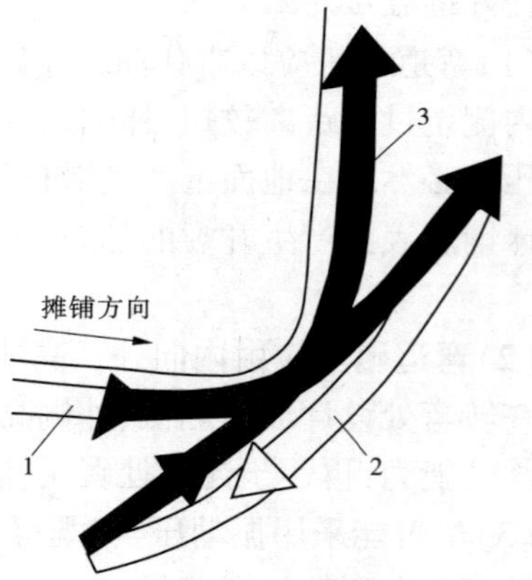

图 6-23　弯道内侧圆满弧的碾压方法

六、工序 6:沥青混合料路面接缝处理

当修筑的道路较宽时,一台摊铺机的摊铺宽度不能将整幅路面覆盖,就必须采用分幅摊铺,两摊铺带的接缝处整体性和连续性较差,是路面的薄弱环节,如果作业时采取的措施不当,易于从接缝处开裂,应采用必要的处理方法。

接缝整平和布料工作由接缝组负责,应与碾压组密切配合,要服从质量控制人员的指导。

（一）接缝的种类

1. 热接缝和冷接缝

沥青混合料路面施工中，可能在以下几种情况下需要接缝：

（1）两台或多台摊铺机并列梯队摊铺，相邻处需要接缝，这种接缝属于热接缝。

（2）使用一台摊铺机，摊铺完一幅后，压路机将其压实，摊铺机掉过头来再摊铺第二幅，两幅之间需要接缝，如果混合料还没有冷却，也属于热接缝。

（3）第一天摊铺的路面已碾压完成，第二天继续铺筑，前一摊铺带已搁置一夜，接缝处已经完全冷却，属于冷接缝。

（4）新铺筑的路面与旧路面接缝，也属于冷接缝。

2. 纵接缝和横接缝

实际在道路施工时，与道路平行的接缝叫纵接缝，上面所讲述的都属于纵接缝。与道路垂直的接缝叫横接缝，摊铺机铺筑完成后，第二天接着原摊铺带继续向前摊铺，与原摊铺带的接缝是横接缝。

（二）各种接缝形式对接缝质量的影响

1. 热接缝

两摊铺带同时摊铺，同时碾压，边缘可以完全融合到一起，接缝质量较好，如果施工中经过小心处理，几乎看不见接缝的部位。

2. 冷接缝

进行第一幅摊铺和碾压时，处于道路中间部位的摊铺带边缘没有侧限，使边缘部位沥青混合料易于向外推移，容易造成松散，使边缘部位压实不足。冷接缝时，前一摊铺带搁置时间较长，已经完全冷却，后一铺筑混合料不能与前一摊铺带的混合料完全融合，特别是与旧的沥青路面接茬时，混合料的融合效果更差。

3. 横接缝与纵接缝

车辆在路面行驶时，对路面的作用力主要是沿道路的纵向，道路表面横向承受一定的拉应力，横向的裂缝在车辆行驶力的作用下有弥合的趋势，纵向的接缝在拉应力的作用下易于产生开裂。

（三）接缝质量对道路寿命和使用性能的影响

1. 接缝质量影响道路寿命

道路使用一段时间后，接缝部位如果质量不好，容易出现松散和开裂，如果松散和开裂部位造成渗水，甚至可能造成下部基础损坏，造成整个路面破损。接缝处理的目的是使相邻两摊铺带接缝处衔接牢固，不出现松散和裂缝。

2. 接缝质量影响道路使用性能

（1）横接缝的平整度不好，出现错台，车辆行驶会产生颠簸，影响车辆行驶的舒适性。

（2）纵接缝平整度不好，出现错台，车辆沿接缝行驶，车轮被错台推挤，方向难以控制，易于造成行车危险。

（四）接缝部位的选择

（1）纵向接缝应选择在预计施划道路分道线的位置，减少车轮碾压造成的损坏。

（2）上下层接缝位置应错开。

摊铺施工时,选择接缝位置应使上下摊铺层的接缝的位置错开,如果两层的接缝重叠,一旦接缝处损坏造成渗漏,可能会对基层造成损坏。

①纵接缝上下层应错开,采用热接缝应错开 15 cm 以上,冷接缝应错开 30~40 mm。

②横接缝上下层应错开 1 m 以上。

(五)纵接缝处理

1. 两台或多台摊铺机并列摊铺的热接缝处理

1)摊铺

(1)使用两台或多台摊铺机呈梯队摊铺作业,前面摊铺机铺筑行进 10~20 m 后,后面摊铺机开始摊铺,作业时始终保持摊铺机的间距,这样可以保证两摊铺带混合料温度接近。

(2)后面摊铺机以前一摊铺带为纵坡传感器基准,保证两摊铺带厚度相同,接缝平顺,没有错台。

(3)后面摊铺机熨平板应与前面摊铺带搭接 3~6 cm。

(4)接缝处混合料应饱满。

2)碾压

(1)压路机碾压前一摊铺带时,留下 10~20 cm 宽暂不碾压,后面的摊铺机铺筑时,纵坡传感器搭在没有碾压过的混合料上,保证两摊铺带的铺筑厚度相同。

(2)压路机碾压后一摊铺带时,跨缝碾压,消除接缝的痕迹,同时消除前面压路机碾压轮迹。

3)碾压过程中接缝处理

检验摊铺碾压过程中,检验人员要检查接缝质量。

①如果接缝处混合料不足,应及时向缝隙内补料,使接缝饱满。

②使用 3 m 直尺检查,确保平整度符合要求。热接缝效果良好,接缝几乎没有痕迹。高等级公路都采用热接缝处理,这就是高等级公路使用多台摊铺机并列梯队摊铺的主要目的。

2. 十字路口逐幅摊铺的热接缝处理

道路的十字路口、岔口摊铺的宽度较大,不可能使用很多摊铺机并列摊铺,要采用逐幅摊铺的方法。这些部位虽然宽度较大,但加宽带较短,长度一般不超过 100 m。

1)摊铺

(1)在安排整条道路的摊铺计划时,应从十字路口或从加宽段开始摊铺,从边上逐幅向中间摊铺。

(2)铺筑过程中,辅助人员对摊铺带边缘进行处理,使边缘部位整齐,混合料应饱满。可在边缘处设置木条作为挡板,木条的宽度为 10 cm,厚度为摊铺带压实后的厚度,长度沿整个摊铺带设置。

(3)摊铺机逐幅向中间摊铺,铺筑下一摊铺带时,摊铺机以前一摊铺带为纵坡传感器基准,后面摊铺机熨平板应与前面摊铺带搭接 3~6 cm。

(4)摊铺至主路后,摊铺机连续向前摊铺,这样可以保证主路平坦,没有接缝。

2)碾压

(1)压路机碾压前一摊铺带时,先从预计接缝处开始碾压,但边缘保留 10~15 cm 暂不碾压,这样可以防止该处沥青混合料向外推移,来回碾压一遍,再从另一侧的边缘开始,依次向中间碾压,将第一幅碾压成型。

(2)碾压第二幅摊铺带时,先从接缝处开始碾压,使压路机大部分重量放在已压实的部位。如图 6-24 所示,搭接新摊铺带 10~15 cm 碾压一遍,将压路机调至新摊铺带,搭接已压实的摊铺带 10~15 cm,这种方法称为跨缝碾压,有利于接缝处沥青混合料挤紧。

(3)将压路机调至第二摊铺带无侧限处,用以上方法对接缝进行压实。

(4)然后从第一个接缝处依次碾压,将第二幅碾压成型。此方法接缝质量良好,几乎也能达到看不出接缝痕迹的效果。

3. 摊铺带较长的逐幅摊铺接缝处理

有些工程由于客观原因,如对旧路罩面,不能中断交通,或者由于拌和站生产能力不足、摊铺机较少,路面不得不逐幅摊铺,摊铺的路段较长,一般长度超过 500 m,有些情况长度超过 1 000 m,接缝时混合料已经一定程度的冷却,施工时应注意:

(1)第一幅摊铺带铺筑完成后,边缘部位应进行处理:

①必须将边缘部位全部压实,保证边缘处的密实度。

②如果压路机有切边器,在碾压边缘时,将切边器放下,将摊铺的边缘切齐。

③边缘处要保证整齐,可在边缘处设置木条作为挡板。

(2)铺筑第二幅摊铺带时,使新摊铺混合料搭接在已压实的摊铺带上,如图 6-25(a)所示,搭接宽度为 2.5~5 cm,用新摊铺的热混合料对接缝部位加温预热。

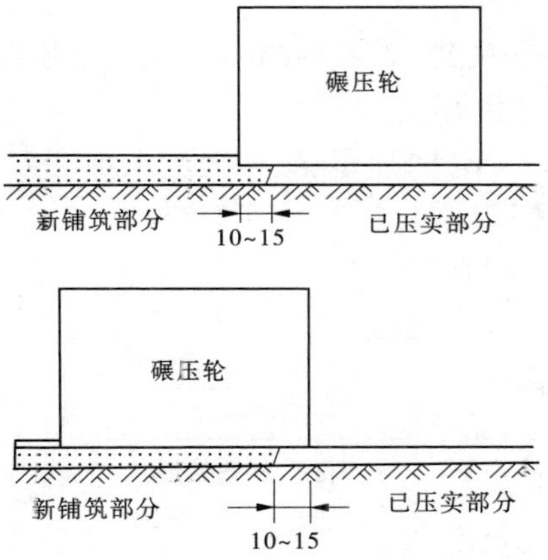

图 6-24　跨缝碾压方法　(单位:cm)

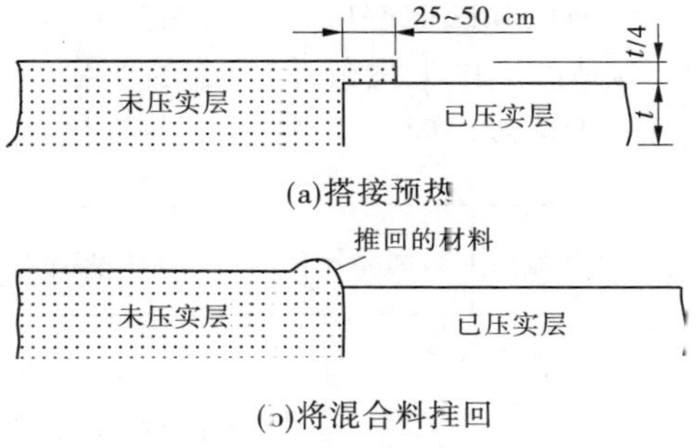

图 6-25　冷接缝碾压方法

(3)碾压前,将搭接的混合料推回新铺的混合料上,接缝处混合料略高于摊铺带,如图 6-25(b)所示,使接缝处混合料更加饱满。

(4)然后立即碾压,碾压时采用跨缝碾压的方法,如图 6-24 所示。

4. 接缝

新摊铺的沥青混合料与经过一昼夜完全冷却的路面接缝或与旧的沥青路面接缝,前一摊铺带已经完全冷却,接缝处的沥青混合料已经固化变硬。

1)前一摊铺带边缘的处理

在铺筑前一摊铺带时,要使边缘整齐,便于后续接缝作业:

①可用压路机的切边器将摊铺的边缘切齐。

②摊铺时也可在边缘处设置木条作为挡板,使边缘处保证整齐。

2)与旧路面接缝对旧茬的处理

摊铺带与旧沥青路面的接茬要对旧茬进行处理。

(1)检查旧茬质量时可将直尺放在旧茬处检查的高度,对高度不够的坡面要全部铲除。接茬处有松散开裂现象,也要全部铲除。

(2)铲除时要将边缘修整成一条直线,在边缘处用凿岩机凿出毛茬,以便铺筑的混合料接缝融合。

(3)不能用切缝机切成垂直断面,这样不利于接缝的融合。

(4)破碎和铲除不要破坏下部基础层,铲除大面积的沥青路面可使用铣刨机刨除。

(5)刨除后要将残渣清扫干净。

(6)接缝处要刷黏层沥青,以利于接缝处黏结牢固。

3)冷接缝的摊铺、碾压

冷接缝的摊铺、碾压方法可参考前面的接缝方法。

(六)横接缝处理

横接缝是摊铺机开始摊铺时与前一天摊铺路段或与旧路面衔接处的接缝,横接缝一般都是冷接缝。

1.接缝断面形式

(1)高速公路、一级公路的表面层应采用垂直的平接缝,如图6-26(a)所示,平接缝易于保证平整度,但接缝的连续性较差,处理不好易于产生开裂。

(2)中面层和底面层应采用自然的斜接缝,如图6-26(b)所示,斜接缝施工难度大,不易接顺,容易产生接头跳车,但接缝的连续性好,不易开裂。

(3)沥青层较厚时也可作阶梯形接缝,如图6-26(c)所示。

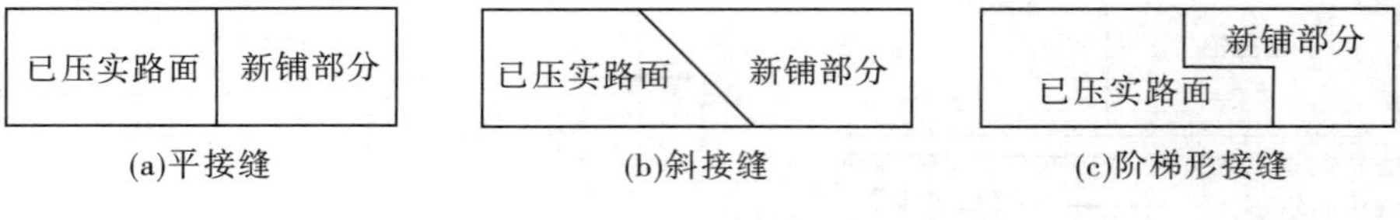

图6-26 横向接缝的几种形式

2.接茬处的处理

旧路面接茬处应按以下方式进行处理。

1)平接缝

(1)新修筑的道路在最后铺筑完成的横断面为下次摊铺接缝作好准备,摊铺结束后,抬起熨平板驶离现场,用一根宽度为15~20 cm、厚度相当于压实后的铺层厚度、长度为摊铺带的宽度的木板挡在混合料的边缘,由人工将端部混合料整平,并与木板齐平,铺平后用压路机碾压。待混合料压实后撤掉木板,即形成整齐的边缘,下次摊铺时接缝就不用进行处理，为下次摊铺的接缝工作创造了良好条件。

(2)旧路面的处理：可参看前面冷接缝的旧茬处理方法。

2)斜接缝

斜接缝的搭接长度应根据厚度而定，一般为0.4~0.8 m。前一摊铺带铺筑完成后，应将横接缝的边缘做成斜面，边缘应平直整齐，并将接缝处压实，以便下一摊铺带接缝时不必投入较大的整修工作量。

3)阶梯形接缝

接茬处用铣刨机将上面一层铣掉，成阶梯形，搭接长度不宜小于3 m。铺筑前应在接缝处洒适量黏层沥青。

3. 摊铺

(1)摊铺时，将熨平板放在接缝处，输送器将热混合料输送至熨平板处，使混合料充满，此时使熨平板停留5~10 min，用经过预热的熨平板和热的混合料对旧茬预热，再使摊铺机向前摊铺。对旧茬预热，有利于接缝处新、旧混合料的融合。

(2)斜接缝整平时应将铺层较薄部位的粗集料颗粒剔除。

4. 碾压

(1)横接缝与纵接缝碾压顺序补充细料，这样便于整平。横接缝与纵接缝同时出现，应先碾压横接缝，使横接缝处连接牢固之后再压纵接缝。如果先碾压纵接缝，易于造成横接缝处开裂，也会影响横接缝的平整度。

(2)横接缝碾压方法。碾压横接缝时，应先用压路机沿横接缝方向碾压一遍，如图6-27所示，外侧没有侧限的摊铺带，碾压前应放置供压路机行驶的垫木，防止将侧面边缘处压成斜坡。先使压路机主要重量位于已压实的混合料层上，伸入新铺层的宽度为15 cm，每压一遍，向新混合料移动15~20 cm，然后依次错轮碾压，直至碾压轮全部侧移过接缝。

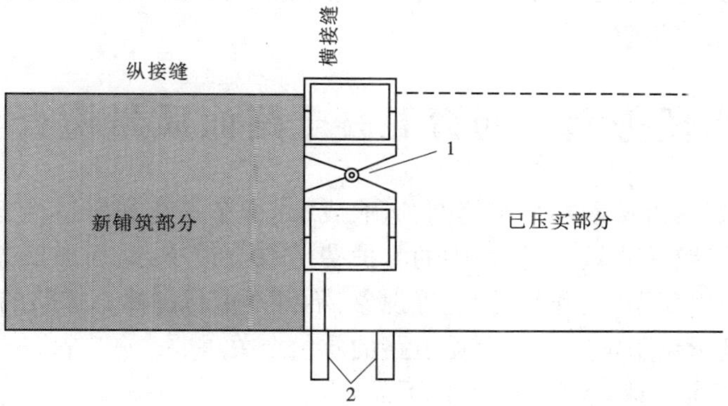

1—压路机；2—垫木。

图6-27　横接缝碾压方法

5. 横接缝平整度检查

接缝处经过初步碾压后，立即用3 m直尺检查平整度。如果发现接缝摊铺的混合料略低或略高，应采用人工方法进行找补并整平，然后用压路机进行压实。

6. 消除横向轮迹

为了消除横向的碾压轮迹，可将压路机调至与接缝成45°角的位置依次碾压。接缝处理完成后，将压路机顺直，对摊铺带进行初压。

摊铺结束时要为下一步横接缝创造条件，摊铺结束后，抬起熨平板驶离现场。用一根宽度为15~20 cm、厚度相当于压实后的铺层厚度、长度为摊铺带的宽度的木板挡在混合料的边缘，由人工将端部混合料整平，并与木板齐平，铺平后用压路机碾压。待混合料压实后撤掉木板，即形成整齐的边缘，下次摊铺时接缝就不用进行处理，为下次摊铺的接缝工作创造了良好条件。

七、工序7：开放交通

(1)热拌沥青混合料路面应待摊铺层完全自然冷却、混合料表面温度低于50℃后，方可开放交通。道路改造及维修工程为了减少对当地交通的干扰，需要提早放行通车时，可洒水冷却降低混合料的温度。

(2)刚铺筑好的沥青层应严格控制交通：

①严禁超重车辆通行。

②严格控制车速，时速不得超过40 km/h。

③严禁车辆在路面上紧急制动或急转弯。

④没有设置交通标志、路面上没有划交通标线的道路要设置临时标志，注意交通安全。

(3)铺筑好的沥青层应做好保护，以便顺利验收：

①保持整洁，不得造成污染。

②严禁在沥青层上堆放施工生产的土或杂物。

③严禁在铺筑的沥青层上拌制水泥砂浆。

工程结束后要进行工程质量检查和验收，包括施工单位自检、监理抽样检查、工程建设单位抽样检查三个步骤。

工作任务六　沥青混凝土路面质量检查与验收

路面质量的好坏直接影响行车速度、运输成本、行车安全和舒适性，路面质量也会影响到道路的寿命。路面质量好，使用中的养护费用就会很小；路面质量差，通车不久在重车的碾压下，就会出现塌陷、开裂、拥包等现象，不得不重新翻修。道路的翻修不仅造成经济上的浪费，而且影响正常交通。可见道路的质量至关重要。

高质量的沥青混合料路面应具有以下品质：

(1)路面的外形尺寸、高程和横断面坡度应符合设计要求。

(2)路面有较好的平整度，可以使车辆安全、舒适、高速地行驶，提高道路通行能力，下雨时不会积水。

(3)路面有较高的承载能力，道路长期使用，不会在重型车辆碾压下出现永久变形、开裂和塌陷，车辆制动、加速产生的横向力不会使路面造成波浪和拥包。

(4)具有足够的稳定性，夏天受烈日的暴晒不会软化，雨水不会渗漏，冬天严寒不会开裂，下雪不会冻胀，长期使用不会出现老化、疲劳裂纹和破损。

(5)具有良好的防滑能力，道路表面具有一定的粗糙度，车辆制动时，制动距离短。道路表面具有一定的构造深度，下雨时表面的纹理有利于排水，使轮胎与地面接触良好，提高车辆雨季行车的安全性。

(6)具有良好的环保性能，道路表面的纹理在行车时可以吸收轮胎行驶的噪声。下雨时雨水从表面的纹理排水，行车时不会造成雨水飞溅。乌黑的路面在阳光下不产生反光，驾驶员行车时可以减少视觉疲劳。

沥青混合料路面质量主要取决于道路设计等级、施工材料的质量、施工设备的能力、施工计划和组织以及施工质量的管理和控制等。

沥青路面的质量检查包括：

(1)施工前的材料与设备的检查。

(2)施工过程中的质量管理与检查。

(3)交工验收阶段的工程质量检查与验收。

路面质量常规的检验内容有路面几何尺寸、平整度、厚度、压实度和弯沉等。

施工前的材料与设备的检查和施工过程中的质量管理与检查在前面的工作任务中都做了相关说明。本工作任务主要完成交工验收阶段的工程质量检查与验收，并编制竣工文件。

一、质量检查与验收的标准

工程完工后，施工单位应组织本单位的检验人员对工程质量进行全面检查，将全线以1~3 km作为一个评定路段分段检查，每段按照规定随机选取测点对沥青面层进行检查。

(一)检验标准

(1)公路验收程序执行中华人民共和国交通运输部颁发的《公路工程竣(交)工验收办法实施细则》。

(2)公路质量检验执行中华人民共和国交通运输部颁发的《公路工程质量检验评定标准 第一分册 土建工程》(JTG F80/1—2017)。

(3)沥青路面检查内容执行中华人民共和国交通运输部颁发的《公路沥青路面施工技术规范》(JTG F40—2004)。

(4)质量检验的方法执行中华人民共和国交通运输部颁发的《公路路基路面现场测试规程》(JTG 3450—2019)。

(二)主要检查内容

检验内容和技术要求应满足《公路沥青路面施工技术规范》(JTG F40—2004)的规定，内容包括：

(1)应全线测定道路的外形尺寸，道路中心线的准确性，纵断面高程、横坡度等。

(2)平整度检查。

(3)厚度检查。

(4)按规定检查压实度。钻孔取试件测试压实度，一组数据最少为3个，当一组检测的合格率小于60%时，可增加一倍检测点数，如6个测点，要求合格率大于60%，如果仍然达不到，允许再增加一倍检测点数，要求合格率大于60%。当所有钻孔试件检测的压实度持续稳定并符合要求时，钻孔频度可减少至每公里不少于一个孔。压实厚度等于或小于2 cm的薄表面层或磨耗层、厚度小于4 cm的SMA表面层、易于发生温缩裂缝的严寒地区的表面层、桥面铺装沥青层，以及使用改性沥青后，钻孔试件表面形状改变，难以准确测定密度时，可免于钻孔取样。

(5)渗水系数检测。

对于排水式沥青混合料，水应能够迅速排走。

(6)弯沉检查。

(7)抗滑性能检查。

(8)为减少钻孔数量，有关施工、监理、技术监督各方面宜合作进行钻孔检测，以免重复钻孔，减少对路面的损坏。钻孔的试件应编号贴齐标签予以保存。

(三)质量标准

表6-23为《公路沥青路面施工技术规范》(JTG F40—2004)规定的公路热拌沥青混合料路面交工检查和验收质量标准。

表6-23 公路热拌沥青混合料路面交工检查与验收质量标准

检查项目		检查频度（每一侧车行道）	质量要求或允许偏差	
			高速公路、一级公路	其他等级公路
外观		随时	表面平整密实，不得有明显轮迹、裂缝、推挤、油汀、油包等缺陷，且无明显离析	
面层总厚度①	代表值	每1 km 5点	设计值的-5%	设计值的-8%
	极值	每1 km 5点	设计值的-10%	设计值的-15%
上面层厚度①	代表值	每1 km 5点	设计值的-10%	—
	极值	每1 km 5点	设计值的-20%	—
压实度②	代表值	每1 km 5点	实验室标准密度的96%(98%) 最大理论密度的92%(94%) 试验段密度的98%(99%)	
	极值(最小值)	每1 km 5点	比代表值放宽1%(每km)或2%(全部)	
路表平整度	标准差σ	全线连续	1.2 mm	2.5 mm
	IRI	全线连续	2.0 m/km	4.2 m/km
	最大间隙	每1 km 10处，各连续10杆	—	5 mm
路表渗水系数不大于		每1 km不少于5点，每点3处取平均值评定	300 mL/min (普通沥青路面) 200 mL/min(SMA路面)	—

续表 6-23

检查项目		检查频度 （每一侧车行道）	质量要求或允许偏差	
			高速公路、一级公路	其他等级公路
宽度	有侧石	每 1 km 20 个断面	±20 mm	±30 mm
	无侧石	每 1 km 20 个断面	不小于设计宽度	不小于设计宽度
纵断面高程		每 1 km 20 个断面	±15 mm	±20 mm
中线偏位		每 1 km 20 个断面	±20 mm	±30 mm
横坡度		每 1 km 20 个断面	±0. 3%	±0. 5%
弯沉	回弹弯沉	全线每 20 m 1 点	符合设计对交工验收的要求	符合设计对交工验收的要求
	总弯沉	全线每 5 m 1 点	符合设计对交工验收的要求	—
构造深度		每 1 km 5 点	符合设计对交工验收的要求	—
摩擦系数摆值		每 1 km 5 点	符合设计对交工验收的要求	—
横向力系数		全线连续	符合设计对交工验收的要求	—

（四）检验注意事项

（1）检验内容根据道路设计要求确定。

（2）对需要钻孔取样才能检验的厚度、压实度、沥青用量、矿料级配等，为了减少破坏路面，经主管部门同意，可利用施工过程中测定的数据。当需要实测矿料级配和沥青用量时，可将一个评定路段钻孔的混合料合为一个试样抽提。

（3）交工验收阶段检查与验收的各项质量标准应符合规范的规定。计算方法也应符合规范的要求。

（4）取得检验数据后，向主管部门提供全线检验结果及施工总结报告，申请交工验收。

二、交工验收

工程建设单位或监理、工程质量监督部门在接到施工单位的交工验收报告，并确认施工资料齐全后，应立即对施工质量进行交工验收。检查验收应按随机抽样的方法，选择一定数量的评定路段进行实测检查，每一检查段的检查频度、试验方法及检测结果应符合

《公路沥青路面施工技术规范》(JTG F40—2004)。当实测检验有困难时,经主管部门同意后可利用施工单位的质量检测结果,再随机从路段抽查部分数据,对工程质量进行评定,此种情况下,仍应复测部分路段的平整度,并利用施工中保存的钻孔试件对厚度及压实度进行复核。

三、编制竣工文件

竣工文件是整个建设工程的具有保存价值的书面技术资料,内容包括前期道路建设的决策、可行性研究、施工图设计、征地拆迁、工程施工、缺陷责任期、工程评价等全过程的文件。竣工文件是接管单位管理进行养护的重要基础资料,道路使用过程中发现质量问题可以根据该文件分析原因,制定处理措施,还可作为追查责任的依据。将来道路改扩建时,该文件是重要的原始技术资料。

(一)竣工文件编制单位

(1)竣工文件的编制由政府交通建设主管部门监督、指导。

(2)每项道路工程的竣工文件由建设单位统一领导,编制时由建设单位或监理单位牵头。

(3)具体编写单位包括:①建设单位;②设计单位;③施工单位;④监理单位;⑤技术监督单位。

(二)编制依据

道路施工应根据交通部《公路工程竣工验收办法》及国家档案管理的有关法规编制竣工文件。

(三)施工单位编制的主要内容

施工单位负责编制的主要内容有:

(1)施工总结报告,包括工程概况(包括设计及变更情况)、工程基础资料、材料、施工组织、机械及人员配备、施工方法、施工进度、试验研究、试验资料、施工质量自检资料、施工日志、竣工图表、工程质量评定报告、工程决算、工程使用服务计划等。

(2)施工管理与质量检查报告,包括施工管理体制、质量保证体系、施工质量目标、试验段铺筑报告、施工前及施工中材料质量检查结果(测试报告)、施工中工程质量检查结果(测试报告)、工程交工后质量自检结果(测试报告)、工程质量评价以及原始记录、相册、录像等各种附件。

编制的格式应符合国家档案局《建设项目(工程)档案验收办法》,编制完成后,提交工程主管部门及有关档案管理部门验收后存档。

四、质量保证期

高速公路和一级公路施工结束、交工验收、通车后,施工单位应在一定时间内(一般为交工后一年内)负责该道路使用服务。服务内容包括路面使用情况观测,局部损坏的维修保养,服务过程中要将服务情况报告有关部门。

课后复习题

1. 沥青混合料生产工艺流程是什么。
2. 沥青路面施工时试验段应得到哪些数据?
3. 沥青混合料路面施工,避免混合料产生离析的方法有哪些?
4. 沥青混合料温度离析的原因有哪些?
5. 沥青路面施工碾压过早或过晚如何影响施工质量?

情境七 认知水泥混凝土路面结构与配合比设计

学习目标

【知识目标】

了解水泥混凝土路面的特点、构造及材料要求。

【能力目标】

学生能够选择水泥混凝土路面的构造及材料并进行配合比设计。

【职业素养】

根据党的二十大精神要求训练学生收集和处理信息的能力、获取新知识的能力、综合运用所学知识分析和解决问题的能力,形成良好的思维习惯、工作方法和科学态度,在未来的岗位上有能力进一步学习新技术,解决新问题。

工作任务一 认识水泥混凝土路面

水泥混凝土路面俗称白色路面,通常是以水泥与水拌和成的水泥浆为结合料,以碎(砾)石、砂为集料,再添加适当的外加剂,有时掺加掺和料拌制成的混凝土铺筑面层的路面。水泥混凝土路面具有承载能力大、稳定性好、使用寿命长、日常养护费用少等优点,是高等级、重交通公路路面的主要类型之一。

水泥混凝土路面主要包括素混凝土、钢筋混凝土、连续配筋混凝土、预应力混凝土、装配式混凝土、钢纤维混凝土等面层板和基(垫)层所组成的路面。目前采用最广泛的是就地浇筑的素混凝土路面,即除接缝区和局部范围(边缘和角隅)外不配置钢筋的混凝土路面。

一、水泥混凝土路面的特点

与其他类型路面相比,水泥混凝土路面具有以下特点。

(一)刚度大、强度高、板体性好

水泥混凝土具有较高的刚度,弹性模量达 $2.5\times10^4 \sim 4\times10^4$ MPa。路面用混凝土的抗弯拉强度达 4.0~5.5 MPa,抗压强度达 30~40 MPa。因此,混凝土路面具有较高的承载能力和扩散荷载的能力。

(二)稳定性好

水泥混凝土的水稳定性和温度稳定性均优于沥青混凝土,而且其强度能随时间而增长,不存在沥青路面的老化现象。水泥混凝土路面应用于气候条件急剧变化的地区时,不易出现沥青路面的某些稳定性不足的损坏(如车辙等)。

(三)耐久性好

由于水泥混凝土路面强度和稳定性好,抗磨耗能力强,所以耐疲劳性好。在保证设计和施工质量的情况下,可使用20~40年,甚至更久,而且它能通行包括履带式车辆在内的各种运输工具。

(四)抗侵蚀能力强

水泥混凝土对油、大多数化学物质不敏感,有较强的抗侵蚀能力。

(五)养护费用少

在正常设计、施工和养护条件下,水泥混凝土路面的养护工作量和养护费用均比沥青路面小,仅为沥青路面的1/3~1/4。

(六)抗滑性能好

水泥混凝土路面由于表面粗糙度好,能使车辆保持较高的安全行驶速度,特别在下雨时虽然路面潮湿,仍能保持较高的粗糙度而使车辆不滑行,从而提高车辆行驶的稳定性。

(七)有利于夜间行车

水泥混凝土路面色泽鲜明,能见度好,对夜间行车有利。

(八)接缝多

接缝是水泥混凝土路面的薄弱处,一方面增加了施工和养护的复杂性,另一方面在施工和养护不当时易导致唧泥、错台和断裂等现象。同时,接缝也容易引起行车跳动、影响行车的舒适性。

(九)对超载敏感

水泥混凝土是脆性材料,一旦作用荷载超出了混凝土的极限强度,水泥混凝土路面便会出现断裂。

(十)不能立即开放交通

除碾压混凝土外,其他混凝土路面需要一定的养护期,以获得足够的强度增长。因此,铺筑完工后需要隔一定时期(14~28 d以上)才能开放交通。如需提早开放交通,则需采取特殊措施。

(十一)修复困难

水泥混凝土路面出现损坏后,修补工作较沥青路面困难,且影响交通,修补后路面质量不如原来的整体强度高。

(十二)噪声大

水泥混凝土路面在使用的中后期,由于接缝变形(缝隙增大、错台等)而使平整度降低,车辆行驶时的噪声较大。

二、水泥混凝土路面设计标准

为适应交通运输发展和公路建设的需要,提高水泥混凝土路面的设计质量和技术水平,保证工程安全可靠、经济合理,水泥混凝土路面设计方案应根据公路的使用任务、性质和要求,结合当地气候、水文、土质、材料、施工技术、实践经验以及环境保护要求等,通过技术经济分析确定。水泥混凝土路面设计应包括结构组合、材料组成、接缝构造和钢筋配制等。水泥混凝土路面结构应按规定的安全等级和目标可靠度,承受预期的荷载作用,并同所处的自然环境相适应,满足预定的使用性能要求。

(一)可靠度设计标准

各级公路水泥混凝土路面结构的设计安全等级及相应的设计基准期、目标可靠指标和目标可靠度,应符合表7-1的规定。二级及二级以下公路路面结构破坏可能产生很严重后果时,可提高一级安全等级。

表7-1 各级公路水泥混凝土路面结构的可靠度设计标准

公路技术等级	高速	一级	二级	三级	四级
安全等级	一级		二级	三级	
设计基准期/a	30		20	15	10
目标可靠度/%	95	90	85	80	70
目标可靠指标	1.64	1.28	1.04	0.84	0.52

(二)变异水平等级

各安全等级路面的材料性能和结构尺寸参数的变异水平可分为低、中和高三级,应按公路等级以及所采用的施工技术和所能达到的施工质量控制和管理水平,通过调研确定变异水平等级和相应的变异系数,高速公路、一级公路的变异水平等级宜为低级,二级公路的变异水平等级应不大于中级。确有困难时可按表7-2规定的变异系数范围选择相应的变异系数。

表7-2 变异系数 c_v 的变化范围

变异水平等级	低	中	高
水泥混凝土弯拉强度	$0.05 \leqslant c_v \leqslant 0.10$	$0.10 < c_v \leqslant 0.15$	$0.15 < c_v \leqslant 0.20$
基层顶面当量回弹模量	$0.15 \leqslant c_v \leqslant 0.25$	$0.25 < c_v \leqslant 0.35$	$0.35 < c_v \leqslant 0.55$
水泥混凝土面层厚度	$0.02 \leqslant c_v \leqslant 0.04$	$0.04 < c_v \leqslant 0.06$	$0.06 < c_v \leqslant 0.08$

(三)设计的极限状态

水泥混凝土路面结构分析应采用弹性地基板理论。除粒料类基层外,其他各类基层与混凝土面层应按分离式双层板模型进行结构分析。粒料类基层及各类底基层和垫层,应与路基一起视作多层弹性地基,以地基顶面当量回弹模量表征。

水泥混凝土路面结构设计应以面层板在设计基准期内,在行车荷载和温度梯度综合作用下,不产生疲劳断裂作为设计标准;并以最重轴载和最大温度梯度综合作用下,不产生极限断裂作为验算标准。其极限状态设计表达式可分别采用式(7-1)和式(7-2)。

$$\gamma_r(\sigma_{pr} + \sigma_{tr}) \leqslant f_r \tag{7-1}$$

$$\gamma_r(\sigma_{p,max} + \sigma_{t,max}) \leqslant f_r \tag{7-2}$$

式中　γ_r——可靠度系数，依据所选目标可靠度、变异水平等级及变异系数通过计算确定；

σ_{pr}——面层板在临界荷位处产生的行车荷载疲劳应力，MPa；

σ_{tr}——面层板在临界荷位处产生的温度梯度疲劳应力，MPa；

$\sigma_{p,max}$——最重的轴载在临界荷位处产生的最大荷载应力，MPa；

$\sigma_{t,max}$——所在地区最大温度梯度在临界荷位处产生的最大温度翘曲应力，MPa；

f_r——水泥混凝土弯拉强度标准值，MPa。

（四）标准轴载

按疲劳断裂设计标准进行结构分析时，以 100 kN 单轴-双轮组荷载作为设计轴载，对极重交通荷载等级的水泥混凝土路面，宜选用货车中占主要份额特重车型的轴载作为设计轴载。各级轴载作用次数可按式(7-3)换算为设计轴载的作用次数。

$$N_s = \sum_{i=1}^{n} N_i \left(\frac{P_i}{P_s}\right)^{16} \tag{7-3}$$

式中　P_i——第 i 级轴载重，联轴按每一根轴载单独计，kN；

P_s——设计轴载重，kN；

n——各种轴型的轴载级位数；

N_i——i 级轴载的作用次数；

N_s——设计轴载的作用次数。

（五）交通分级

水泥混凝土路面设计车道在设计基准期内所承受的设计轴载累计作用次数应进行调查和分析，按设计基准期内设计车道临界荷位处所承受的设计轴载累计作用次数分为 5 级，分级范围见表 7-3。

表 7-3　交通荷载分级

交通荷载等级	极重	特重	重	中等	轻
设计基准期内设计车道承受设计轴载(100 kN)累计作用次数 $N_e(\times10^4)$	$>1\times10^6$	$1\times10^6\sim2\,000$	2 000～100	100～3	<3

（六）水泥混凝土弯拉强度标准

水泥混凝土的设计强度应采用 28 d 龄期的弯拉强度。各交通荷载等级要求的水泥混凝土弯拉强度标准值不得低于表 7-4 的规定。

表 7-4　水泥混凝土弯拉强度标准值　　单位：MPa

交通等级	极重、特重、重	中等	轻
水泥混凝土的弯拉强度标准值	≥5.0	4.5	4.0
钢纤维混凝土的弯拉强度标准值	≥6.0	5.5	5.0

（七）水泥混凝土路面最小防冻厚度

在季节性冰冻地区，路面结构层的总厚度不应小于表 7-5 规定的最小防冻厚度。

表 7-5　水泥混凝土路面结构层最小防冻厚度　　单位:m

路基干湿类型	路基土类别	当地最大冰冻深度			
		0.50~1.00	1.00~1.50	1.50~2.00	>2.00
中湿路基	易冻胀土	0.30~0.50	0.40~0.60	0.50~0.70	0.60~0.95
	很易冻胀土	0.40~0.60	0.50~0.70	0.60~0.85	0.70~1.10
潮湿路基	易冻胀土	0.40~0.60	0.50~0.70	0.60~0.90	0.75~1.20
	很易冻胀土	0.45~0.70	0.55~0.80	0.70~1.00	0.80~1.30

注:1. 易冻胀土——细粒土质砾(GM、GC)、除极细粉土质砂外的细粒土质砂(SM、SC)、塑性指数小于 12 的黏质土(CL、CH)。

2. 很易冻胀土——粉质土(ML、MH)、极细粉土质砂(SM)、塑性指数在 12~22 的黏质土(CL)。

3. 冻深小或填方路段,或基层、垫层采用隔温性能良好的材料,可采用低值;冻深大或挖方及地下水位高的路段,或基层、垫层采用隔温性能较差的材料,应采用高值。

4. 冻深小于 0.50 m 的地区,可不考虑结构层防冻厚度。

(八)最大温度梯度标准值

水泥混凝土面层的最大温度梯度标准值 T_g,可按照公路所在地的公路自然区划按表 7-6 选用。

表 7-6　最大温度梯度标准值 T_g

公路自然区划	Ⅱ、Ⅴ	Ⅲ	Ⅳ、Ⅵ	Ⅶ
最大温度梯度/(℃/m)	83~88	90~95	86~92	93~98

注:海拔高时,取高值;湿度大时,取低值。

工作任务二　认知水泥混凝土路面结构

水泥混凝土路面由面层、基层、垫层、路肩和排水设施等组成。水泥混凝土路面目前采用最广泛的是就地浇筑的普通混凝土路面,是指除接缝区和局部范围(边缘和角隅)外不配置钢筋的混凝土路面。水泥混凝土路面的使用性能要求包含结构性要求和功能性要求两个方面。混凝土路面结构设计,主要考虑满足结构性使用性能方面的要求,同时通过采取结构性措施(如接缝设置传力杆等)兼顾对平整度的要求。结构性要求主要体现为对结构承载能力和结构完好程度(损坏)的要求,而水泥混凝土路面的结构损坏主要有混凝土板块断裂和接缝错台两类。

应依据公路等级、交通荷载、路基条件、当地温度和湿度状况以及使用性能要求,选择及组合与之相适应的水泥混凝土路面结构。路面结构组合设计,应使各个结构层的力学特性及其组成材料性质满足相应的功能要求。应充分考虑各相邻结构层的相互作用、层间结合条件和要求,以及结构组合的协调与平衡。应充分考虑地表水的渗入和冲刷作用。采取封堵和疏排措施,减少地表水渗入,防止渗入水积滞在路面结构内。基层应选用抗冲刷能力强的材料。

一、路基

路基是路面结构的基础。路面结构对路基所能提供的支承条件或水平,应有基本的要求。此要求可采用路床顶的综合回弹模量值来表征,并按照交通荷载等级的不同,分别提出不同的要求值。理论分析表明,通过水泥混凝土面层和基层传到土基上的压力很小,一般不超过 0.05 MPa。因此,混凝土板下不需要有坚强的土基支承。然而,如果土基的稳定性不足,在水温变化的影响下出现较大的变形,特别是不均匀沉陷,仍将给混凝土面板带来很不利的影响。实践证明,由于土基不均匀支承,使面板在受荷时底部产生过大的弯拉应力,导致混凝土路面产生破坏。因此,混凝土路面下的路基必须密实、稳定、均匀,并能对路面结构提供均匀的支承。

(一)对路基的要求

路基一般要求处于干燥或中湿状态,过湿状态或强度与稳定性不符合要求的潮湿状态的路基必须经过处理。要注意以下几点:

(1)高液限黏土及含有机质细粒土,不应用作高速公路和一级公路的路床填料或二级公路和二级以下公路的上路床填料;高液限粉土及塑性指数大于 16 或膨胀率大于 3% 的低液限黏土,不应用作高速公路和一级公路的上路床填料。因条件限制而必须采用上述土做填料时,应掺加水泥、粉煤灰或石灰等结合料进行改善。

(2)路床顶面的综合回弹模量值,轻交通荷载等级时不得低于 40 MPa,中等或重交通荷载等级时不得低于 60 MPa,特重或极重交通荷载等级时不得低于 80 MPa。当路床顶面综合回弹模量值不满足要求时,应选用粗粒土或低剂量无机结合料稳定土作为路床或上路床填料。当路基工作区底面接近或低于地下水位时,可采取更换填料、设置排水渗沟等措施。

(3)季节性冰冻地区的中湿类、潮湿类和过湿类路基,当冰冻线深度达到路基的易冻胀土层时,在易冻胀土层上应设置防冻垫层或用不易冻胀土置换冰冻线深度范围内的易冻胀土。

(4)水文地质条件不良的土质路堑,应采取地下排水措施。

(5)对路堤下的软弱地基进行加固处治后,其施工后沉降量应符合《公路路基设计规范》(JTG D30—2015)的规定,并宜在路床顶部铺筑粒料层。

(6)填挖交界或新老路基结合路段,应采取防止差异沉降的技术措施。

(7)石质挖方或填石路床顶面应铺设整平层。整平层可采用碎石、低剂量水泥稳定粒料等材料,其厚度可根据路床顶面平整程度确定,最小厚度不小于 100 mm。

(二)路基的不均匀变形

路基不均匀变形主要在下述情况下出现:

(1)膨胀性土(包括高液限细粒土)的不均匀收缩和膨胀变形。

(2)软弱地基的不均匀沉降。

(3)填挖交替或新老填土交替。

(4)季节性冰冻地区的不均匀冻胀。

(5)排水不良的土质路堑。

(6)填料和填筑方式产生的不均质现象。

(7)填土因压实不足或不均匀而产生的压密变形,受湿度变化影响而产生的膨胀和收缩变形。

(8)路表渗入水积滞在路面结构内,或者地表排水不畅,浸湿路基。

控制路基不均匀变形的最经济、最有效的方法是:

(1)把不均匀的土掺配成均匀的土。

(2)控制压实时的含水量接近于最佳含水量,并保证压实度达到要求。

(3)加强路基排水设施,对于湿软地基,则应采取加固措施。

(4)加设垫层,以缓和可能产生的不均匀变形对面层的不利影响。

总之,为了控制路基的不均匀变形,应在地基、填料、压实和排水等方面采取相应的措施。

二、垫层

垫层主要设置在温度和湿度状况不良的路段上,以改善路面结构的使用性能。前者出现在季节性冰冻地区路面结构厚度小于最小防冻厚度要求的情况下,设置防冻垫层可以使路面结构免除或减轻冻胀和翻浆病害。在路床土湿度较大的挖方路段上,设置排水垫层可以疏干路床土,改善路面结构的支承条件。为改善路基支承条件(如减少不均匀变形)而设置的其他层次,属于路基范畴。除砂、砂砾等颗粒材料外,在供应条件许可时,防冻垫层还可采用煤渣、矿渣等隔温性材料。

水泥混凝土遇有下述情况时,应在基层或底基层下设置垫层:

(1)季节性冰冻地区,路面总厚度小于最小防冻厚度要求(见表 7-5)时,应设置防冻垫层,使路面结构厚度符合要求。

(2)水文地质条件不良的土质路堑,路床土湿度较大时,宜设置排水垫层。

垫层应与路基同宽,厚度不得小于 150 mm。防冻垫层和排水垫层宜采用碎石、砂砾等颗粒材料。

三、基层和底基层

(一)水泥混凝土面层下设置基层(底基层)的目的

(1)防唧泥。混凝土面层若直接放在路基上,会由于路基土塑性变形量大,细料含量多和抗冲刷能力低而极易产生唧泥现象。铺设基层后,可减轻甚至消除唧泥的产生。但未经处治的砂砾基层,其细料含量和塑性指数不能太高,否则仍会产生唧泥。

(2)防冰冻。在季节性冰冻地区,用对冰冻不敏感的粒状多孔材料铺筑基层,可以减少路基的冰冻深度,从而减轻冰冻的危害作用。

(3)减小路基顶面的压应力,并缓和路基不均匀变形对面层的影响。

(4)防水 。在湿软土基上,铺筑开级配粒料基层,可以排除从路表面渗入面层板下的水分(见图 7-1)以及隔断地下毛细水上升。

(5)为面层施工(如立侧模、运送混凝土混合料等)提供方便。

(6)提高路面结构的承载能力,延长路面的使用寿命。

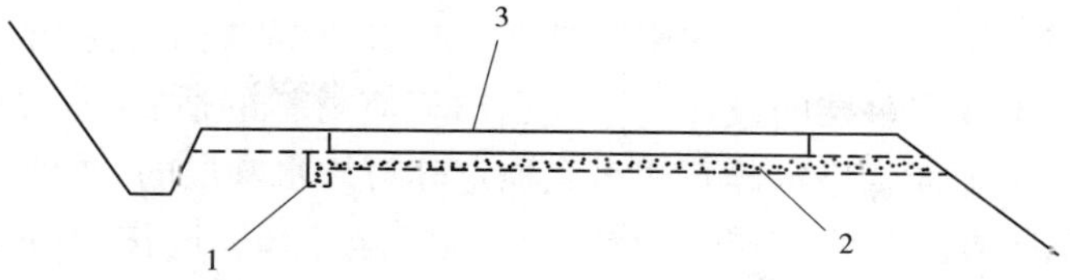

1—盲沟;2—通过路肩的基层;3—水泥混凝土面板。

图 7-1　兼起排水作用的基层

因此,除土基本身就是有良好级配的砂砾类土,而且是良好排水条件的轻交通道路外,水泥混凝土面层下都应设置基层。同时,基层应具有足够的强度、刚度和稳定性,还应具有足够的抗冲刷能力,表面平整。

(二)类型选用

基层和底基层的材料可依据交通荷载等级、结构层组合要求和材料供应条件,分别参照表 7-7 和表 7-8 选用。

表 7-7　各交通等级的基层材料类型选用依据

交通荷载等级	基层材料类型
极重、特重	贫混凝土、碾压混凝土
	沥青混凝土
重	密级配沥青稳定碎石
	水泥稳定碎石
中等、轻	级配碎石
	水泥稳定碎石,石灰、粉煤灰稳定碎石

注:交通荷载分级见表 7-3。

表 7-8　各交通荷载等级的底基层材料类型选用依据

交通荷载等级	底基层材料类型
极重、特重、重	级配碎石,水泥稳定碎石,石灰、粉煤灰稳定碎石
中等、轻	未筛分碎石、级配砾石,或不设

注:交通荷载分级见表 7-3。

(三)底基层

承受极重、特重或重交通荷载的路面,基层下应设置底基层;承受中等或轻交通荷载的路面,可不设底基层。当基层采用无机结合料稳定类材料,且上路床由细粒土组成时,应在基层下设置粒料类底基层。

基层采用无机结合料稳定类材料时,底基层宜选用小于 0.075 mm 颗粒含量少于 7% 的粒料类材料。

（四）基层厚度

各种基层和底基层的结构层适宜压实厚度，应按所选集料的公称最大粒径和压实效果的要求而定。基层或底基层的设计层厚度超出相应材料的适宜压实厚度范围时，宜分层铺设和压实。开级配沥青稳定碎石或水泥稳定碎石排水基层的计算厚度应满足排除表面水设计渗入量的需要。排水基层的设计厚度宜依据计算厚度按 10 mm 向上取整后再增加 20 mm。

各类基层和底基层的厚度范围，应依据结构层成型、施工方便（单层摊铺碾压）或排水要求等因素选择，一般适宜压实厚度见表 7-9。

表 7-9　各类材料基层和底基层的结构层适宜施工层厚度

<table>
<tr><th colspan="2">材料种类</th><th>适宜施工层厚/mm</th></tr>
<tr><td colspan="2">贫混凝土、碾压混凝土</td><td>120~200</td></tr>
<tr><td colspan="2">无机结合料稳定粒料</td><td>150~250</td></tr>
<tr><td rowspan="4">沥青混凝土</td><td>集料公称最大粒径 9.5 mm</td><td>25~40</td></tr>
<tr><td>集料公称最大粒径 13.2 mm</td><td>35~65</td></tr>
<tr><td>集料公称最大粒径 16 mm</td><td>40~70</td></tr>
<tr><td>集料公称最大粒径 19 mm</td><td rowspan="2">50~75</td></tr>
<tr><td rowspan="2">沥青稳定碎石</td><td>集料公称最大粒径 19 mm</td></tr>
<tr><td>集料公称最大粒径 26.5 mm</td><td>75~100</td></tr>
<tr><td colspan="2">多孔隙水泥稳定碎石</td><td>100~150</td></tr>
<tr><td colspan="2">级配碎石、未筛分碎石、级配砾石或碎砾石</td><td>100~200</td></tr>
</table>

（五）基层的宽度

基层的宽度应比混凝土面层每侧至少宽出 300 mm（采用小型机具施工时）或 500 mm（轨模式摊铺机施工时）或 650 mm（滑模式摊铺机施工时）。路肩采用混凝土面层，其厚度与行车道面层相同时，基层宽度宜与路基宽度相同。级配粒料基层的宽度也宜与路基宽度相同。

（六）接缝

碾压混凝土基层应设置与混凝土面层相对应的接缝。贫混凝土基层弯拉强度大于 1.5 MPa 时，应设置与面层相对应的横向缩缝；一次摊铺宽度大于 7.5 m 时，应设置纵向缩缝。

（七）夹层与封层

贫混凝土或碾压混凝土基层上应铺设沥青混凝土夹层，层厚不宜小于 40 mm。无机结合料稳定碎石基层上应设置封层，封层可采用单层沥青表面处治或适宜的膜层材料等。当采用单层沥青表面处治时，层厚不宜小于 6 mm。

(八)排水基层

在多雨地区,路基由低透水性细粒土组成的高速公路和一级公路或者承受极重或特重交通荷载的二级公路,宜设置由开级配沥青稳定碎石或开级配水泥稳定碎石组成的排水基层。排水基层下应设置由密级配粒料或水泥稳定碎石组成的不透水底基层。底基层顶面宜铺设沥青类封层或防水土工织物。

四、面层

水泥混凝土面层是路面结构的主要承重层,同时是与车辆直接接触的表面层,因此水泥混凝土面层应具有足够的承载能力和耐久性,还要具有良好的行驶质量,表面抗滑、耐磨、平整。

(一)面层类型选择

面层一般采用设接缝的普通混凝土;面层板的平面尺寸较大或形状不规则,路面结构下埋有地下设施,高填方、软土地基、填挖交界段的路等有可能产生不均匀沉降时,应采用接缝设置传力杆的钢筋混凝土面层。连续配筋混凝土面层、碾压混凝土面层、复合式面层、钢纤维混凝土面层和混凝土预制块面层可根据适用条件按表 7-10 选用。

表 7-10　各面层类型及适用条件

<table>
<tr><th colspan="2">面层类型</th><th>适用条件</th></tr>
<tr><td colspan="2">连续配筋混凝土面层</td><td>高速公路</td></tr>
<tr><td rowspan="2">复合式面层</td><td>密级配沥青混合料上面层</td><td rowspan="2">极重、特重交通荷载的高速公路</td></tr>
<tr><td>连续配筋混凝土下面层
设传力杆普通混凝土下面层</td></tr>
<tr><td colspan="2">碾压混凝土面层</td><td>二级或二级以下公路</td></tr>
<tr><td colspan="2">钢纤维混凝土面层</td><td>高程受限制路段、混凝土加铺层</td></tr>
<tr><td colspan="2">混凝土预制块面层</td><td>二级及二级以下公路桥头引道沉降未稳定段、服务区停车场</td></tr>
</table>

(二)接缝

水泥混凝土面层板的平面布局宜采用矩形分块,其纵向和横向接缝应垂直相交,纵缝两侧的横缝不得相互错位。纵向接缝的间距(板宽)宜在 3.0~4.5 m 内选定。横向接缝的间距按面层类型和厚度选定。普通混凝土面层一般为 4~6 m,面层板的长宽比不宜超过 1.35,平面尺寸不宜大于 25 m^2。

(三)厚度

水泥混凝土面层所需的厚度,可参照表 7-11 所示参考范围并按规定计算确定。

(四)路面表面构造

路面表面必须采用拉毛、拉槽、压槽或刻槽等方法筑做表面构造,在交工验收时构造深度应满足表 7-12 的要求。

表 7-11　水泥混凝土面层厚度的参考范围

交通荷载等级	极重	特重				重			
公路等级	—	高速	一级		二级	高速	一级		二级
变异水平等级	低	低	中	低	中	低	中	低	中
面层厚度/mm	≥320	320~280	300~260	280~240			270~230	260~220	

交通荷载等级	中等				轻	
公路等级	二级		三、四级		三、四级	
变异水平等级	高	中	高	中	高	中
面层厚度/mm	250~220	240~210		230~200	220~190	210~180

表 7-12　各级公路水泥混凝土面层的表面构造深度要求　　单位:mm

公路等级	高速公路、一级公路	二、三、四级公路
一般路段	0.70~1.10	0.50~1.00
特殊路段	0.80~1.20	0.60~1.00

注:1. 特殊路段:对于高速公路和一级公路是指立交、平交或变速车道等处,对于其他等级公路是指急弯、陡坡、交叉口或集镇附近。

2. 年降水量 600 mm 以下的地区,表列数值可适当降低。

五、路肩

路肩铺面结构应具有一定的承载能力,其结构层组合和材料选用应与行车道路面相协调,不应使渗入的路表水积滞在行车道路面结构内。行车道混凝土面层宜宽出外侧车道边缘线 0.6 m。

高速公路和一级公路以及承受极重、特重和重交通荷载等级的公路,路肩铺面应采用与行车道路面相同的结构层组合和组成材料类型。其他等级公路,路肩铺面的基层和底基层应采用与行车道路面结构相同的材料类型和厚度。路肩面层可选用水泥混凝土或沥青类材料。路肩面层选用沥青类材料时,中等交通荷载以上等级公路,应采用热拌沥青混合料;低等级公路和轻交通荷载等级公路,可采用沥青表面处治。路肩基层为粒料类材料时,其细料(小于 0.075 mm)含量不应超过 6%。

路肩混凝土面层与行车道面层应设置拉杆相连,二者的横向缩缝应连通。行车道面层为连续配筋混凝土时,路肩混凝土面层的横向缩缝间距应为 4.5 m。

六、路面排水

水泥混凝土路面的排水应根据公路等级、地形、地质、气候、年降水量、地下水等条件,结合路基排水进行设计,使之形成良好的排水系统,确保排水畅通、路基路面稳定和行车安全。高速公路和一级公路的路面排水一般由路肩排水、中央分隔带排水和路面表面渗入水的排除等组成。设置排水设施时应注意以下几点:

(1)行车道路面的横坡坡度宜为1%~2%,路肩表面的横向坡度宜为2%~3%。

(2)行车道路面结构设置排水基层或垫层时,应在排水基层或垫层外侧边缘设置纵向集水沟和带孔集水管,并间隔50~100 m设置横向排水管。

(3)排水基层的纵向边缘集水沟,当路肩采用沥青面层时,可设在路肩内侧边缘内;当路肩采用水泥混凝土面层时,可设在路肩下或路肩外侧边缘内。排水垫层的纵向边缘集水沟宜设在路床边缘。

(4)带孔集水管的管径宜采用100~150 mm。集水沟的宽度宜采用300 mm。集水沟的深度应能保证集水管管顶低于排水层底面,并有足够厚度的回填料使集水管不被施工机械压裂。沟内回填料宜采用与排水基层或垫层相同的透水性材料,或不含细料的碎石或砾石粒料。横向排水管应不带孔,其管径与集水管相同。

七、水泥混凝土路面接缝的构造与布置

水泥混凝土面层是由一定厚度的混凝土板所组成的,它具有热胀冷缩的性质。由于一年四季气温的变化,混凝土板会产生不同程度的膨胀和收缩。而在一昼夜中,白天气温升高,混凝土板顶面温度较底面高,这种温度差会形成板中部隆起的趋势。夜间气温降低,板顶面温度较底面低,会使板的周边和角隅产生翘起的趋势[见图7-2(a)]。这些变形会受到板与基础之间的摩阻力和黏结力,以及板的自重、车轮荷载等的约束,致使板内产生过大的应力,造成板的断裂[见图7-2(b)、(c)]或拱胀等破坏。

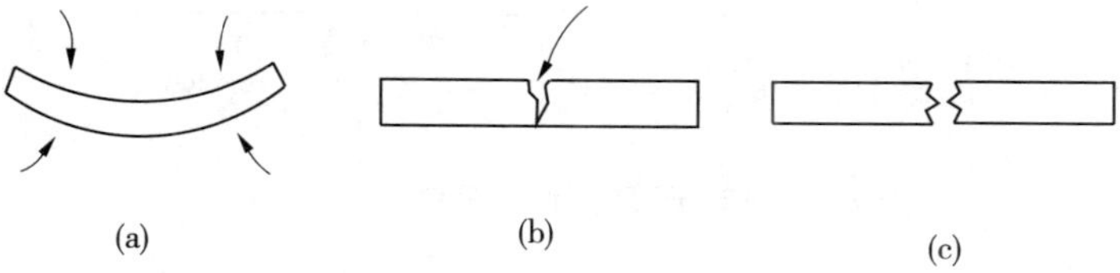

图7-2　混凝土板的破坏

为避免这些缺陷,混凝土路面不得不在纵横两个方向设置许多接缝,把整个路面分割成许多板块(见图7-3)。

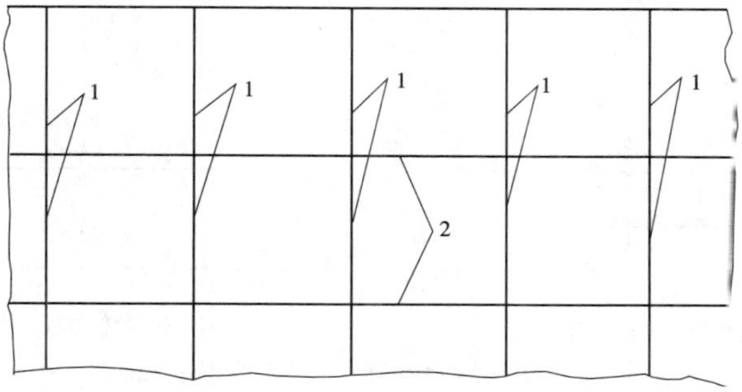

1—横缝;2—纵缝。

图7-3　混凝土路面接缝设置

(一)横缝的构造

横向接缝(横缝)是垂直于行车方向的接缝,共有三种:缩缝、胀缝和施工缝。缩缝保证板因温度和湿度的降低而收缩时沿该薄弱断面缩裂,从而避免产生不规则的裂缝;胀缝保证板在温度升高时能部分伸张,从而避免路面板在热天产生拱胀和折断破坏,同时胀缝也能起到缩缝的作用。另外,混凝土路面每天完工以及因雨天或其他原因不可能继续施工时,应尽量做到胀缝处,若不可能,也应做至缩缝处,并做成施工缝的构造形式。

在任何形式的接缝处板体都不可能是连续的,其传递荷载的能力总不如非接缝处,而且任何形式的接缝都不免要漏水。因此,对各种形式的接缝,都必须为其提供相应的传荷与防水设施。

1. 胀缝的构造

在邻近桥梁或其他固定构造物处,或者与其他道路相交处,应设置横向胀缝。胀缝条数应根据膨胀量大小设置。胀缝宽宜为 20~25 mm,缝内应设置填缝板和可滑动的传力杆。胀缝的构造如图 7-4 所示。

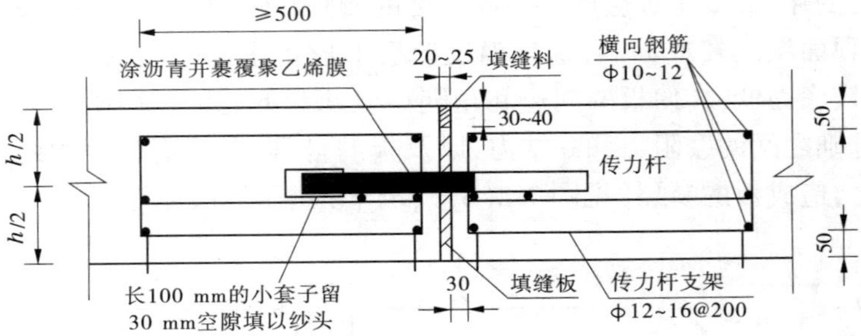

图 7-4　横向胀缝构造　(尺寸单位:mm)

2. 缩缝的构造

横向缩缝可等间距或变间距布置,应采用假缝形式。极重、特重和重交通荷载公路的横向缩缝,中等和轻交通荷载公路邻近胀缝或自由端部的 3 条横向缩缝,应采用设传力杆假缝形式,其构造如图 7-5(a)所示。其他情况可采用不设传力杆假缝形式,其构造如图 7-5(b)所示。传力杆的设置不应妨碍相邻混凝土板的自由伸缩,钢筋表面应作防锈处理。

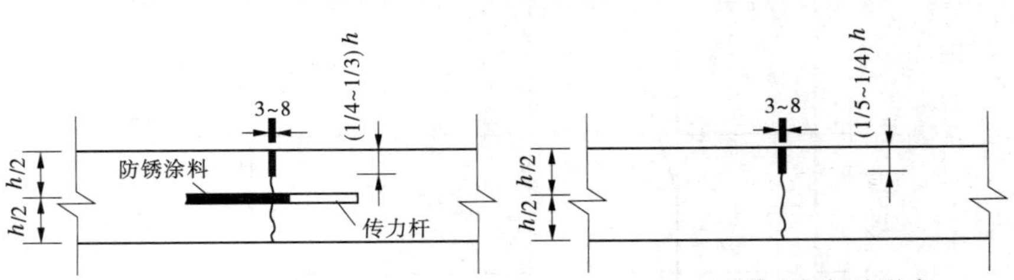

图 7-5　横向缩缝构造　(尺寸单位:mm)

横向缩缝顶部应锯切槽口,设置传力杆时槽口深度宜为面层厚度的 1/4~1/3,不设置传力杆时槽口深度宜为面层厚度的 1/5~1/4。槽口宽度应根据施工条件、填缝料性能等因素而定,宽度宜为 3~8 mm,槽内应填塞填缝料。二级及二级以下公路的槽口可一次锯切成型。高速和一级公路槽口宜二次锯切成型,在第一次锯切缝的上部宜增设宽 7~10 mm 的浅槽口,槽口下部应设置背衬垫条,上部应用填缝料灌填,其构造如图 7-6 所示。

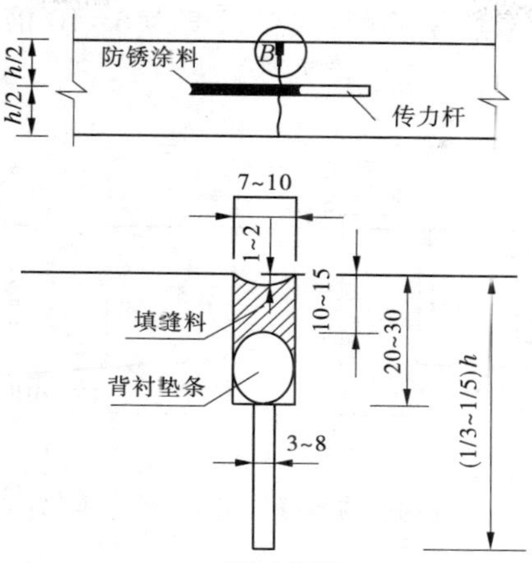

图 7-6　二次锯切槽口构造　(尺寸单位:mm)

3. 施工缝的构造

每日施工结束或因临时原因中断施工时,必须设置横向施工缝,其位置宜选在缩缝或胀缝处。设在缩缝处的施工缝,应采用加传力杆的平缝形式,其构造如图 7-7 所示;设在胀缝处的施工缝,其构造应与胀缝相同,如图 7-4 所示。

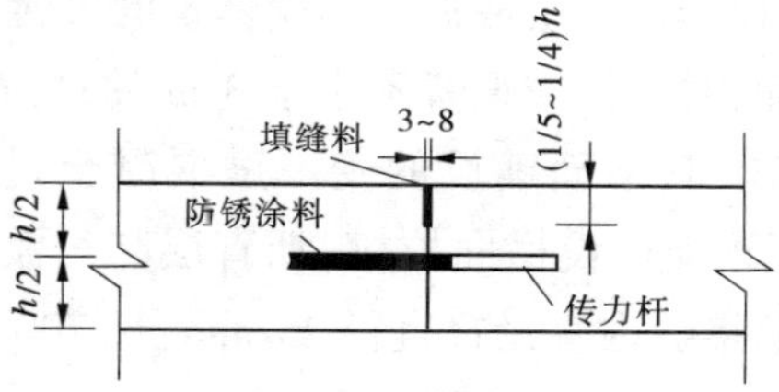

图 7-7　设在缩缝处的施工缝构造　(尺寸单位:mm)

4. 横缝的布置

1) 交叉口接缝布设

两条道路正交时,各条道路宜保持本身纵缝的连贯,而相交路段内各条道路的横缝位置应按相对道路的纵缝间距做相应变动,保证两条道路的纵横缝垂直相交,互不错位。两条道路斜交时,主要道路宜保持纵缝的连贯,而相交路段内的横缝位置应按次要道路的纵缝间距做相应变动,保证与次要道路的纵缝相连接。相交道路弯道加宽部分的接缝布置,应不出现或少出现错缝和锐角板;当出现错缝、锐角板时,宜加设防裂钢筋和角隅补强钢筋。

在次要道路弯道加宽段起点、终点断面处的横向接缝,应采用胀缝形式。膨胀量大时,应在直线段连续布置 2~3 条胀缝。

2）端部处理

混凝土路面与桥涵、通道及隧道等固定构造物相衔接的胀缝无法设置传力杆时，可在毗邻构造物的板端部内配置双层钢筋网；或在长度为 6～10 倍板厚的范围内逐渐将板厚增加 20%，如图 7-8 所示。

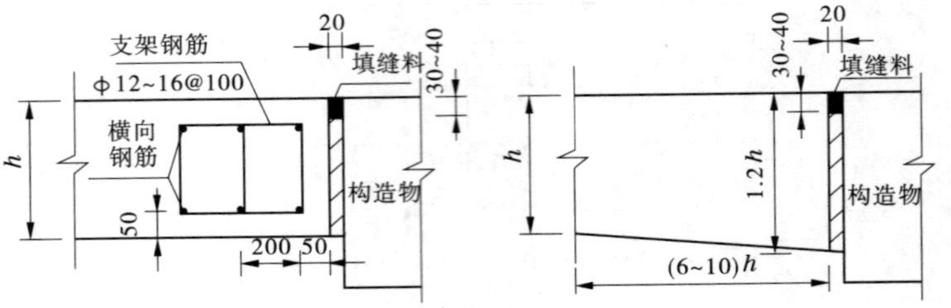

图 7-8　邻近构造物胀缝构造　（尺寸单位：mm）

混凝土路面与桥梁相接应符合以下规定：

（1）桥头设有搭板时，应在搭板与混凝土面层板之间设置长 6～10 m 的钢筋混凝土面层过渡板。过渡板与搭板间的横缝采用设拉杆平缝形式，过渡板与混凝土面层板间的横缝采用设传力杆胀缝形式。膨胀量大时，应连续设置 2～3 条设传力杆胀缝。当桥梁为斜交时，钢筋混凝土板的锐角部分应采用钢筋网补强。

（2）桥头未设搭板时，宜在混凝土面层与桥台之间设置长 10～15 m 的钢筋混凝土面层过渡板；或设置由混凝土预制块面层或沥青面层铺筑的过渡段，其长度应不小于 8 m。

混凝土路面与沥青路面相接时，应设置不小于 3 m 的过渡段。过渡段的路面应采用两种路面呈阶梯状叠合布置，其下面铺设的变厚度混凝土过渡板的厚度不得小于 200 mm，如图 7-9 所示。过渡板顶面应设横向拉槽，沥青层与过渡板之间应黏结良好。过渡板与混凝土面层板相接处的接缝内宜设置直径 25 mm、长 700 mm、间距 400 mm 的拉杆。混凝土面层毗邻该接缝的 1～2 条横向接缝应采用胀缝形式。

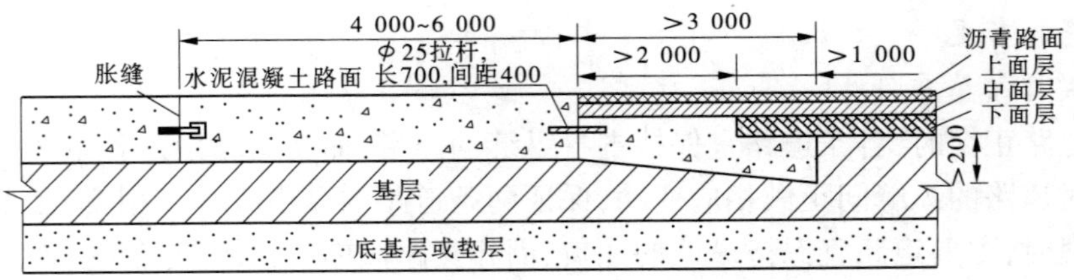

图 7-9　混凝土路面与沥青路面相接段的构造布置　（尺寸单位：mm）

5. 传力杆

传力杆应采用光圆钢筋。横向缩缝传力杆的尺寸、间距和要求与胀缝相同，可按表 7-13 选用。最外侧传力杆距纵向接缝或自由边的距离宜为 150～250 mm。

表 7-13　传力杆尺寸和间距

单位：mm

面层厚度	传力杆直径	传力杆最小长度	传力杆最大间距
220	28	400	300
240	30	400	300
260	32	450	300
280	32～34	450	300
≥300	34～36	500	300

6. 填缝材料

胀缝接缝板应选用能适应混凝土板膨胀收缩、施工时不易变形、复原率高和耐久性好的材料。高速公路和一级公路宜选用泡沫橡胶板、沥青纤维板；其他等级公路也可选用木材类板或纤维类板。

填缝料应选用与混凝土接缝槽壁黏结力强、回弹性好、适应混凝土板收缩、不溶于水、不渗水、高温时不流淌、低温时不脆裂、耐老化、有一定抵抗砂石嵌入的能力、便于施工操作的材料。高速公路、一级公路宜选用硅酮类填缝料、聚氨酯类填缝料；二级及二级以下公路可选用聚氨酯类填缝料、橡胶沥青类填缝料或改性沥青类填缝料。

(二)纵缝的构造

纵缝是指平行于混凝土路面行车方向的接缝。纵缝间距一般按 3～4.5 m 设置，这对行车和施工都较方便。当双车道路面按全幅宽度施工时，纵缝可做成假缝形式。纵向接缝的布设应视路面总宽度、行车道和硬路肩宽度以及施工铺筑宽度而定：

(1)一次铺筑宽度小于路面宽度时，应设置纵向施工缝。纵向施工缝应采用设拉杆平缝形式，上部应锯切槽口，深度宜为 30～40 mm，宽度宜为 3～8 mm，槽内应灌塞填缝料。其构造如图 7-10(a)所示。

(2)一次铺筑宽度大于 4.5 m 时，应设置纵向缩缝。纵向缩缝应采用设拉杆假缝形式，锯切的槽口深度应大于施工缝的槽口深度。采用粒料基层时，槽口深度应为板厚的 1/3；采用半刚性基层时，槽口深度应为板厚的 2/5。其构造如图 7-10(b)所示。

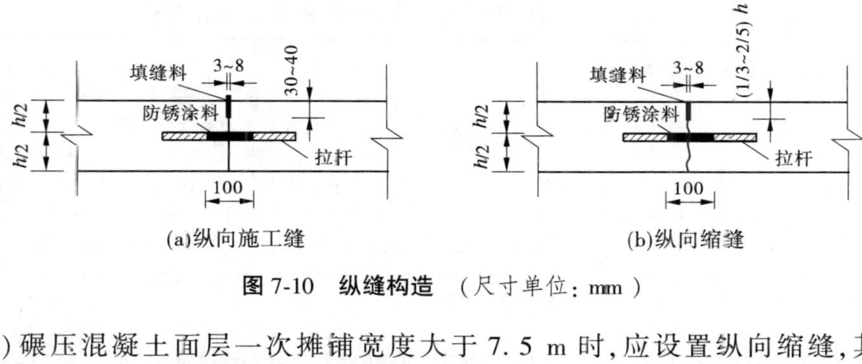

(a)纵向施工缝　　(b)纵向缩缝

图 7-10　纵缝构造　(尺寸单位：mm)

(3)碾压混凝土面层一次摊铺宽度大于 7.5 m 时，应设置纵向缩缝，其构造如图 7-10(b)所示；钢纤维混凝土面层在摊铺宽度小于 7.5 m 时，可不设纵向缩缝。

(4)行车道路面与混凝土硬路肩之间的纵向接缝必须设置拉杆。

纵缝应与路线中线平行。在路面等宽的路段内或路面变宽路段的等宽部分,纵缝的间距和形式应保持一致。路面变宽段的加宽部分与等宽部分之间,应以纵向施工缝隔开。加宽段在变宽段起终点处的宽度不应小于 1 m。

拉杆应采用螺纹钢筋,设在板厚中央,并应对拉杆中部 100 mm 范围内进行防锈处理。拉杆的直径、长度和间距可参照表 7-14 选用。施工布设时,拉杆间距应根据横向接缝的实际位置予以调整,最外侧的拉杆距横向接缝的距离不得小于 100 mm。

表 7-14　拉杆直径、长度和间距

面层厚度/mm	到自由边或未设拉杆纵缝的距离/m					
	3.00	3.50	3.75	4.50	6.00	7.50
200~250	14×700×900	14×700×800	14×700×700	14×700×600	14×700×500	14×700×400
≥260	16×800×800	16×800×700	16×800×600	16×800×500	16×800×400	16×800×300

注:拉杆的直径、长度和间距表示为直径(mm)×长度(mm)×间距(mm)。

工作任务三　水泥混凝土路面材料选择与准备

一、水泥

水泥的质量和用量不仅对混凝土的强度有直接影响,而且对混凝土的某些性质,如凝结和硬化速率、混凝土的早期收缩开裂、磨耗等,也会带来一定的影响。水泥品种及强度等级的选择,必须根据公路等级、工期、铺筑时间、施工方法及经济性等因素考虑决定,原则上应采用强度高、干缩小、耐磨性和抗冻性好的水泥。

极重、特重、重交通荷载等级公路面层水泥混凝土应采用旋窑生产的道路硅酸盐水泥、硅酸盐水泥、普通硅酸盐水泥,中、轻交通荷载等级公路面层水泥混凝土可采用矿渣硅酸盐水泥。高温期施工宜采用普通型水泥,低温期施工宜采用早强型水泥。各交通等级路面水泥各龄期的抗折强度、抗压强度应符合表 7-15 的规定。

表 7-15　各交通等级路面水泥各龄期的抗折强度、抗压强度

混凝土设计弯拉强度标准值/MPa	5.5[1]		5.0		4.5		4.0	
龄期/d	3	28	3	28	3	28	3	28
水泥实测抗折强度/MPa	≥5.0	≥8.0	≥4.5	≥7.5	≥4.0	≥7.0	≥3.0	≥6.5
水泥实测抗压强度/MPa	≥23.0	≥52.5	≥17.0	≥42.5	≥17.0	≥42.5	≥10.0	≥32.5

注:[1]本栏也适用于设计弯拉强度为 6.0 MPa 的纤维混凝土。

水泥进场时每批次应附有化学成分、物理、力学指标合格的检验证明。各交通等级路面所使用水泥的化学成分、物理性能等路用品质要求应符合表 7-16 的规定。

表 7-16　各交通等级路面用水泥的化学成分和物理指标

交通荷载等级			极重、特重、重交通荷载等级	中、轻交通荷载等级
水泥成分	熟料游离氧化钙含量/%		≤1.0	≤1.8
	氧化镁含量/%		≤5.0	≤6.0
	铁铝酸四钙含量/%		15.0~20.0	12.0~20.0
	铝酸三钙含量/%		≤7.0	≤9.0
	三氧化硫含量/%[1]		≤3.5	≤4.0
	碱含量 $Na_2O+0.658K_2O$/%		≤0.06	怀疑集料有碱活性时,0.6;集料无碱活性时,1.0
	氯离子含量[2]/%		≤0.06	≤0.06
	混合材种类		不得掺窑灰、煤矸石、火山灰、烧黏土、煤渣,有抗盐冻要求时不得掺石灰岩粉	不得掺窑灰、煤矸石、火山灰、烧黏土、煤渣,有抗盐冻要求时不得掺石灰岩粉
水泥物理性能	出磨时安定性		雷氏夹或蒸煮法检验均必须合格	蒸煮法检验必须合格
	凝结时间/h	初凝时间	≥1.5	≥0.75
		终凝时间	≤10	≤10
	标准稠度需水量/%		≤28.0	≤30.0
	比表面积/(m^2/kg)		300~450	300~450
	细度(80 μm 筛余)/%		≤10.0	≤10.0
	28 d 干缩率/%		≤0.09	≤0.10
	耐磨性/(kg/m^2)		≤2.5	≤3.0

注:[1]三氧化硫含量在硫酸盐腐蚀场合为必测项目,无腐蚀场合为选测项目。

[2]氯离子含量在配筋混凝土与钢纤维混凝土面层中为必测项目,水泥混凝土面层中为选测项目。

二、粉煤灰及其他掺和料

面层水泥混凝土可单独或复配掺用符合现行规范的粉状低钙粉煤灰、矿渣灰或硅灰等掺和料,不得掺用结块或潮湿的粉煤灰、矿渣灰或和硅灰。各种掺和料在使用前,应进行混凝土配合比试配检验与掺量优化试验,确认面层水泥混凝土弯拉强度、工作性、抗磨性、抗冰冻性、抗盐冻性等指标满足设计要求。

粉煤灰质量不应低于表 7-17 中的Ⅱ级粉煤灰的要求。不得掺用高钙粉煤灰或Ⅲ级及Ⅲ级以下低钙粉煤灰。粉煤灰进货应有等级检验报告。

三、粗集料的选择

在水泥混凝土路面材料中,粗集料起着构造混凝土结构骨架的作用。粗集料的质量好坏直接影响到整体混凝土材料的抗压强度、抗折强度、干缩能力及使用寿命。粗集料应使用质地坚硬、耐久、洁净的碎石、碎卵石和卵石,极重、特重、重交通荷载等级公路面层混凝土用粗集料质量不应低于表 7-18 中Ⅱ级的要求；中、轻交通荷载等级公路面层混凝土可使用Ⅲ级粗集料。

表 7-17　低钙粉煤灰分级和质量标准

粉煤灰等级	细度(45 μm 气流筛，筛余量)/%	烧失量/%	需水量/%	含水率/%	游离氧化钙含量/%	SO_3/%	混合砂浆强度活性指数[1]	
							7 d	28 d
Ⅰ	≤12.0	≤5.0	≤95.0	≤1.0	≤1.0	≤3.0	≥75	≥85(75)
Ⅱ	≤25.0	≤8.0	≤105.0	≤1.0	≤1.0	≤3.0	≥70	≥80(62)
Ⅲ	≤45.0	≤15.0	≤115.0	≤1.0	<1.0	≤3.0	—	—
试验方法	GB/T 1596	GB/T 176	GB/T 1596	GB/T 1596	GB/T 176	GB/T 176	GB/T 1596	

注：[1]混合砂浆强度活性指数为掺粉煤灰的砂浆与水泥砂浆的抗压强度比的百分数，不带括号的数值适用于所配制混凝土强度等级不小于 C40 时；当配制的混凝土强度等级小于 C40 时，混合砂浆强度活性指数应满足 28 d 括号中数值的要求。

表 7-18　碎石、破碎卵石和卵石质量标准

项目		技术要求		
		Ⅰ级	Ⅱ级	Ⅲ级
碎石压碎值/%		≤18.0	≤25.0	≤30.0
卵石压碎值/%		≤21.0	≤23.0	≤26.0
坚固性(按质量损失计)/%		≤5.0	≤8.0	≤12.0
针片状颗粒含量(按质量计)/%		≤8.0	≤15.0	≤20.0
含泥量(按质量计)/%		≤0.5	≤1.0	≤2.0
泥块含量(按质量计)/%		≤0.2	≤0.5	≤0.7
吸水率[1](按质量计)/%		≤1.0	≤2.0	≤3.0
硫化物及硫酸盐含量[2](按 SO_3 质量计)/%		≤0.5	≤1.0	≤1.0
洛杉矶磨耗损失[3]/%		≤28.0	≤32.0	≤35.0
有机物含量(比色法)		合格	合格	合格
岩石抗压强度[2]/MPa	岩浆岩	≥100		
	变质岩	≥80		
	沉积岩	≥60		
表观密度/(kg/m^3)		≥2 500		
松散堆积密度/(kg/m^3)		≥1 350		
空隙率/%		≤47		
磨光值[3]/%		≥35.0		
碱活性反应[2]		不得有碱活性反应或疑似碱活性反应		

注：[1]有抗冰冻、抗盐冻要求时，应检验粗集料吸水率。

[2]硫化物及硫酸盐含量、碱活性反应、岩石抗压强度在粗集料使用前应至少检验一次。

[3]洛杉矶磨耗损失、磨光值仅要求在制作露石水泥混凝土面层时检测。

中、轻交通荷载等级公路面层水泥混凝土可使用再生粗集料，其质量应符合表 7-19 的规定。再生粗集料可单独或掺配新集料后使用，但应通过配合比试验验证，确定混凝土性能满足设计要求，并符合下列规定：

(1)有抗冰冻、抗盐冻要求时，再生粗集料不应低于Ⅱ级；无抗冰冻、抗盐冻要求时，可使用Ⅲ级再生粗集料。

(2)再生粗集料不得用于裸露粗集料的水泥混凝土抗滑表层。

(3)不得使用出现碱活性反应的混凝土为原料破碎生产的再生粗集料。

表 7-19　再生粗集料的质量标准

项次	项目	技术要求		
		Ⅰ级	Ⅱ级	Ⅲ级
1	压碎值/%	≤21.0	≤30.0	≤43.0
2	坚固性(按质量损失计)/%	≤5.0	≤10.0	≤15.0
3	针片状颗粒含量(按质量计)/%	≤10.0	≤10.0	≤10.0
4	微粉含量(按质量计)/%	≤1.0	≤2.0	≤3.0
5	泥块含量(按质量计)/%	≤0.5	≤0.7	≤1.0
6	吸水率(按质量计)/%	≤3.0	≤5.0	≤8.0
7	硫化物及硫酸盐含量(按 SO_3 质量计)/%	≤2.0	≤2.0	≤2.0
8	氯化物含量(以氯离子质量计)/%	≤0.06	≤0.06	≤0.06
9	洛杉矶磨耗损失/%	≤35	≤40	≤45
10	杂物含量(按质量计)/%	≤1.0	≤1.0	≤1.0
11	表观密度/(kg/m^3)	≥2 450	≥2 350	≥2 250
12	空隙率/%	≤47	≤50	≤53

注：1. 当再生粗集料中碎石的岩石品种变化时，应重新检测上述指标。

2. 硫化物及硫酸盐含量、氯化物含量、洛杉矶磨耗损失在再生粗集料使用前至少检验一次。

粗集料与再生粗集料应根据混凝土配合比的公称最大粒径分为 2~4 个单粒级的集料，并掺配使用。粗集料与再生粗集料的合成级配及单粒级级配范围宜符合表 7-20 的要求。不得使用不分级的统料。

四、细集料的选择

在混凝土材料中，细集料主要起着填充孔隙以及使混凝土结构致密的作用。它影响混凝土材料的收缩性能及强度特性。细集料应使用质地坚硬、耐久、洁净的天然砂或机制砂，不宜使用再生细集料。

(一)天然砂

极重、特重、重交通荷载等级公路面层水泥混凝土用天然砂的质量标准不应低于Ⅱ级，中、轻交通荷载等级公路面层水泥混凝土可使用Ⅲ级天然砂。天然砂的级配要求应符合表 7-21 的规定，面层用天然砂细度模数宜在 2.0~3.7。

表 7-20 粗集料与再生粗集料级配范围

项目		方孔筛尺寸/mm							
		2.36	4.75	9.50	16.0	19.0	26.5	31.5	37.5
		累计筛余(以质量计)/%							
合成级配	4.75~16	95~100	85~100	40~60	0~10				
	4.75~19	95~100	85~90	60~75	30~45	0~5	0		
	4.75~26.5	95~100	90~100	70~90	50~70	25~40	0~5	0	
	4.75~31.5	95~100	90~100	75~90	60~75	40~60	20~35	0~5	0
单粒级配	4.75~9.5	95~100	80~100	0~15	0				
	9.5~16		95~100	80~100	0~15	0			
	9.5~19		95~100	85~100	40~60	0~15	0		
	16~26.5			95~100	55~70	25~40	0~10	0	
	16~31.5			95~100	85~100	55~70	25~40	0~10	0

表 7-21 天然砂的推荐级配范围

砂分级	细度模数	方孔筛尺寸/mm							
		9.5	4.75	2.36	1.18	0.60	0.30	0.15	0.075
		通过各筛孔的质量百分率/%							
粗砂	3.1~3.7	100	90~100	65~95	35~65	15~30	5~20	0~10	0~5
中砂	2.3~3.0	100	90~100	75~100	50~90	30~60	8~30	0~10	0~5
细砂	1.6~2.2	100	90~100	85~100	75~100	60~84	15~45	0~10	0~5

(二)机制砂

机制砂宜采用碎石作为原料,并用专用设备生产。极重、特重、重交通荷载等级公路面层水泥混凝土用机制砂的质量标准不应低于表 7-22 规定的Ⅱ级,中、轻交通荷载等级公路面层水泥混凝土可使用Ⅲ级机制砂。

细集料的使用还应符合下列规定:

(1)配筋混凝土路面及钢纤维混凝土路面中不得使用海砂。

(2)细度模数差值超过 0.3 的砂应分别堆放,分别进行配合比设计。

(3)采用机制砂时,外加剂宜采用引气高效减水剂或聚羧酸高性能减水剂。

表 7-22 机制砂的质量标准

项次	项目		技术要求		
			Ⅰ级	Ⅱ级	Ⅲ级
1	机制砂母岩的抗压强度/MPa		≥80.0	≥60.0	≥30.0
2	机制砂母岩的磨光值/%		≥38.0	≥35.0	≥30.0
3	机制砂单粒级最大压碎指标/%		≤20.0	≤25.0	≤30.0
4	坚固性(按质量损失计)/%		≤6.0	≤8.0	≤10.0
5	氯离子含量[1](按质量计)/%		≤0.01	≤0.02	≤0.06
6	云母含量(按质量计)/%		≤1.0	≤2.0	≤2.0
7	硫化物及硫酸盐含量[1](按 SO_3 质量计)/%		≤0.5	≤0.5	≤0.5
8	泥块含量(按质量计)/%		≤0	≤0.5	≤1.0
9	石粉含量/%	MB 值<1.40 或合格	<3.0	<5.0	<7.0
		MB 值≥1.40 或不合格	<1.0	<3.0	<5.0
10	轻物质含量(按质量计)/%		≤1.0		
11	吸水率/%		≤2.0		
12	表观密度/(kg/m^3)		≥2 500.0		
13	松散堆积密度/(kg/m^3)		≥1 400.0		
14	空隙率/%		≤45.0		
15	有机物含量(比色法)		合格		
16	碱活性反应[1]		不得有碱活性反应或疑似碱活性反应		

注:[1]碱活性反应、氯离子含量、硫化物及硫酸盐含量在机制砂使用前应至少检验一次。机制砂的级配范围宜符合表 7-23 的规定。水泥混凝土面层使用的机制砂细度模数宜在 2.3~3.1。

表 7-23 机制砂的级配范围

机制砂分级	细度模数	方孔筛尺寸/mm						
		9.5	4.75	2.36	1.18	0.60	0.30	0.15
		水洗法通过各筛孔的质量百分率/%						
Ⅰ级砂	2.3~3.1	100	90~100	80~95	50~85	30~60	10~20	0~10
Ⅱ、Ⅲ级砂	2.9~3.9	100	90~100	50~95	30~65	15~29	5~20	0~10

五、混凝土外加剂

用于水泥混凝土的矿物外加剂是指在混凝土搅拌过程中加入的、具有水化反应活性的、作为胶凝材料组成部分的稳定化合物。有别于掺活性混合材的水泥，掺入混凝土中的矿物外加剂可以根据混凝土材料性能设计的要求及矿物外加剂与水泥的适配性，通过试验确定掺入的品种和数量。

(一)外加剂的分类

混凝土外加剂是在拌制混凝土过程中掺入、用以改善混凝土性能的物质，掺量不大于水泥质量的5%(特殊情况除外)。外加剂按其主要功能分为四类：

(1)改善混凝土拌和物流变性能的外加剂，包括各种减水剂、引气剂、泵送剂等。

(2)调节混凝土凝结时间、硬化性能的外加剂，包括缓凝剂、早强剂、速凝剂等。

(3)改善混凝土耐久性能的外加剂，包括引气剂、防水剂、阻锈剂、消泡剂等。

(4)改善混凝土其他性能的外加剂，包括加气剂、膨胀剂、防冻剂、着色剂、养护剂、脱模剂、智能混凝土外加剂等。

(二)外加剂技术性质

混凝土外加剂的选择应根据工程设计对混凝土的性能要求而定，同时要考虑实际工程的原材料供应情况。外加剂的选择应采用工程所用的实际原材料(特别是胶凝材料)与外加剂适应性试验确定；同时，选用的混凝土外加剂应该具有以下基本性能：

(1)能改善混凝土的一种或几种性能而不产生副作用。

(2)在运输和贮存过程中具有良好的均质性和稳定性。

(3)对混凝土中的钢筋及其他预埋件没有有害作用。

(4)使用安全，对环境无污染。

外加剂的产品质量应符合水泥混凝土面层外加剂产品的质量标准。供应商应提供有相应资质外加剂检测机构的品质检测报告，检测报告应说明外加剂的主要化学成分，认定对人员无毒副作用。

(三)外加剂的使用

外加剂的使用包括确定外加剂的掺量和掺加方法。

1. 外加剂的掺量

外加剂的掺量主要与以下因素有关：外加剂的品种；水泥品种及其矿物组成、活性混合材(矿物掺和料)品种及掺量；混凝土配合比；外加剂的复合方式；掺加的方法。

2. 外加剂的掺加方法

外加剂的掺加方法对其使用效果有较大的影响，实际使用时应根据外加剂特性和工程的具体情况，选择合理的掺加方法以保证外加剂性能的有效发挥。外加剂可以采用以下几种掺加方法。

(1)先掺法：外加剂先与胶凝材料拌和均匀，再与水、集料等混合。

(2)同掺法：外加剂与其他材料一起加入搅拌机中拌和均匀。

(3)滞水法：外加剂先溶解在拌和水(或部分水)中再与其他材料混合。

(4)后掺法：混凝土拌和均匀后再加入外加剂。

六、水

饮用水可直接作为混凝土搅拌和养护用水。非饮用水应进行水质检验,并应符合规定,还应与蒸馏水进行水泥凝结时间与水泥胶砂强度的对比试验。对比试验的水泥初凝与终凝时间差均不应大于 30 min,水泥胶砂 3 d 和 28 d 强度不应低于蒸馏水配制的水泥胶砂 3 d 和 28 d 强度的 90%。

七、钢筋

水泥混凝土、钢筋混凝土及连续配筋混凝土面层所用钢筋、钢筋网、传力杆、拉杆等应符合国家和行业现行相关标准的规定。钢筋不得有裂纹、断伤、刻痕、表面油污和锈蚀。配筋混凝土路面与桥面用钢筋宜采取环氧树脂涂层或防锈漆涂层等保护措施。传力杆应无毛刺,两端应加工成圆锥形或半径为 2~3 mm 的圆倒角。胀缝传力杆应在一端设置镀锌钢管帽或塑料套帽,套帽厚度不应小于 2.0 mm,并应密封不透水,套帽长度宜为 100 mm,套帽内活动空隙长度宜为 30 mm。传力杆钢筋应采取喷塑、镀锌、电镀或涂防锈漆等防锈措施,防锈层不得局部缺失。拉杆钢筋应在中部不小于 100 mm 范围内采取涂防锈漆等防锈措施。

八、钢纤维

用于路面和桥面水泥混凝土的钢纤维质量除应满足《纤维混凝土应用技术规程》(JGJ/T 221—2010)等标准的要求外,尚应符合下列规定:

(1)钢纤维抗拉强度等级不应低于 600 级。

(2)钢纤维应进行有效的防锈蚀处理。

(3)钢纤维的几何参数及形状精度应满足要求。钢丝切断型钢纤维或波形、带倒钩的钢纤维不应使用。

钢纤维表面不应沾染油污及妨碍水泥黏结及凝结硬化的物质,结团、黏结连片的钢纤维不得使用。

九、接缝材料

用于水泥混凝土面层的胀缝板的高度、长度和厚度应符合设计要求,并按设计间距预留传力杆孔。孔径宜大于传力杆直径 2 mm,高度和厚度尺寸偏差均应小于 1.5 mm。胀缝板质量应符合规定。

硅酮类、聚氨酯类常温施工式填缝料可用于各等级公路水泥混凝土面层;橡胶沥青、改性沥青类填缝料可用于二级及二级以下公路,不宜用于高速公路和一级公路;道路石油沥青类填缝料可用于三、四级公路,不宜用于二级公路,不得用于高速公路和一级公路。

严寒及寒冷地区宜采用低模量型填缝料,其他地区宜采用高模量型填缝料。橡胶沥青应根据当地所处的气候区划选用四类中适宜的一类。严寒、寒冷地区宜使用 70 号石油沥青和/或 SBS 类 I-C;炎热、温暖地区宜使用 50 号石油沥青和/或 SBS 类 I-D。

总之,填缝料应具有与混凝土板壁黏结牢固、回弹性好、不溶于水、不渗水,高温时不挤出、不流淌、抗嵌入能力强、耐老化龟裂,负温拉伸量大,低温时不脆裂、耐久性好等性能。

任务四　水泥混凝土配合比设计

水泥混凝土路面板厚度的计算以抗拉强度为依据,因此水泥混凝土的配合比设计应根据设计弯拉强度、耐磨性、工作性等要求和经济合理的原则,选用符合质量标准要求、性能稳定的原材料,通过试验和必要的调整,确定混凝土单位体积中各种组成材料的用量。不同的原材料组合应分别进行配合比设计。

一、水泥混凝土路面配合比设计方法

配合比设计的主要任务是确定水灰比、用水量和砂率等参数。各级公路面层水泥混凝土配合比设计宜采用正交试验法;二级及二级以下公路可采用经验公式法。

混凝土配合比设计应包括目标配合比设计和施工配合比设计两个阶段。目标配合比设计应确定混凝土的水泥用量、集料用量、水灰(胶)比、外加剂掺量,施工配合比设计应通过拌和楼试拌确定拌和参数。经批准的配合比在施工过程中不得擅自调整。

(一)目标配合比设计

目标配合比设计应对混凝土性能进行全面检验,并规定施工配合比设计与目标配合比的允许偏差。目标配合比设计应按下列要求进行:

(1)根据原材料、路面结构及施工工艺要求,通过计算或正交试验拟定混凝土配合比的控制性参数。

(2)按拟定配合比进行实验室试拌,实测各项性能指标,选择混凝土的弯拉强度、工作性、耐久性满足要求且经济合理的配合比作为目标配合比。

(3)根据拌和楼(机)试拌情况,对试拌配合比进行性能检验和调整,直至符合目标配合比要求。

(二)施工配合比设计

施工配合比应符合目标配合比的实测数据,并应按下列要求进行:

(1)施工配合比中的水泥用量可根据拌和过程中的损耗情况,较目标配合比适当增加 5~10 kg/m^3。

(2)根据目标配合比计算各种原材料用量,按照实际生产要求进行试拌。

(3)进行混凝土的弯拉强度、工作性和耐久性检验,确定是否满足要求。

(4)总结试验数据,提出施工配合比,确定设备参数,明确施工中根据集料实际含水率调整拌和楼(机)上料参数和加水量的有关要求。

当原材料变化时,应重新进行目标配合比和施工配合比设计与检验。在目标配合比设计中,进行混凝土试拌时,粗、细集料应处于饱和面干状态。

二、水泥混凝土路面配合比设计具体流程

(一)设计原则

普通混凝土配合比设计适用于滑模摊铺机、轨道摊铺机、三辊轴机组及小型机具四种施工方式。普通混凝土路面的配合比设计在兼顾经济性的同时应满足下列三项技术要求。

1. 弯拉强度

(1)各交通等级路面板的 28 d 设计弯拉强度标准值 f_r 应符合《公路水泥混凝土路面设计规范》(JTG D40—2011)的规定,见表 7-24。

表 7-24　混凝土弯拉强度标准值

交通等级	特重	重	中等	轻
弯拉强度标准值/MPa	5.0	5.0	4.5	4.0

(2)应按式(7-4)计算 28 d 弯拉强度均值。

$$f_c = \frac{f_r}{1 - 1.04c_v} + ts \tag{7-4}$$

式中　f_c——配制 28 d 弯拉强度的均值,MPa;

f_r——设计弯拉强度标准值,MPa;

s——弯拉强度试验样本的标准差,MPa;

t——保证率系数,应按表 7-25 确定;

c_v——弯拉强度变异系数,应按统计数据取值。

其中,针对 s:有试验数据时应使用试验样本的标准差;无试验数据时可按公路等级及设计弯拉强度,参考表 7-26 的规定范围确定。针对 c_v:小于 0.05 时,取 0.05;无统计数据时,可在表 7-27 规定的范围内取值,其中高速公路、一级公路变异水平应为低,二级公路变异水平应不低于中。

表 7-25　保证率系数 t

公路等级	判别概率 p	样本数 n/组			
		6~8	9~14	15~19	≥20
高速公路	0.05	0.79	0.61	0.45	0.39
一级公路	0.10	0.59	0.46	0.35	0.30
二级公路	0.15	0.46	0.37	0.28	0.24
三、四级公路	0.20	0.37	0.29	0.22	0.19

表 7-26　各级公路水泥混凝土面层弯拉强度试验样本的标准差 s

公路等级	高速公路	一级公路	二级公路	三级公路	四级公路
目标可靠度/%	95	90	85	80	70
目标可靠指标	1.64	1.28	1.04	0.84	0.52
样本的标准差 s/MPa	$0.25 \leqslant s \leqslant 0.50$		$0.45 \leqslant s \leqslant 0.67$	$0.40 \leqslant s \leqslant 0.80$	

表 7-27　各级公路混凝土路面弯拉强度变异系数

混凝土弯拉强度变异水平等级	低	中	高
弯拉强度变异系数 c_v 的范围	0.05～0.10	0.10～0.15	0.15～0.20

2. 工作性

混凝土路面滑模摊铺机前拌和物的最佳工作性应符合表 7-28 的规定。

表 7-28　混凝土路面滑模摊铺机前拌和物的最佳工作性

指标界限	坍落度 S_L/mm		振动黏度系数 η/(N·s/m^2)
	卵石混凝土	碎石混凝土	
最佳工作性	5～20	10～30	200～500

三辊轴机组、小型机具摊铺的路面混凝土坍落度应满足表 7-29 的规定。

表 7-29　不同路面施工方式混凝土坍落度

摊铺方式	三辊轴机组摊铺	小型机具摊铺
现场坍落度/mm	20～40	5～20

3. 耐久性

各交通等级路面混凝土满足耐久性要求的最大水灰(胶)比和最小单位水泥用量应符合表 7-30 的规定。最大单位水泥用量不宜大于 420 kg/m^3;掺粉煤灰时,最大单位胶结材料总量不宜大于 450 kg/m^3。

在一些特殊地区,对水泥种类和外掺粉煤灰等掺和物有一定要求。对严寒地区路面混凝土抗冻标号不宜小于 F250,寒冷地区不宜小于 F200。处在海水、海风、酸雨、除冰盐或硫酸盐等腐蚀环境中的面层水泥混凝土使用道路硅酸盐水泥或硅酸盐水泥时,宜掺加适量粉煤灰、矿渣粉、硅灰或复合矿物掺和料。

表 7-30　混凝土满足耐久性要求的最大水灰(胶)比和最少单位水泥用量

公路等级		高速、一级公路	二级公路	三、四级公路
最大水灰(胶)比		0.44	0.46	0.48
抗冰冻要求最大水灰(胶)比		0.42	0.44	0.46
抗盐冻要求最大水灰(胶)比		0.40	0.42	0.44
最少单位水泥用量/(kg/m³)	52.5 级	300	300	290
	42.5 级	310	310	300
	32.5 级	—	—	315
抗盐冻时最少单位水泥用量/(kg/m³)	52.5 级	310	310	300
	42.5 级	320	320	325
	32.5 级	—	—	315
掺粉煤灰时最少单位水泥用量/(kg/m³)	52.5 级	250	250	245
	42.5 级	260	260	255
	32.5 级	—	—	265
掺粉煤灰,抗冰(盐)冻时最小单位水泥用量/(kg/m³)	52.5 级	280	270	265
	42.5 级	265	260	255

注:1. 掺粉煤灰,并有抗冰(盐)冻性要求时,不得使用 32.5 级水泥。
2. 处在除冰盐、海风、酸雨或硫酸盐等腐蚀性环境中或在大纵坡等加减速车道上的混凝土,最大水灰(胶)比可比表中数值降低 0.01~0.02。

(二)外加剂的应用

采用外加剂应满足下列要求:

(1)高温施工时,混凝土拌和物的初凝时间不得小于 3 h,否则应采取缓凝或保塑措施;低温施工时,终凝时间不得大于 10 h,否则应采取必要的促凝或早强措施。

(2)外加剂的掺量应根据混凝土试配试验确定。引气剂的适宜掺量可由搅拌机口的拌和物含气量进行控制。实际路面引气混凝土的抗冰冻、抗盐冻耐久性,宜采用相关施工规范规定的钻芯法测定,测定位置为路面的表面和表面下 50 mm,测得的上下两个表面的最大平均气泡间距系数不宜超过表 7-31 的规定。

表 7-31　混凝土路面最大平均气泡间距系数　　单位:mm

环境		公路等级	
		高速公路、一级公路	其他公路
严寒地区	冰冻	275±25	300±35
	盐冻	225±25	250±35
寒冷地区	冰冻	325±45	350±50
	盐冻	275±45	300±50

(3)引气剂与减水剂或高效减水剂等其他外加剂复配在同一水溶液中时,应保证其共溶性,防止外加剂溶液发生絮凝现象。如产生絮凝现象,应分别稀释,分别加入。

(三)配合比参数计算的要求

1.水灰比的计算和确定

根据粗集料的类型,混凝土的水灰比可分别按式(7-5)、式(7-6)计算。

对碎石或碎卵石混凝土:

$$\frac{W}{C}=\frac{1.5684}{f_c+1.0097-0.3595f_s} \tag{7-5}$$

对卵石混凝土:

$$\frac{W}{C}=\frac{1.2618}{f_c+1.5492-0.4709f_s} \tag{7-6}$$

式中 $\frac{W}{C}$——水灰比;

f_s——水泥实测28 d抗折强度,MPa;

f_c——面层水泥混凝土配制28 d弯拉强度的均值,MPa。

掺用粉煤灰、硅灰、矿渣粉等掺和料时,应计入超量取代法中代替水泥的那一部分掺和料用量(代替砂的超量部分不计入)计算水胶比。计算得到的水胶比(或水灰比)大于表7-30的规定时,应按表7-30取值。

2.砂率的确定

砂率应根据砂的细度模数和粗集料种类,查表7-32取值。

表7-32 砂的细度模数与最优砂率关系

砂细度模数		2.2~2.5	2.5~2.8	2.8~3.1	3.1~3.4	3.4~3.7
砂率/%	碎石	30~34	32~36	34~38	36~40	38~42
	卵石	28~32	30~34	32~36	34~38	36~40

3.加水量的确定

根据粗集料种类中适宜的坍落度,分别按式(7-7)和式(7-8)计算单位用水量,计算单位用水量大于表7-33最大单位用水量的规定时,应通过采用减水率更高的外加剂降低单位用水量。

碎石: $$W_0=104.97+0.309S_L+11.27\frac{C}{W}+0.61S_P \tag{7-7}$$

卵石: $$W_0=86.89+0.370S_L+11.24\frac{C}{W}+1.00S_P \tag{7-8}$$

式中 W_0——不掺外加剂与掺和料混凝土的单位用水量,kg/m^3;

S_L——坍落度,mm;

S_P——砂率(%);

$\frac{C}{W}$——灰水比,即水灰比的倒数。

表 7-33 面层水泥混凝土最大单位用水量 单位:kg/m^3

施工工艺	碎石混凝土	卵石混凝土
滑模摊铺机摊铺	160	155
三辊轴机组摊铺	153	148
小型机具摊铺	150	145

注:破碎卵石混凝土最大单位用水量可在碎石和卵石混凝土之间内插取值。

对掺外加剂混凝土的单位用量按下式计算:

$$W_{0w}=W_0\left(1-\frac{\beta}{100}\right) \tag{7-9}$$

式中 W_{0w}——掺外加剂混凝土的单位用水量,kg/m^3;

β——所用外加剂剂量的实测减水率(%)。

4. 水泥用量的确定

单位水泥用量应由式(7-10)计算,计算结果小于表 7-33 规定值时,应取表 7-33 的规定值。

$$C_0=\frac{C}{W}W_0 \tag{7-10}$$

式中 C_0——单位水泥用量,kg/m^3。

5. 砂石料用量的确定

砂石料用量可按密度法或体积法计算。按密度法计算时,混凝土单位质量可取 2 400~2 450 kg/m^3;按体积法计算时,应计入含气量。采用超量取代法掺用粉煤灰时,超量部分应代替砂,并折减用砂量。经计算得到的配合比,应验算粗集料填充体积率,且不宜小于 70%。

(四)掺粉煤灰的用灰量

路面混凝土掺用粉煤灰时,其配合比计算应按超量取代法进行。粉煤灰掺量应根据水泥中原有的掺和料数量和混凝土弯拉强度、耐磨性等要求由试验确定。Ⅰ、Ⅱ级粉煤灰的超量系数可按表 7-34 初选。代替水泥的粉煤灰掺量:Ⅰ型硅酸盐水泥不宜大于 30%;Ⅱ型硅酸盐水泥不宜大于 25%;道路硅酸盐水泥不宜大于 20%。

表 7-34 各级粉煤灰的超量取代系数

粉煤灰等级	Ⅰ	Ⅱ	Ⅲ
超量取代系数 k	1.1~1.4	1.3~1.7	1.5~2.0

课后复习题

1. 水泥混凝土路面的特点是什么?
2. 水泥混凝土面层下设基层的目的是什么?

情境八 水泥混凝土路面施工

学习目标

【知识目标】

了解水泥混凝土路面施工准备的内容，掌握水泥混凝土路面结构层施工工艺。

【能力目标】

学生能够编制合理的施工方案，并组织水泥混凝土路面结构层的施工。

【职业素养】

根据党的二十大精神要求培养学生的独立思考的能力和团队精神。使学生掌握系统工程的方法，善于组织团队，团结协作，共同解决技术问题。

工作任务一 水泥混凝土路面施工准备

施工是路面质量保证的重要环节，路面施工包括施工组织设计、材料控制、设备选择、施工过程控制等。本情境主要对水泥混凝土路面施工的主要设备、施工过程与质量保证进行讲解，由于路面施工涉及施工机械、材料性能、材料设计、压实与成型原理等知识，因此在学习时注意深入现场，仔细观察，了解路面施工及控制的全过程。

水泥混凝土路面施工过程是一项较复杂的系统工程，涉及路面的结构、水泥混凝土混合料特性、施工机械的配置、施工技术和施工工艺，以及科学的组织管理等诸多重大的技术问题。它是集合了土木、机械、管理科学的一项综合性技术工程，只有在施工过程中严格对每一个施工环节进行质量技术控制，才能保证水泥混凝土路面的施工质量。

施工单位通过投标获得工程任务后，即可着手进行施工的准备工作。准备工作分为技术准备、劳动组织准备、物资准备和施工现场准备等方面。经验表明，工程的施工能否按计划顺利进行，与准备工作的好坏有直接关系，因此必须认真做好各项准备工作。

施工准备工作是路面施工质量保证体系的重要一环，是保证路面施工顺利进行，按期完成任务的关键，因此必须做好施工前的一切准备工作。

(1)施工单位应根据设计文件及施工条件，确定施工方案，编制施工组织计划。

(2)施工前应解决水电供应、交通道路、搅拌和堆料场地、办公生活用房、工棚仓库和消防等设施。

(3)对有碍施工的建筑物、灌溉渠道和地下管线等，均应在施工前拆迁完毕。

(4)施工前必须对混凝土路面的原材料取样进行试验分析，进行配合比试验，取得数据。

(5)根据设计文件,复测平面和高程控制桩,定出路面中心、路面宽度和纵横高程等样桩。

(6)基层检查与整修:检查基层的宽度、路拱标高、表面平整度和压实度是否符合要求。在混凝土摊铺施工前,应清理基层表面,并充分洒水湿润,以防混凝土底部水分被基层吸干,影响成型质量。有时也在基层和混凝土之间铺设塑料薄膜。

(7)各种施工机械设备、机具应该配齐到位,检查设备的品种、规格是否符合施工技术要求,保证各种设备、机具处于良好的技术状态。

一、施工材料准备

首先根据预算上的材料分析,按施工进度计划的使用要求,材料储备定额和消耗定额,分别按材料名称、规格、使用时间进行汇总,编制出材料需要量计划,同时根据不同材料的供应情况,随时注意市场行情,及时组织货源,签订供货合同,保证采购供应计划的准确可靠。对于特殊材料,特别是市场供应量小,要从外地采购的,一定要及早提出供货计划,掌握货源和价格,保证按时供应。国外进口材料须按规定办理使用外汇和国外订货的审批手续,再通过外贸部门谈判、签约。

紧接着的工作就是材料的运输和储备。为保证材料的合理动态配置,材料应根据工程进度要求分期分批进行贮运;进场后的材料要严格保管,以保证材料的原有数量和原有的使用价值;现场材料应按施工平面布置图的位置,并按照材料的物理、化学性质合理堆放,避免材料混淆和变质、损坏。

二、施工机具准备

根据采用的施工方案和施工进度计划,确定施工机械的类型、数量和进场时间;确定施工机具的供应方法和进场后的存放地点和方式,提出施工机具需要的计划,以便企业内平衡或向外签约租赁机械。

根据公路等级的不同,混凝土路面的施工机械装备宜符合表 8-1 规定的要求。

表 8-1 与公路等级相适应的机械装备

摊铺机械装备	高速公路	一级公路	二级公路	三级公路	四级公路
滑模摊铺机	√	√	√	▲	○
轨道摊铺机	▲	√	√	√	○
三辊轴摊铺机	○	▲	√	√	√
小型机具	×	○	▲	√	√
碾压混凝土机械	×	○	√	√	▲
计算机自动控制强制搅拌楼(站)	√	√	√	▲	○
强制搅拌楼(站)	√	○	▲	√	√

注:1. 符号含义:√应使用,▲有条件使用,○不宜使用,×不得使用。

2. 各等级公路均不得使用体积计量,小型自落滚筒式搅拌机严禁使用人工控制加量。

3. 碾压混凝土亦可用于高速公路、一级公路复合式路面的下面层和贫混凝土基层。

三、原材料质量的检测

在混凝土路面施工的准备工作中，对购进原材料的质量进行认真检测。各类材料的检测项目和检测频率见表8-2。

表8-2　混凝土原材料的检测项目和检测频率

材料	检测项目	检测频率	
		高速公路、一级公路	其他等级公路
水泥	抗折强度、抗压强度、安定性	机铺1 500 t一批	机铺1 500 t一批，小型机具500 t一批
	凝结时间、标稠需水量、细度	机铺2 000 t一批	机铺3 000 t一批，小型机具500 t一批
	f-CaO、MgO、SO_3含量，铝酸三钙、铁铝酸四钙含量，干缩率、耐磨性、碱度，混合料种类及数量	每合同段不少于3次，进场前必测	每合同段不少于3次，进场前必测
	温度	冬、夏季施工随时检测	冬、夏季施工随时检测
掺和料	活性指数、细度、烧失量	机铺1 500 t一批	机铺1 500 t，小型机具500 t一批
	需水量比、SO_3含量	每合同段不少于3次，进场前必测	每合同段不少于3次，进场前必测
粗集料	针片状、超径颗粒含量，级配，表观密度，堆积密度，空隙率	机铺2 500 m^3一批	机铺5 000 m^3一批，小型机具1 500 m^3一批
	含泥量、泥块含量	机铺1 000 m^3一批	机铺2 000 m^3一批，小型机具1 000 m^3一批
	岩石抗压强度、压碎指标	每种粗集料每合同段不少于2次	每种粗集料每合同段不少于2次
	碱集料反应	怀疑有碱活性集料进场前测	怀疑有碱活性集料进场前测
	含水率	降雨或湿度变化时随时测，且每日不少于2次	降雨或湿度变化时随时测，且每日不少于2次
砂	细度模数、表观密度、堆积密度、空隙率、级配	机铺2 000 m^3一批	机铺4 000 m^3一批，小型机具1 500 m^3一批
	含泥量、泥块、石粉含量	机铺1 000 m^3一批	机铺2 000 m^3一批，小型机具500 m^3一批
	坚固性	每种砂每合同段不少于3次	每种砂每合同段不少于3次
	云母含量、轻物质与有机物含量	目测有云母或杂质时测	目测有云母或杂质时测
	硫化物及硫酸盐、海砂中氯离子含量	必要时测，淡化海砂每合同段3次	必要时测，淡化海砂每合同段2次
	含水量	降雨或湿度变化时随时测，且每日不少于4次	降雨或湿度变化时随时测，且每日不少于3次

续表 8-2

材料	检测项目	检测频率	
		高速公路、一级公路	其他等级公路
外加剂	减水剂、缓凝时间、液体外加剂含固量和相对密度,粉状外加剂的不溶物含量	机铺 5 t 一批	机铺 5 t 一批,小型机具 3 t 一批
外加剂	引气剂含气量、气泡细密程度和稳定性	机铺 2 t 一批	机铺 3 t 一批,小型机具 1 t 一批
纤维	抗拉强度、弯折性能或延伸率、长度、长径比、形状	开工前或有变化时,每合同段 3 次	开工前或有变化时,每合同段 3 次
纤维	杂质、质量及其偏差	机铺 50 t 一批	机铺 50 t 一批、小型机具 30 t 一批
养生材料	有效保水率、抗压强度比、耐磨性、耐热性、膜水溶性、含固量、成膜时间、薄膜或成膜连续不透气性	开工前或有变化时,每合同段 3 次,每 5 t 一批	开工前或有变化时,每合同段 3 次,每 5 t 一批
水	pH 值、含水量、硫酸根及杂质含量	开工前和水源有变化时	开工前和水源有变化时

注:1. 当原材料规格、品种、生产厂、来源变化时或开工前,所有原材料项目均应检验。

2. 机铺是指滑模、三辊轴机组和碾压混凝土摊铺,数量不足一批时,按一批检验。

四、路基、基层和封层的检测与修整

(一)路基

在混凝土面层板施工前应认真对路基、基层和封层进行检测,路基应稳定、密实、均质,对路面结构提供均匀的支承。对桥头、软基、高填方、填挖方交界等处的路基段,应进行连续沉降观测,并采取切实有效的措施保证路基的稳定性。

(二)基(垫)层

水泥混凝土路面的基层、垫层除应符合《公路水泥混凝土路面设计规范》(JTG D40—2011)和《公路路面基层施工技术细则》(JTG/T F20—2015)的规定外,对基层的检测与修整尚应符合下列技术要求:

(1)基层纵、横坡一般可与面层一致,但横坡可略大 0.15%~0.20%,并不得小于路面横坡。

(2)硬路肩厚度薄于面板时,应设排水基层或排水盲沟,路缘石和软路肩底部应有渗透排水措施。

(3)面层铺筑前,应提供足够机械连续施工 10 d 以上有一定强度的合格基层。

面板铺筑前,应对基层进行全面的破损检查,当基层产生纵、横向断裂,隆起或碾坏时,应采取下述有效措施进行彻底修复:

(1)所有挤碎、隆起、空鼓的基层应清除,并使用相同的基层料重铺,同时设胀缝板横向隔开,胀缝板应与路面胀缝或缩缝上下对齐。

(2)当基层产生非扩展性温缩、干缩裂缝时,应灌沥青密封防水,还应在裂缝上粘贴油毡、土工布或土工织物,其覆盖宽度不应小于 1 000 mm,距裂缝最窄处不得小于 300 mm。

(3)当基层产生纵向扩展裂缝时,应分析原因,采取有效的路基稳固措施根治裂缝,且宜在纵向裂缝所在的整个面板内,距板底 1/3 高度增设补强钢筋网,补强钢筋网到裂缝端部不宜短于 5 m。

(4)基层被碾坏成坑或破损面积较小的部位,应挖除并采用贫混凝土局部修复。对表面严重磨损裸露粗集料的部位,宜采用沥青封层处理。

(三)封层

在高速公路和一级公路的半刚性上基层表面,宜喷洒热沥青和石屑($2\sim3\ m^3/100\ m^2$)做滑动封层,或做乳化沥青稀浆封层,厚度均不宜小于 5 mm。

在各交通等级有可能被水淹没浸泡的路段,可采用较厚的坚韧塑料薄膜或密闭土工膜覆盖基层防水。当封层出现局部损坏时,摊铺前应采用相同的封层材料进行修补,经质量检验合格并由监理签认后,方可铺筑水泥混凝土面层。

工作任务二　轨道摊铺机铺筑施工工艺

水泥混凝土面层可以采用以下几种施工方法进行铺筑:①小型机具摊铺;②轨道摊铺机摊铺;③三辊轴机组摊铺;④滑模摊铺机摊铺。

在高等级公路上修建水泥混凝土路面,路面技术标准要求高,工程数量大,要保证施工进度和工程质量,宜采用机械化施工。近年来,随着我国水泥混凝土路面的迅速发展,除小型混凝土路面施工机具得到逐步配套和完善外,在一些主要公路上引进了混凝土摊铺机修建高等级路面。轨道摊铺机施工,就是机械化施工中最普通的一种方法。

一、轨道摊铺机铺筑水泥混凝土路面施工准备

轨道摊铺机施工,其工序与小型机具施工方法的工序相同,只是各工序由一种或几种机械按相应的工艺要求进行操作。轨道摊铺机施工方法各工序可选用的机械列于表 8-3。

表 8-3　轨道摊铺机施工方法各工序可选用机械

工序	可考虑选用的机械
混凝土拌和	拌和机、装载机、称量设备
混凝土运输	自卸汽车、搅拌车
卸料	侧向卸料机、纵向卸料机
摊铺	刮板式均料机、箱式摊铺机、螺旋式摊铺机
振捣	振捣机、内部振动式振捣机

各施工工序可以采用不同类型的机械,而不同类型的机械具有不同的工艺要求和生

产率。因此,整个机械化施工需要考虑机械的选型和配套。

(一)主导机械选型

主导机械是指承担主要工序施工任务的机械。主导机械对施工方式、施工质量、施工进度起主要作用,并决定成套机械的施工质量和生产率。由于决定水泥混凝土路面质量和使用性能的施工工序主要是混凝土的摊铺成型和拌和,因此通常把混凝土摊铺成型机械作为第一主导机械,把混凝土拌和机械作为第二主导机械。在机械选型时,应首先选定主导机械,然后根据主导机械的技术性能和生产率,选配配套机械。

主导机械的选择,除考虑满足施工质量和进度的要求外,还要考虑到我国现阶段工程单位的技术人员素质、管理水平和购买能力等实际情况。而配套机械的选型和配套数量,则必须考虑保证主导机械充分发挥其最大效率,并且使配套机械的类型和数量尽可能少。

(二)配合机械及配套机械

1. 配合机械

配合机械主要是指运输混凝土的车辆,选择的主要依据是混凝土的运量和运输距离。研究表明:运距在 1 km 以内,以 2 t 以下的小型自卸车比较经济;运距在 5 km 左右时,以 5~8 t 中型自卸车最为经济。考虑到混凝土在运输过程中水分的散失和离析等问题,更远的运输距离以采用容量为 6 m^3 以上的混凝土拌和运输车较为理想。

2. 配套机械

1)前方系统(最大铺筑宽度 4.5 m)

(1)以德国 VOGFLE 轨道摊铺机为主导机械的配套机械:

纵向修光机	1 台	振捣器(插入式)	2 台
养生剂喷洒器	2 台	纹理制作机	1 台
调速调厚切缝机	2 台	灌缝机	2 台
养护用洒水车	1 辆	移动电站(20 kW)	1 台

(2)以美国 C450X 轨道摊铺机为主导机械的配套机械:

刮板式匀料机	1 台	养生剂喷洒器	2 台
纹理制作机	1 台	调速、调厚切缝机	2 台
灌缝机	2 台	养护用洒水车	1 辆
移动电站(20 kW)	1 台		

2)后方系统

(1)一般双卧轴强制拌和机配套机械:

装载机(2L30、2L40)	2 台	翻斗车(1 t)	6~8 台
集料箱	1~2	套地磅	1~2 台
供水泵	1 台	计量水泵	1 台
移动电站	1 台		

(2)配有自动控制配料系统的混凝土拌和楼(站)配套机具:

装载机	1~2 台	散装水泥泵车	2 辆
供水泵(3.5 kW)	1 台	计量水泵(外加剂用)	1 台
移动电站(120 kW)	1 台		

(三)机械合理配套

合理配套主要指拌和机与摊铺机、运输车之间的配套情况。当摊铺机选定后,可根据机械的有关参数和施工中的具体情况计算出摊铺机械的生产率。拌和机械与之配套就是在保证摊铺机械生产率充分发挥的前提下,使拌和机械的生产率得到正常发挥,并在施工中保持均衡使用,协调一致。

当摊铺机和拌和机的生产率确定后,车辆在整个系统内的配套实质上是车辆与拌和机的配套。车辆的配套问题可以应用排队理论,找出合理的配套方案。考虑到装载点与车辆的配套是一个动态系统,即随着摊铺作业的推进,车辆的运输路程随时间的增加而增加。在运输与装载过程中,随机影响因素又较多,如道路状况、操作水平、设备运行状况等都在不断变化,因此对排队理论中单通道模型进行改进,增加时间变化等因素,便于在配套方案中适时优化控制,通过输入不同的采集数据得到不同的结果,然后进行分析比较,找出合理的优化方案。

二、轨道摊铺机铺筑水泥混凝土路面施工工艺

(一)轨道模板架设

1. 模板技术要求

公路混凝土路面板、桥面板和加铺层的施工模板应采用刚度足够的槽钢、轨道模板(轨模)或钢制边侧模板,不应使用木模板、塑料模板等其他易变形的模板。模板的精确度应符合表 8-4 的规定。钢模板的高度应为面板设计厚度,模板长度宜为 3~5 m。需设置拉杆时,模板应设拉杆插入孔。每米模板应设置 1 处支撑固定装置,见图 8-1。模板垂直度用垫木楔方法调整。

表 8-4 模板(加工矫正)允许偏差

施工方式	高度偏差/mm	局部变形/mm	垂直边夹角/(°)	顶面平整度/mm	侧面平整度/mm	纵向变形/mm
三辊轴机组	±1	±2	90±2	±1	±2	±2
轨道摊铺机	±1	±2	90±1	±1	±2	±1
小型机具	±2	±3	90±3	±2	±3	±3

横向施工缝端模板应按设计规定的传力杆直径和间距设置传力杆插入孔和定位套管。两边缘传力杆到自由边距离不宜小于 150 mm。每米设置 1 个垂直固定孔套。工作缝端模侧立面见图 8-2。模板或模板数量应根据施工进度和施工气温确定,并应满足拆模周期内周转需要。一般情况下,模板或轨模总量不宜少于 3~5 d 摊铺的需要。

2. 轨道模板安装

支模前在基层上应进行模板安装及摊铺位置的测量放样,每 20 m 应设中心桩;每 100 m 宜布设临时水准点;核对路面标高、面板分块、胀缝和构造物位置。测量放样的质

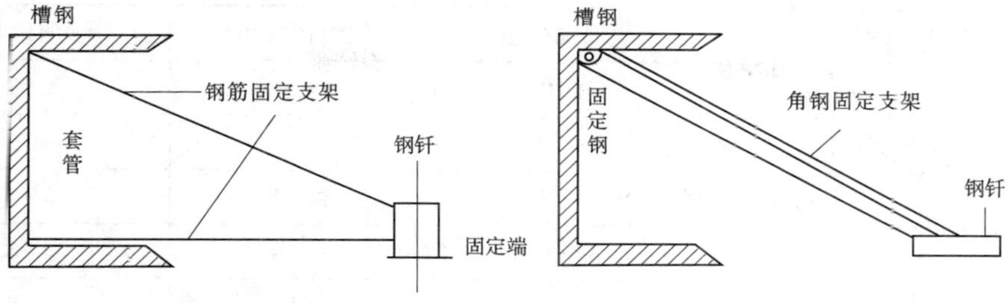

(a)焊接钢筋固定支架　　(b)焊接角钢固定支架

图 8-1　(槽)钢模板焊接钢筋或角钢固定示意图

量要求和允许偏差应符合相应规范的规定。纵横曲线路段应采用短模板,每块模板中点应安装在曲线切点上。轨道摊铺应采用长度为 3 m 的专用钢制轨模,轨模底面宽度宜为高度的 80%,轨道用螺栓、垫片固定在模板支座上,模板应使用钢钎与基层固定。轨道顶面应高于模板 20~40 mm,轨道中心至模板内侧边缘距离宜为 125 mm,见图 8-3。

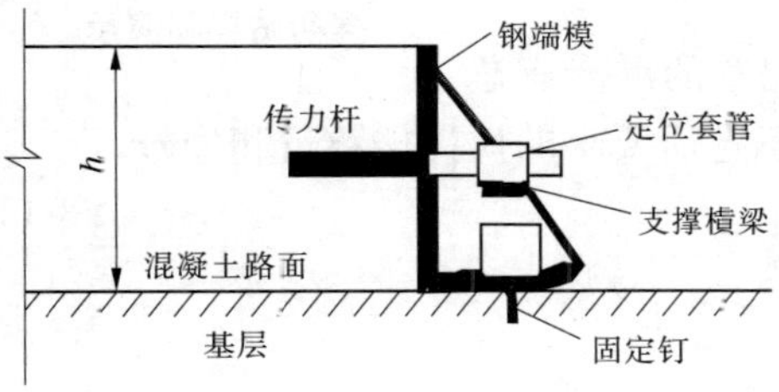

图 8-2　工作缝端模侧立面

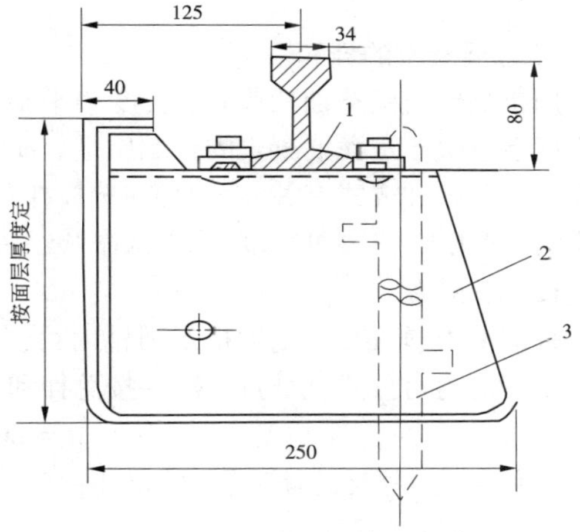

1—轨道;2—模板;3—钢钎。

图 8-3　轨道模板　(尺寸单位:mm)

模板应安装稳固、顺直、平整、无扭曲,相邻模板连接应紧密平顺,不得有底部漏浆、前后错茬、高低错台等现象。模板应在承受摊铺、振实、整平设备的负载行进、冲击和振动时不发生位移。严禁在基层上挖槽,嵌入安装模板。模板安装检验合格后,与混凝土拌和物接触的表面应涂脱模剂或隔离剂;接头应粘贴胶带或塑料薄膜等密封。

模板安装完毕,应经过测量人员使用与设计板厚相同的测板做全断面检验,其安装精确度应符合表 8-5 的规定。

表 8-5　模板安装精确度[1]要求

施工方式检测项目		三辊轴机组	轨道摊铺机	小型机具
平面偏位/mm		≤10	≤5	≤15
摊铺宽度偏差/mm		≤10	≤5	≤15
面板厚度/mm	代表值	≥-3	≥-3	≥-4
	极值	≥-6	≥-8	≥-8
纵断高程偏差/mm		±5	±5	±10
横坡偏差/%		±0. 10	±0. 10	±0. 20
相邻板高差/mm		≤1	≤1	≤2
顶面接茬 3 m 尺平整度/mm		≤2,合格率不低于 90%	≤1,合格率不低于 90%	≤2,合格率不低于 90%
模板接缝宽度/mm		≤2	≤2	≤3
模板垂直度/mm		≤3	≤2	≤4
纵向顺直度/mm		≤3	≤2	≤4

注:[1]模板安装精度采用尺测或 20 m 拉线检测。

(二)混凝土的拌和

用机械铺筑的路面质量(密实度和平整度)以及施工进度很大程度上取决于水泥混凝土的拌制质量。而拌制质量主要与混凝土配合比和拌和方式有关。因此,在选择拌和机时,主要考虑拌和品质、拌和能力、机械可靠度、工作效率和经济性。

码 8-1　水泥混凝土拌和站拌和演示

1. 搅拌设备

采用滑模、轨道、三辊轴机组摊铺时,搅拌场配置的混凝土总拌和生产能力可按式(8-1)计算,并按总拌和能力确定所要求的搅拌楼数量和型号。

$$M = 60\mu bhv_t \tag{8-1}$$

式中　M——搅拌楼总拌和能力,m^3/h;

b——摊铺宽度,m;

v_t——摊铺速度(≥1 m/min),m/min;

h——面板厚度,m;

μ——搅拌楼可靠性系数,1. 2~1. 5。

搅拌楼可靠性系数 μ 根据下述具体情况确定:搅拌楼可靠性高,μ 可取较小值;反之,μ 取较大值;拌和钢纤维混凝土时,μ 应取较大值;坍落度要求较低者,μ 应取较大值。

搅拌场的拌和能力配置应符合下列规定:

(1)不同摊铺方式所要求的搅拌楼最小生产容量应满足表 8-6 的规定。一般可配备 2~3 台搅拌楼,最多不宜超过 4 台。搅拌楼的规格和品牌尽可能统一。

(2)搅拌楼的配备应符合表 8-1 的规定。应优先选配间歇式搅拌楼,也可使用连续式搅拌楼。

表 8-6　混凝土路面不同摊铺方式的搅拌楼最小生产容量　　单位：m^3/h

摊铺宽度	滑模摊铺	轨道摊铺	碾压混凝土	三辊轴摊铺	小型机具
单车道 3.75~4.5 m	≥150	≥75	≥100	≥75	≥50
双车道 7.5~9 m	≥300	≥150	≥200	≥100	≥75
整幅宽≥12.5 m	≥400	≥200	≥300	—	—

2. 拌和技术要求

(1)每台搅拌楼在投入生产前，必须进行标定和试拌。在标定有效期满或搅拌楼搬迁安装后，均应重新标定。施工中应每 15 d 校验一次搅拌楼计量精确度。搅拌楼配料计量偏差不得超过表 8-7 的规定。不满足时，应分析原因，排除故障，确保拌和计量精确度。采用计算机自动控制系统的搅拌楼时，应使用自动配料生产，并按需要打印每天（周、旬、月）对应路面摊铺桩号的混凝土配料统计数据及偏差。

表 8-7　搅拌楼的混凝土配料计量允许偏差　　%

材料名称	水泥	掺和料	纤维	细集料	粗集料	水	外加剂
高速公路、一级公路每盘	±1	±1	±2	±2	±2	±1	±1
高速公路、一级公路累计每车	±1	±1	±2	±2	±2	±1	±1
其他等级公路	±2	±2	±2	±3	±3	±2	±2

(2)应根据拌和物的黏聚性、均质性及强度稳定性试拌确定最佳拌和时间。一般情况下，单立轴式搅拌机总拌和时间宜为 80~120 s，全部原材料到齐后的最短纯拌和时间不宜短于 40 s；行星立轴和双卧轴式搅拌机总拌和时间为 60~90 s，最短纯拌和时间不宜短于 35 s；连续双卧轴搅拌机的最短拌和时间不宜短于 40 s。最长总拌和时间不应超过高限值的 2 倍。

(3)在混凝土拌和过程中，不得使用沥水、夹冰雪、表面沾染尘土和局部暴晒过热的砂石料。

(4)外加剂应以稀释溶液加入，其稀释用水和原液中的水量，应从拌和加水量中扣除。使用间歇搅拌楼时，外加剂溶液浓度应根据外加剂掺量、每盘外加剂溶液筒的容量和水泥用量计算得出。连续式搅拌楼应按流量比例控制加入外加剂。加入搅拌锅的外加剂溶液应充分溶解，并搅拌均匀。有沉淀的外加剂溶液，应每天清除一次稀释池中的沉淀物。

(5)拌和引气混凝土时，搅拌楼一次拌和量不应大于其额定搅拌量的 90%。纯拌和时间应控制在含气量最大或较大时。

(6)粉煤灰或其他掺和料应采用与水泥相同的输送、计量方式加入。粉煤灰混凝土的纯拌和时间应比不掺粉煤灰混凝土的纯拌和时间延长 10~15 s。当同时掺用引气剂时，宜通过试验适当增大引气剂掺量，以达到规定含气量。

(7)拌和物质量检验与控制应符合下列要求：

在搅拌过程中，拌和物质量检验与控制应符合表8-8的规定。低温或高温天气施工时，拌和物出料温度宜控制在10~35 ℃，并应测定原材料温度、拌和物温度、坍落度及其损失率和凝结时间等。

表8-8　混凝土拌和物的质量检验项目和检验频率

检验项目	检验频率	
	高速公路、一级公路	其他等级公路
水灰比及稳定性	每5 000 m^3 抽检1次，有变化随时测	每5 000 m^3 抽检1次，有变化随时测
坍落度及其损失率	每工班测3次，有变化随时测	每工班测3次，有变化随时测
振动黏度系数	试拌、原材料和配合比有变化时测	试拌、原材料和配合比有变化时测
纤维体积率	每工班测2次，有变化随时测	每工班测1次，有变化随时测
含气量	每工班测2次，有抗冻要求时不少于3次	每工班测1次，有抗冻要求时不少于3次
泌水率	每工班测2次	每工班测2次
表观密度	每工班测1次	每工班测1次
温度、凝结时间、水化发热量	冬、夏季施工，气温最高、最低时，每工班至少测1~2次	冬、夏季施工，气温最高、最低时，每工班至少测1次
改进 V_c 值	每工班测3次，有变化随时测	每工班测3次，有变化随时测
离析	随时观察	随时观察
压实度、松铺系数	每工班测3次，有变化随时测	每工班测3次，有变化随时测

拌和物应均匀一致，有生料、干料、离析或外加剂、粉煤灰成团现象的非均质拌和物严禁用于路面摊铺。一台搅拌楼的每盘之间，各搅拌楼之间，拌和物的坍落度最大允许偏差为±10 mm，拌和物坍落度应为最适宜摊铺的坍落度值与当时气温下运输坍落度损失值两者之和。

(三)混凝土的运输

为保证混凝土的工作性，在运输中，应考虑蒸发失水和水化失水，以及因运输的颠簸和振动使混凝土发生离析等。要减小这些因素的影响，其关键是缩短运输时间，并采取适当措施防止水分损失(如用帷布或其他适当方法将其表面覆盖)和离析。

机械化施工时，可以采用自卸汽车或搅拌车运输混凝土。一般情况下，坍落度为2.5 cm以下的用自卸汽车运输，坍落度大于5.0 cm时用搅拌车运输。从开始搅拌到浇筑的时间，用自卸汽车运输时不得超过1.0 h，用搅拌车时不得超过1.5 h，若运输时间超过限值，或者在夏天铺筑路面时，宜使用缓凝剂。

1. 运输车辆

可选配车况优良、载重量5~20 t的自卸车，自卸车后挡板应关闭紧密，运输时不漏浆撒料，车厢板应平整光滑。远距离运输或摊铺钢筋混凝土路面及桥面时，宜选配混凝土罐

车。机械摊铺系统配套的运输车数量,可按式(8-2)计算:

$$N = 2n\left(1 + \frac{S\gamma_{c}m}{v_{q}g_{q}}\right) \tag{8-2}$$

式中 N——汽车辆数,辆;

n——相同产量搅拌楼台数;

S——单程运输距离,km;

γ_c——混凝土密度,t/m^3;

m——一台搅拌楼每小时生产能力,m/h;

v_q——车辆的平均运输速度,km/h;

g_q——汽车载重能力,t/辆。

2. 运输技术要求

(1)应根据施工进度、运量、运距及路况,选配车型和车辆总数,总运力应比总拌和能力略有富余。确保新拌和混凝土在规定时间内运到摊铺现场。

(2)运输到现场的拌和物必须具有适宜摊铺的工作性。不同摊铺工艺的混凝土拌和物从搅拌机出料到运输、铺筑碾压的允许最长时间应符合表 8-9 的规定。不满足时应通过试验加大缓凝剂或保塑剂的剂量。

表 8-9 混凝土拌和物出料到运输、铺筑碾压允许最长时间

施工气温/℃	到运输完毕允许最长时间/h		铺筑碾压时间/h
	滑模、轨道	三辊轴、小型机具	
5~9	1.5	1.2	1.0
10~19	1.25	1.0	1.0
20~29	1.0	0.75	0.6
30~35	0.75	0.50	0.4

注:施工气温指施工时间的日间平均气温,使用缓凝剂延长凝结时间后,本表数值可增加 0.25~0.5 h。

(3)混凝土拌和物的运输除应满足上述规定外,尚应符合下列技术要求:

①运送混凝土的车辆装料前,应清净厢罐,洒水润壁,排干积水。装料时,自卸车应挪动车位,防止离析。搅拌楼卸料落差不应大于 2 m。

②在混凝土运输过程中应防止漏浆、漏料和污染路面,途中不得随意耽搁。自卸车运输应减少颠簸,防止拌和物离析。车辆起步和停车应平稳。

③超过表 8-9 规定摊铺允许最长时间的混凝土不得用于路面摊铺。混凝土一旦在车内停留超过初凝时间,应采取紧急措施处置,严禁混凝土硬化在车厢(罐)内。

④烈日、大风、雨天和低温天远距离运输时,自卸车应遮盖混凝土,罐车宜加保温隔热套。

⑤使用自卸车运输混凝土最远运输半径不宜超过 20 km。

⑥运输车辆在模板或导线区调头或错车时,严禁碰撞模板或基准线,一旦碰撞,应告知测工重新测量纠偏。

⑦车辆倒车及卸料时,应有专人指挥。卸料应到位,严禁碰撞摊铺机和前场施工设备及测量仪器。卸料完毕,车辆应迅速离开。

⑧碾压混凝土卸料时,车辆应在前一辆车离开后立即倒向摊铺机,并在机前 10~30 cm 处停住,不得撞击沥青摊铺机。然后换成空挡,并迅速升起料斗卸料,靠摊铺机推动前进。

(四)混凝土的摊铺与振捣

摊铺是将倾卸在基层上或摊铺机箱内的混凝土按摊铺厚度均匀地充满模板范围之内。轨道摊铺机按布料方式不同,可选用刮板式、箱式和螺旋式。

1. 机械选型与配套

轨道摊铺机的选型应根据路面车道数或设计宽度按表 8-10 的技术参数选择。最小摊铺宽度不得小于单车道 3.75 m。

表 8-10　轨道摊铺机的基本技术参数

项目	发动机功率/kW	最大摊铺宽度/m	摊铺厚度/mm	摊铺速度/(m/min)	整机质量/t
三车道轨道摊铺机	33~45	11.75~18.3	250~600	1~3	13~38
双车道轨道摊铺机	15~33	7.5~9.0	250~600	1~3	7~13
单车道轨道摊铺机	8~22	3.5~4.5	250~450	1~4	≤7

其他设备可参照本工作任务“轨道摊铺机铺筑水泥混凝土路面施工准备”的相关内容配套选用。

2. 确定松铺高度

松铺系数与混凝土的配合比、集料粒径和坍落度等因素有关,但施工阶段主要取决于坍落度,合适的松铺系数按各工程的配合比情况由试验确定。轨道摊铺时的适宜坍落度按振捣密实情况宜控制在 20~40 mm。不同坍落度时的松铺系数 K 可参考表 8-11 确定,并按此计算出松铺高度。

表 8-11　松铺系数 K 与坍落度 S_L 的关系

坍落度 S_L/mm	5	10	20	30	40	50	60
松铺系数 K	1.30	1.25	1.22	1.19	1.17	1.15	1.12

3. 摊铺布料

1)刮板式摊铺机作业

摊铺机本身能在模板上自由地前后移动,在前面的导管上左右移动。由于刮板本身也旋转,所以可以将卸在基层上的混凝土堆向任意方向自由地摊铺,如图 8-4 所示。这种摊铺机比其他类型摊铺机的质量轻,容易操作,易于掌握,故使用较普遍,但其摊铺能力较小。

2)箱式摊铺机作业

混凝土通过卸料机(纵向或横向)卸在钢制的箱子内。箱子在机械前进行驶时横向移动,同时箱子的下端按松铺高度刮平混凝土,如图 8-5 所示。

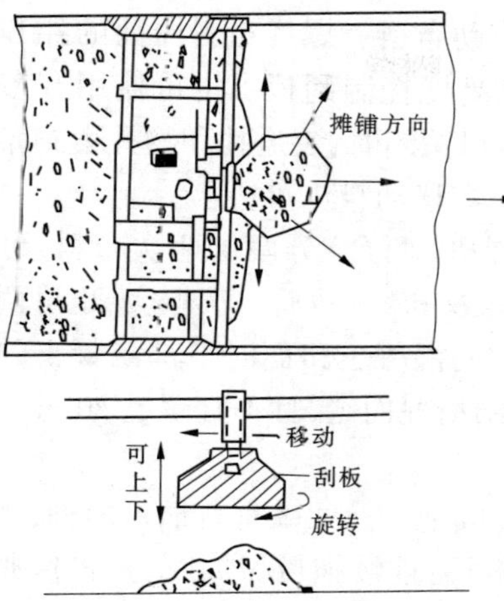

图 8-4　刮板式摊铺机作业

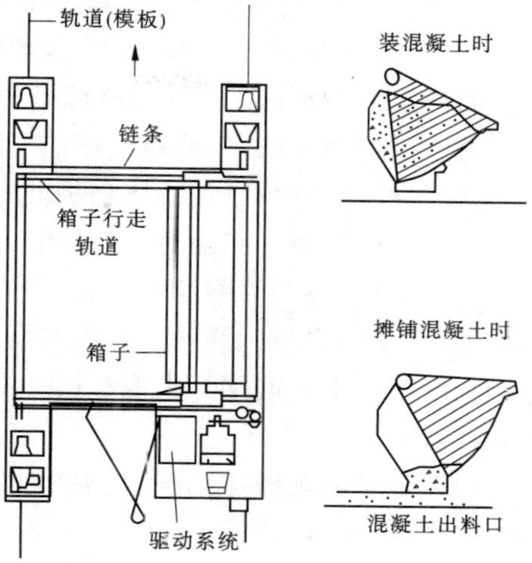

图 8-5　箱式摊铺机作业

箱式摊铺机作业时由于混凝土一次全部放在箱内,所以质量大,但能摊铺均匀而且很准确。其摊铺能力大,故障较少。

3)螺旋式摊铺机作业

螺旋式摊铺机采用可以正反方向旋转的螺旋杆(直径约 50 cm)将混凝土摊开。螺旋后面有刮板,可以准确调整高度(见图 8-6)。这种摊铺机的摊铺能力大,其松铺系数一般在 1.15~1.30。

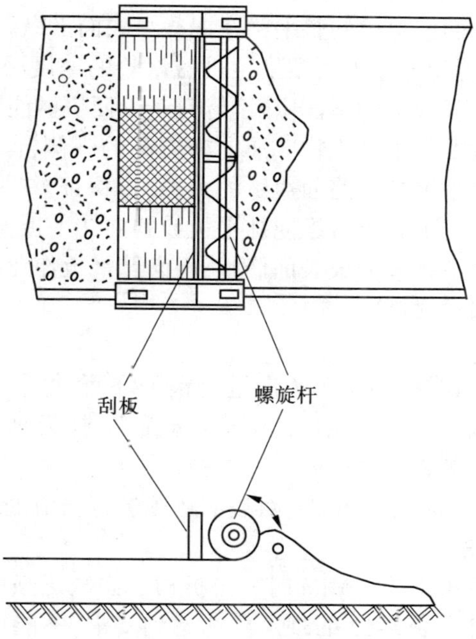

图 8-6　螺旋式摊铺机作业

使用轨道摊铺机前部配备的螺旋布料器或可上下左右移动的刮板布料，料堆不得过高过大，亦不得缺料，可使用挖掘机、装载机或人工辅助布料。螺旋布料器前的拌和物应保持在面板以上 100 mm 左右，布料器后宜配备松铺高度控制刮板。也可使用有布料箱的轨道摊铺机精确布料，箱式轨道摊铺机的料斗出料口关闭时，装进拌和物并运到布料位置后，轻轻打开料斗出料口，待拌和物堆成"堤状"，左右移动料斗布料。

当施工钢筋混凝土路面时，宜选用箱式轨道摊铺机（两台）分两层两次布料，可在第一层布料完成后，将钢筋网片安装好，再进行表面第二次布料，然后一次振实；也可两次布料两次振实，中间安装钢筋网。采用双层两遍摊铺钢筋混凝土路面时下部混凝土的布料与摊铺长度应根据钢筋网片长度和第一层混凝土凝结情况而定，且不宜超过 20 m。

4. 振捣

轨道摊铺机应配备振捣棒组，振捣方式有斜插连续拖行及间歇垂直插入两种，当面板厚度超过 150 mm、坍落度小于 30 mm 时，必须插入振捣；连续拖行振捣时，宜将作业速度控制在 0.5~1.0 m/min，并随着坍落度的大小而增减。间歇振捣时，当一处混凝土振捣密实后，将振捣棒组缓慢拔出，再移动到下一处振实，移动距离不宜大于 500 mm。

轨道摊铺机应配备振动板或振动梁对混凝土表面进行振捣和修整，振动梁的振捣频率宜控制在 50~100 Hz，偏心轴转速调节到 2 500~3 500 r/min。经振捣棒组振实的混凝土，宜使用振动板振动提浆，并密实饰面，提浆厚度宜控制在（4±1）mm。

5. 表面修整

振实后混凝土还应进一步整平、精光，做防滑处理等，以获得平整、粗糙的表面。

采用机械修整时，表面修整机有斜向移动和纵向移动两种。斜向移动表面修整机是通过一对与机械行走轴线成 10°~13°的整平梁做相对运动来完成的，其中一根整平梁为振动整平梁。纵向移动表面修整机的整平梁在混凝土表面沿纵向滑动的同时还在横向往返移动，随机体前进而将混凝土板表面整平。机械修整的速度必须考虑混凝土的易修整性和机械的特性等。轨道或模板的顶面应经常清扫，以便机械能顺畅通过。

往复式整平滚筒前的混凝土堆积物应涌向横坡高的一侧，保证路面横坡高端有足够的料找平。及时清理因整平推挤到路面边缘的余料，以保证整平精度和整平机械在轨道上的作业行驶。轨道摊铺机上宜配备纵向抹平板或斜向抹平板。纵向抹平板随轨道摊铺机作业行进可左右贴表面滑动并完成表面修整；斜向抹平板作业时，抹平板沿斜向左右滑动，同时随机身行进，完成表面修整。

6. 精平饰面

应采用 3~5 m 刮尺，在纵、横两个方向进行精平饰面，每个方向不少于两遍，也可采用旋转抹面机密实精平饰面两遍。刮尺、刮板、抹面机、抹刀饰面的最迟时间不得迟于表 8-9 规定的铺筑完毕允许最长时间。

为提高水泥混凝土路面行车安全性，对表面还须进行防滑处理。

（五）模板拆除及矫正

当混凝土抗压强度不小于 8.0 MPa 时方可拆模。当缺乏强度实测数据时，边侧模板的允许最早拆模时间宜符合表 8-12 的规定。达不到要求，不能拆除端模时，可空出一块面板，重新起头摊铺，空出的面板待两端均可拆模后再补做。

表 8-12　混凝土路面层的允许最早拆模时间　　单位:h

昼夜平均气温/℃	-5	0	5	10	15	20	25	≥30
硅酸盐水泥、R 型水泥	240	120	60	36	34	28	24	18
普通硅酸盐水泥	360	168	72	48	36	30	24	18
矿渣硅酸盐水泥	—	—	120	60	50	45	36	24

注:允许最早拆边侧模板时间从混凝土面板精整成型后开始计算。

拆模不得损坏板边、板角和传力杆、拉杆周围的混凝土,也不得造成传力杆和拉杆松动或变形。模板拆卸宜使用专用拔楔工具,严禁使用大锤强击拆卸模板。

拆下的模板应将黏附的砂浆清除干净,并矫正变形或局部损坏,矫正精度应符合相关规范的要求。

(六)面层接缝

1. 纵缝施工要求

(1)当一次铺筑宽度小于路面和硬路肩总宽度时,应设纵向施工缝,位置应避开轮迹,并重合或靠近车道线,构造可采用平缝加拉杆型。当所摊铺的面板厚度大于等于 260 mm 时,也可采用插拉杆的企口型纵向施工缝。采用滑模施工时,纵向施工缝的拉杆可用摊铺机的侧向拉杆装置插入。采用固定模板施工方式时,应在振实过程中,从侧模预留孔中手工插入拉杆。

(2)当一次摊铺宽度大于 4.5 m 时,应采用假缝拉杆型纵缝,即锯切纵向缩缝,纵缝位置应按车道宽度设置,并在摊铺过程中用专用的拉杆插入装置插入拉杆。

(3)钢筋混凝土路面、桥面和搭板的纵缝拉杆可由横向钢筋延伸穿过接缝代替。钢纤维混凝土路面切开的假纵缝可不设拉杆,纵向施工缝应设拉杆。

(4)插入的侧向拉杆应牢固,不得松动、碰撞或拔出。若发现拉杆松脱或漏插,应在横向相邻路面摊铺前,钻孔重新植入。当发现拉杆可能被拔出时,宜进行拉杆拔出力(握裹力)检验,混凝土与拉杆握裹力试验方法可参照《公路水泥混凝土路面施工技术细则》(JTG/T F30—2014)。

2. 施工缝

每天摊铺结束或摊铺中断时间超过 30 min 时,应设置横向施工缝,其位置宜与胀缝或缩缝重合,确有困难不能重合时,施工缝应采用设螺纹传力杆的企口缝形式。横向施工缝应与路中心线垂直。横向施工缝在缩缝处采用平缝加传力杆型,见图 8-7。在胀缝处其构造与胀缝相同,见图 7-4。

3. 横向缩缝施工要求

(1)普通混凝土路面横向缩缝宜等间距布置,不宜采用斜缝。不得不调整板长时,最大板长不宜大于 6.0 m;最小板长不宜小于板宽。

(2)在中、轻交通的混凝土路面上,横向缩缝可采用不设传力杆假缝型,如图 8-8(a)所示。

(3)在特重和重交通公路、收费广场、邻近胀缝或路面自由端的 3 条缩缝应采用假缝

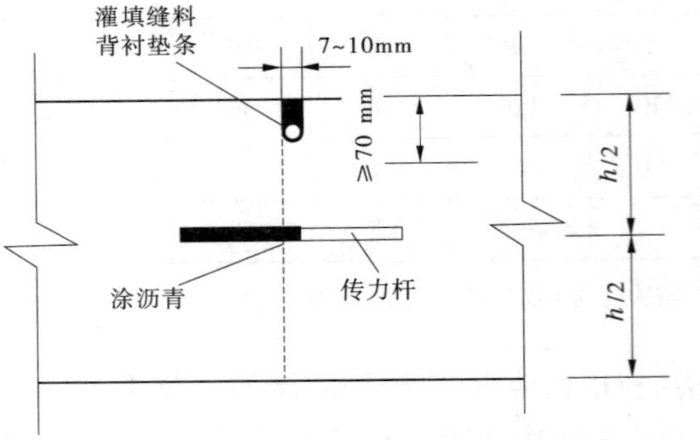

图 8-7　横向施工缝构造示意图

加传力杆型。缩缝传力杆的施工方法可采用前置钢筋支架法或传力杆插入装置(DBI)法,支架法的构造如图 8-8(b)所示。钢筋支架应具有足够的刚度,传力杆应准确定位,摊铺前应在基层表面放样,并用钢钎锚固,宜使用手持振捣棒振实传力杆高度以下的混凝土,然后机械摊铺。传力杆无防粘涂层一侧应焊接,有涂料一侧应绑扎。用 DBI 法置入传力杆时,应在路侧缩缝切割位置作标记,保证切缝位于传力杆中部。

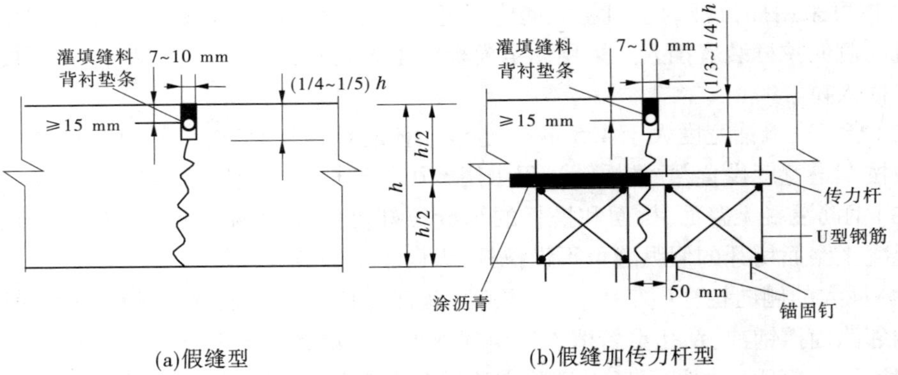

图 8-8　横向缩缝构造

4. 胀缝设置与施工

普通混凝土路面、钢筋混凝土路面和钢纤维混凝土路面的胀缝间距视集料的温度膨胀性大小、当地年温差和施工季节综合确定:高温施工,可不设胀缝;常温施工,集料温缩系数和年温差较小时,可不设胀缝;集料温缩系数或年温差较大,路面两端构造物间距大于等于 500 m 时,宜设一道中间胀缝;低温施工,路面两端构造物间距大于等于 350 m 时,宜设一道胀缝。邻近构造物、平曲线或与其他道路相交处的胀缝应按《公路水泥混凝土路面设计规范》(JTG D40—2011)的规定设置。

普通混凝土路面的胀缝应设置胀缝补强钢筋支架、胀缝板和传力杆,胀缝构造如图 7-4 所示。钢筋混凝土和钢纤维混凝土路面可不设钢筋支架。胀缝宽 20~25 mm,使用沥青或塑料薄膜滑动封闭层时,胀缝板及填缝宽度宜加宽到 25~30 mm。传力杆一半以上长度的表面应涂防粘涂层,端部应戴活动套帽,套帽材料与尺寸应符合相关规范的要求。胀缝板应与路中心线垂直,缝壁垂直;缝隙宽度一致;缝中完全不连浆。

胀缝应采用前置钢筋支架法施工，也可采用预留一块面板，高温时再铺封。前置法施工，应预先加工、安装和固定胀缝钢筋支架，并使用手持振捣棒振实胀缝板两侧的混凝土后再摊铺。宜在混凝土未硬化时，剔除胀缝板上部的混凝土，嵌入(20～25) mm×20 mm 的木条，整平表面。胀缝应连续贯通整个路面板宽度。

5. 拉杆、胀缝板、传力杆及其套帽、滑移端设置

拉杆、胀缝板、传力杆及其套帽、滑移端设置精确度应符合表 8-13 的要求。

表 8-13 拉杆、胀缝板、传力杆及其套帽、滑移端设置精确度

项目	允许偏差/mm	测量位置
传力杆端上下左右偏斜	10	在传力杆两端测量
传力杆深度及左右位置偏差	20	以面板为基准测量
传力杆沿路面纵向前后偏位	30	以缝中心线为准
拉杆端及在板中上下左右偏差	20	杆两端和板面测量
拉杆沿路面纵向前后偏位	30	纵向测量
胀缝传力杆套帽偏差(长度≥100 mm)	10	从封堵帽端起测
胀缝板倾斜偏差	20	以板底为准
胀缝板的弯曲和位移偏差	10	以缝中心线为准

注：胀缝板不允许混凝土连浆，必须完全隔断。

6. 切缝作业

贫混凝土基层、各种混凝土面层、加铺层、桥面和搭板的纵、横向缩缝均应采用切缝法施工。切缝作业应符合下列规定：

(1)横向缩缝的切缝方式有全部硬切缝、软硬结合切缝和全部软切缝三种。切缝方式的选用，应由施工期间该地区路面摊铺完毕到切缝时的昼夜温差确定，宜参照表 8-14 选用。

表 8-14 当地昼夜温差与缩缝适宜切缝方式、时间与深度参考表

昼夜温差[1]/℃	缩缝切缝方式与时间[2]	缩缝切割深度
<10	硬切缝：切缝时机以切缝时不啃边即可开始，纵缝可略晚于横缝，所以纵、横缩缝最晚切缝时间均不得超过 24 h	缝中无拉杆、传力杆时，深度为 1/3～1/4 板厚，最浅 60 mm；缝中有拉杆、传力杆时，深度缝深为 1/3～2/5 板厚，最浅 80 mm
10～15	软硬结合切缝：每隔 1～2 条提前软切缝，其余用硬切缝补切	硬切缝深度同上。软切缝深度不应小于 60 mm；不足者应硬切补深到 1/3 板厚，已断开的缝不补切
>15	软切缝：抗压强度为 1～1.5 MPa，人可行走时开始软切。软切缝时间不应超过 6 h	软切缝深度不应小于 60 mm，未断开的接缝，应硬切补深到不小于 2/5 板厚

注：[1]当降雨、刮风引起路面温度骤降时，应提早软切缝或硬切缝。

[2]三种切缝方式均应冲洗干净切缝泥浆，并恢复表面养生覆盖。

(2)对分幅摊铺的路面应在先摊铺的混凝土板横缩缝已断开的部位作标记。在后摊铺的路面上应对齐已断开的横缩缝提前软切缝。有传力杆缩缝的切缝深度应为1/3~1/4板厚,最浅不得小于70 mm;无传力杆缩缝的切缝深度应为1/4~1/5板厚,最浅不得小于60 mm。

(3)高速公路和一级公路及路基高度大于等于10 m的高边坡、软基及填挖交界路段、桥头搭板、桥面板的纵向施工缝,应在上半部涂满沥青,然后硬切缝,并填缝。二级及二级以下公路一般路段的纵向施工缝在上半部涂满沥青后,可不切缝。

(4)对已插入拉杆的纵向假缩缝,切缝深度不应小于1/3~1/4板厚,最浅切缝深度不应小于70 mm,纵、横缩缝宜同时切缝。

(5)缩缝切缝宽度宜控制在4~6 mm,切缝时锯片晃度不应大于2 mm。可先用薄锯片锯切到要求深度,再使用6~8 mm厚锯片或叠合锯片扩宽填缝槽,填缝槽深度宜为25~30 mm,宽度宜为7~10 mm,如图7-6所示。

(6)在变宽度路面上,宜先切缝划分板宽。匝道上的纵缝宜避开轮迹位置。横缝应垂直于每块面板的中心线。变宽度路面缩缝,允许切割成小转角的折线,相邻板的横向缩缝切口必须对齐,允许偏差不得大于5 mm。

(七)抗滑构造施工

1. 抗滑构造技术要求

各交通等级混凝土面层竣工时的表面抗滑技术要求应符合《公路水泥混凝土路面施工技术细则》(JTG/T F30—2014)的规定。构造深度应均匀,不损坏构造边棱,耐磨抗冻,不影响路面和桥面的平整度。

2. 抗滑构造施工

(1)摊铺完毕或精整平表面后,宜使用钢支架拖挂1~3层叠合麻布、帆布或棉布,洒水湿润后做拉毛处理。布片接触路面的长度以0.7~1.5 m为宜,细度模数偏大的粗砂,拖行长度取小值;砂较细,取大值。人工修整表面时,宜使用木抹。用钢抹修整过的光面,必须进行拉毛处理,以恢复细观抗滑构造。

(2)当日施工进度超过500 m时,抗滑沟槽制作宜选用拉毛机施工,没有拉毛机时,可采用人工拉槽方式。在混凝土表面泌水完毕20~30 min内应及时进行拉槽。拉槽深度应为2~4 mm,槽宽3~5 mm,槽间距15~25 mm。可施工等间距或非等间距抗滑槽,为减小噪声,宜使用后者。衔接间距应保持一致。

(3)特重和重交通混凝土路面宜采用硬刻槽,凡使用圆盘、叶片式抹面机精平后的混凝土路面、钢纤维混凝土路面必须采用硬刻槽方式制作抗滑沟槽。可采用等间距刻槽,其几何尺寸与上款相同;为降低噪声宜采用非等间距刻槽,尺寸宜为:槽深3~5 mm,槽宽3 mm,槽间距在12~24 mm随机调整。路面结冰地区,硬刻槽的形状宜使用上宽6 mm、下窄3 mm的梯形槽;硬刻槽机重量宜重不宜轻,一次刻槽最小宽度不应小于500 mm,硬刻槽时不应掉边角,亦不得中途抬起或改变方向,并保证硬刻槽到面板边缘。抗压强度达到40%后可开始硬刻槽,并宜在两周内完成。硬刻槽后应随即将路面冲洗干净,并恢复路面的养生。

(4)一般路段可采用横向槽或纵向槽,在弯道或要求减噪的路段宜使用纵向槽。

(5)年降雨量小于 250 mm 地区的各级公路混凝土路面,可不拉毛和刻槽;年降雨量为 250~500 mm 的地区,当组合坡度小于 3%时,可不拉毛和刻槽;组合坡度大于等于 3%时,宜执行《公路水泥混凝土路面施工技术细则》(JTG/T F30—2014)中一般路段的抗滑构造规定。高寒和寒冷地区混凝土路面的停车带边板和收费站广场,可不制作抗滑沟槽。

新建路面或旧路面抗滑构造不满足要求时,可采用硬刻槽或喷砂打毛等方法加以恢复。

(八)混凝土路面养生

1. 养生方式

混凝土路面铺筑完成或制作抗滑构造完毕后应立即开始养生。机械摊铺的各种水泥混凝土面板及桥面宜采用喷洒养生剂同时保湿覆盖的方式养生。在雨天或养生用水充足的情况下,也可采用覆盖保湿膜、土工毡、土工布、麻袋、草袋、草帘等洒水湿养生方式,不宜使用围水养生方式。

2. 喷洒养生剂养生

混凝土路面采用喷洒养生剂养生时,喷洒应均匀、成膜厚度应足以形成完全密闭水分的薄膜,喷洒后的表面不得有颜色差异。喷洒时间宜在表面混凝土泌水完毕后进行。喷洒高度宜控制在 0.5~1 m。使用一级品养生剂时,最小喷洒剂量不得少于 0.30 kg/m^2;合格品的最小喷洒剂量不得少于 0.35 kg/m^2。不得使用易被雨水冲刷掉的和对混凝土强度、表面耐磨性有影响的养生剂。当喷洒一种养生剂达不到 90%以上有效保水率要求时,可采用两种养生剂各喷洒一层或喷一层养生剂再加覆盖的方法。

3. 覆盖塑料薄膜养生

覆盖塑料薄膜养生的初始时间,以不压坏细观抗滑构造为准。薄膜厚度(韧度)应合适,宽度应大于覆盖面 600 mm。两条薄膜对接时,搭接宽度不应小于 400 mm,养生期间应始终保持薄膜完整盖满。

4. 覆盖养生

覆盖养生宜使用保湿膜、土工毡、土工布、麻袋、草袋、草帘等覆盖物保湿养生并及时洒水,保持混凝土表面始终处于潮湿状态,并由此确定每天的洒水遍数。

昼夜温差大于 10 ℃以上的地区或日平均温度小于等于 5 ℃施工的混凝土路面应采取保温保湿养生措施。

5. 养生时间

养生时间应根据混凝土弯拉强度增长情况而定,不宜小于设计弯拉强度的 80%,应特别注重前 7 d 的保湿(温)养生。一般养生天数宜为 14~21 d,高温天不宜少于 14 d,低温天不宜少于 21 d。掺粉煤灰的混凝土路面,最短养生时间不宜少于 28 d,低温天应适当延长。

6. 交通管制

混凝土面板养生初期,严禁人、畜、车辆通行,在达到设计强度的 40%后,行人方可通行。在路面养生期间,平交道口应搭建临时便桥。面板达到设计弯拉强度后,方可开放交通。

(九)灌缝

混凝土面板养生期满后,应及时灌缝。

应先采用切缝机清除接缝中夹杂的砂石、凝结的泥浆等,再使用压力大于等于0.5 MPa的压力水和压缩空气彻底清除接缝中的尘土及其他污染物,确保缝壁及内部清洁、干燥。缝壁检验以擦不出灰尘为标准。

(1)使用常温聚氨酯和硅树脂等填缝料时,应按规定比例将两组分材料按1 h灌缝量混拌均匀后使用。

(2)使用加热填缝料时应将填缝料加热至规定温度。在加热过程中应将填缝料融化,搅拌均匀,并保温使用。

路面胀缝和桥台隔离缝等应在填缝前,凿去接缝板顶部嵌入的木条,涂黏结剂后,嵌入胀缝专用多孔橡胶条或灌进适宜的填缝料,当胀缝的宽度不一致或有啃边、掉角等现象时,必须灌缝。灌缝的形状系数宜控制在2左右,灌缝深度宜为15~20 mm,最浅不得小于15 mm。先挤压嵌入直径9~12 mm的多孔泡沫塑料背衬条,再灌缝。灌缝顶面热天应与板面齐平;冷天应填为凹液面,中心低于板面1~2 mm。填缝必须饱满、均匀、厚度一致并连续贯通,填缝料不得缺失、开裂和渗水。

常温施工式填缝料的养生期,低温天宜为24 h,高温天宜为12 h。加热施工式填缝料的养生期,低温天宜为2 h,高温天宜为6 h。在灌缝料养生期间应封闭交通。

工作任务三　滑模摊铺机铺筑施工工艺

滑模摊铺机的特点是不需轨模,用由4个液压缸支承腿控制的履带行走机构行走。整个摊铺机的机架支承在4个液压缸上,它可以通过控制机构上下移动,调整摊铺层厚度。在摊铺机的两侧设置有随机移动的固定滑模板,因此不需另设轨模。这种摊铺机一次通过就可以完成摊铺、捣实、整平等多道工序。

一、滑模摊铺机铺筑水泥混凝土路面施工准备

滑模施工技术主要包括摊铺基准线的测量、设置及技术要求;滑模混凝土的搅拌与运输;滑模摊铺水泥混凝土路面板;滑模混凝土路面山区弯道施工技术;整体滑模摊铺硬路肩、路缘石及护栏等交通构造物技术等5部分内容。

码8-2　水泥混凝土滑膜摊铺施工

滑模摊铺机铺筑水泥混凝土路面施工前应做以下准备工作。

(一)机械配备

1.滑模摊铺机基本技术参数

高速公路、一级公路施工,宜选配能一次摊铺不少于2个车道宽度的滑模摊铺机;二级公路路面的最小摊铺宽度不得小于单车道设计宽度。硬路肩的摊铺宜选配中、小型多功能滑模摊铺机,并宜连体一次摊铺路缘石。滑模摊铺机可按表8-15的基本技术参数选择。

表 8-15　滑模摊铺机的基本技术参数

项目	发动机功率/kW	摊铺宽度范围/m	摊铺最大厚度/mm	摊铺速度范围/(m/min)	最大空驶速度/(m/min)	最大行走速度/(m/min)	履带个数/个
三车道滑模摊铺机	≥200	12.5~16.0	≤500	0.75~3.0	5.0	≤15	4
双车道滑模摊铺机	≥150	3.6~9.7	≤500	0.75~3.0	5.0	≤18	2~4
多功能单车道滑模摊铺机	≥70	2.5~6.0	≤400(护栏最大高度≤1 900)	0.75~3.0	9.0	≤15	2~4
路缘石滑模摊铺机	≥60	0.5~2.5	≤450	0.75~2.0	9.0	≤10	2~3

2. 滑模摊铺机施工主要机械和机具配套

滑模摊铺路面时，可配备 1 台挖掘机或装载机辅助布料。采用前置钢筋支架法设置缩缝传力杆的路面、钢筋混凝土路面、桥面和桥头搭板时，应选择下列适宜的布料机械：

(1)侧向上料的布料机。

(2)侧向上料的供料机。

(3)带侧向上料机构的滑模摊铺机。

(4)挖掘机加料斗侧向供料。

(5)吊车加短便桥钢凳，车辆直接卸料。

(6)吊车加料斗起吊布料。

可采用拉毛养生机或人工软拉槽制作抗滑沟槽。工程规模大、日摊铺进度快时，宜采用拉毛养生机。高速公路、一级公路宜采用刻槽机进行硬刻槽，其刻槽作业宽度不宜小于 500 mm，所配备的硬刻槽机数量及刻槽能力应与滑模摊铺进度相匹配。滑模摊铺混凝土路面的切缝，可使用软锯缝机、支架式硬锯缝机和普通锯缝机。配备的锯缝机数量及切缝能力应与滑模摊铺进度相适应。滑模摊铺施工主要机械和机具配套宜符合表 8-16 的要求。

(二)基准线的测量、设置和技术要求

基准线设置广泛应用于滑模摊铺水泥混凝土路面、桥面、路缘石、护栏施工中。设基准线的目的是为滑模摊铺建立一个标高、纵横坡、板厚、板宽、摊铺中线、弯道及连续平整度等基本几何位置的基准参照系。因此，基准线的材料准备、设置形式、安装方法、小半径弯道及缓和曲线段施工、桥涵上基准线设置等都必须引起高度重视。

表 8-16　滑模摊铺机施工主要机械和机具配套

工作内容	主要施工机械设备	
	名称	机型及规格
钢筋加工	钢筋锯断机、折弯机、电焊机	根据需要确定规格和数量
测量基准线	水准仪、经纬仪、全站仪	根据需要确定规格和数量
	基准线、线桩及紧线器	300 个桩、5 个紧线器、3 000 m 基准线
搅拌	强制式搅拌楼	≥50 m^3/h,根据计算确定数量
	装载机	2~3 m^3
	发电机	≥120 kW
	供水泵和蓄水池	≥250 m^3
运输	运输车	4~6 m^3,根据匹配计算确定数量
	自卸车	4~24 m^3,根据匹配计算确定数量
摊铺	布料机、挖掘机、吊车等布料设备	根据需要确定规格和数量
	滑模摊铺机 1 台	技术参数见表 8-15
	手持振捣棒、整平梁、模板	根据人工施工接头需要确定
抗滑	拉毛养生机* 1 台	与滑模摊铺机同宽
	人工拉毛齿耙、工作桥	根据需要确定规格和数量
	硬刻槽机* 刻槽宽度≥500 mm,功率≥7.5 kW	数量与摊铺进度匹配
切缝	软锯缝机	根据需要确定规格和数量
	常规锯缝机或支架锯缝机	根据需要确定规格和数量
	移动发电机	12~60 kW,根据施工需要确定数量
磨平	水磨石磨机	需要处理欠平整部位时
灌缝	灌缝机或插胶条工具	根据需要确定规格和数量
养生	压力式喷洒机或喷雾器	根据需要确定规格和数量
	工地运输车(台)	4~6 t,按需要确定数量
	洒水车(台)	4.5~8 t,按需要确定数量

注:* 可按装备、投资、施工方式等不同要求选配。

1. 基准线的材料、安装设备及工具

1) 基准线的材料和安装设备

基准线材料多为高可见度的彩色尼龙绳或钢绞线,直径 3~4 mm,能够承受 1 000 N 以上的拉力,长度 1 500~3 000 m。基准线桩 100~150 根,高度 120 cm,直径 10~15 mm,下部打尖,便于打入基层,每个基准线桩备有相同数量的基准线托杆和锁定块,并备有 2 个绞线存线轴和 4 个紧线器等设备。基准线托杆长度为 30~40 cm,直径 8~10 cm,头部开有挂线口，锁定块应有两个固定孔和固定螺栓，既可在基准线桩上下调整高度，又能使基准线托杆调整左右水平位置。在基层较坚硬或老沥青路面上，当打入基准线桩困难时，应配备手电钻，先钻后打。

码 8-3 水泥混凝土路面滑模摊铺基准线设置

2）安装基准线的必备工具

2 kg 短手柄锤 2 把，5 kg 长把大锤 1 把，14 mm 的开口或闭口扳手 1 把，2 m 钢卷尺 2 把，水准尺 1 个，水准仪或全站仪 1 台，6 mm 三角锉一个，15 m 尼龙软线，铅锤 2 个，手电钻 1 把，搬运基准线、线桩及工具的手推车 1 辆。

2. 基准线的设置形式

滑模摊铺水泥混凝土路面的基准线设置形式有三种：单向坡单线式、单向坡双线式和双向坡双线式。

3. 基准线设置要求

基准线宽度除应保证摊铺宽度外，尚应满足两侧 650～1 000 mm 横向支距的要求。

基准线桩纵向间距：直线段不应大于 10 m，竖、平曲线路段视曲线半径大小应加密布置，最小 2.5 m。

线桩固定时，基层顶面到夹线臂的高度宜为 450～750 mm。基准线桩夹线臂夹口到桩的水平距离宜为 300 mm。基准线桩应钉牢固。

单根基准线的最大长度不宜大于 450 m。

基准线拉力不应小于 1 000 N。

基准线的设置精确度应符合表 8-17 的规定。

表 8-17 基准线设置精确度要求

项目	中线平面偏位/mm	路面宽度偏差/mm	面板厚度/mm		纵断高程偏差/mm	横坡偏差/%	连续纵缝高差/mm
			代表值	极值			
规定值	≤10	±15	≥-3	≥-8	±5	±0.10	±1.5

注：在基准线上单车道一个横断面测 3 点、双车道测 5 点测定板厚，其平均值为该断面平均板厚。断面平均板厚不应薄于其代表值，极小值不应薄于极值。每 200 m 测 10 个断面，其值为该路段平均板厚，路段平均板厚不应小于设计板厚。不满足上述要求，不得摊铺面板。

基准线设置后，严禁扰动、碰撞和振动。一旦碰撞变位，应立即重新测量纠正。多风季节施工，应缩小基准线桩间距。

4. 施工中关于基准线的注意事项

当摊铺机通过基准线连接部位时，机手要特别注意水平传感器的过渡，防止传感器掉线。为保证基准线的准确性，设置平面直线段基准线时，必须边测边用眼睛贴近基准线观测。在有中央路拱（根据摊铺机不同，有抛物线路拱和折线路拱两种设置，一台摊铺机只可设置有一种固定路拱形式）的平面圆曲线及缓和曲线段设置基准线时，除基准线准确外，应在每个基准线桩摊铺拱外标出中部垂直高度，便于机手调整渐变路拱的路面横坡。曲线及过渡段基准线设置好以后，在滑模摊铺前必须由另一测量技术人员进行该部位基准线的校核测量，防止出现差错。

滑模摊铺机在地形复杂的山区公路施工时,测量人员设置基准线时,应确切了解其最小可摊铺的弯道半径。一般滑模摊铺机可施工的最小弯道半径不小于 50 m;带加长侧模板的滑模摊铺机最小弯道半径不小于 75 m。滑模摊铺机额定满负荷可施工的上坡最大纵坡 5%,下坡最大纵坡 6%,如果施工山区路面的纵坡比此还大,只能缩窄摊铺。施工中还应注意高海拔山区滑模摊铺机的动力损失比例,一般情况下,每上升 1 000 m 高度,滑模摊铺机的动力将损失 6%~10%。小转角弯道最小半径分侧模长度为 50~75 m;大转角回头曲线最小半径为 75~100 m。不然,将破坏所铺弯道路面或滑模摊铺机模板。此外,非特殊设计的滑模摊铺机不能摊铺弯道加宽部位,但可以施工弯道上的超高。就是说,基准线的宽度是固定不变的,所有双线在平面上均应设置平行,基准线高程反映摊铺边缘(包括弯道和缓和曲线)加支距高程。

基准线设置好以后,禁止扰动,特别是正在作业时,严禁碰撞和振动基准线,当基准线或线桩被大型运输车辆碰撞变位后,必须及时发现,进行紧急校核纠正。基准线接头不得大于 1 cm,大于 1 cm 时应截掉重接。当风力达到 3~4 级时,应缩短基准线间距,风力达到 5~6 级,基准线不稳定,振动过大,影响摊铺平整度时,应停止施工,防止出现波状表面。

滑模摊铺混凝土板的施工基准线应提前 1 d 左右设置好,摊铺前应对基准线进行复测或抽查。

(三)滑模摊铺混凝土的搅拌和运输

滑模摊铺混凝土混合料搅拌和运输可参照本情境工作任务二中“轨道摊铺机铺筑水泥混凝土路面施工工艺”中“混凝土的拌和和混凝土运输”。

二、滑模摊铺机铺筑水泥混凝土施工

码 8-4 水泥混凝土路面施工与管理

(一)施工前检查

1. 摊铺现场检查

摊铺前应对现场准备工作进行全面检查。主要项目有:

(1)基层:基层强度是否足够,表面是否平整、清洁并湿润。

(2)基准线:基准线设置、安装是否完成,精度是否符合技术要求。

(3)板厚:通过测设好的两根基准线,垂直横向基准线,每隔一个基准线桩即 20 m,用钢尺测 5 个断面,检查板厚能否满足要求。板厚不满足要求时,如偏厚,可直接摊铺面板,但不得用基层材料加铺薄层;如略偏薄(2~5 cm 内),则应在最短 50~100 m 以外调整基准线高程。一定要保证滑模摊铺板厚的要求,不允许由于板厚不够,推倒重铺。

(4)接缝支架:工作缝支架和传力杆是否定位;纵缝拉杆是否齐备。连接摊铺时,前幅摊铺时安装的拉杆是否校正扳直;纵向施工缝的缝壁是否涂上沥青等。

(5)人工辅助施工工具、机具:手持振捣棒、抄平梁等各种工具及端模板、侧模板是否到位等。

(6)拉毛及养生设备、工具、机械及材料是否准备妥当。

(7)施工人员组织情况如何。

(8)是否得到建设方、监理对试验段或正式滑模摊铺水泥混凝土路面的书面认可,即是否得到正式开工令。

2. 滑模摊铺机检查

摊铺开始前，必须对滑模摊铺机性能进行全面检查。

1）正确设置滑模摊铺机的各项工作参数

必须根据施工经验，对滑模摊铺机工作部件进行正确的施工位置设定，并将这些正确的施工参数通过试铺调整固定下来，正式摊铺时只根据情况变化进行少量微调。振捣棒下缘位置应在挤压板最低点，即路表面以上，间距不宜大于 45 cm，均匀排列；最边缘振捣棒与摊铺边缘不大于 25 cm；调整挤压底板前倾角为 3°左右；提浆夯板的位置为挤压底板前缘以下 5~10 mm。设超铺角的摊铺机边缘超铺高程应控制在 3~8 mm。带振动搓平梁的摊铺机应将搓平梁调整到比挤压板后端高程略低 2~3 mm 的位置。燃油、润滑油和水应全部加满。

2）滑模摊铺机空载对位和检查

首次摊铺时，在无纵坡和弯道的摊铺起点位置钉 4 个矩形分布的木桩，其顶面高程分别为挤压底板的 4 个角点高程，后 2 个点为路面对应点高程，前倾角的摊铺机前 2 个桩在路面高程上应加挤压底板前倾角高程。有路拱时应增设 2 个拱中桩，后桩为路拱对应点高程，设前倾角的摊铺机应在前桩路拱高程上加挤压底板前倾角高程（当在基层打规定高度的木桩有困难时，可使用较远距离的 4 个矩形桩上挂规定高度的基准线，进行对位）。准确测量摊铺机底板高程、横坡度和路拱，将传感器挂到基准线上，并检查传感器的灵敏度和反应方向，开动摊铺机进入设好的桩位，调整水平传感器立柱高度，使摊铺机挤压底板恰好落在精确测量设置好的木桩上，再校核测量摊铺机底板高程、横坡度或路拱，同时调整好摊铺机机架前后左右的水平度。令摊铺机挂线自动行走，再返回校核 1~2 遍，正确无误后，可通知搅拌站开始拌和、运送混凝土，并开始摊铺。

（二）滑模摊铺混凝土的卸料、布料

1. 卸料要求

滑模摊铺素混凝土路面时，混凝土混合料直接卸在基层上，必须有专人指挥车辆卸料。自卸车卸料时，卸料分布应均匀，不欠料也不多料，以减小摊铺机的摊铺推进负荷。正常料位高度应在螺旋布料器叶片上缘以下，最高料位高度不得高于松方控制板上缘。机前缺料时，可用装载机或挖掘机补充送料，并要求供料与摊铺速度协调。当采用预制钢筋支架施工胀缝和带传力杆的缩缝时，应先将滑模摊铺机前的料卸够，再固定传力杆支架，最后卸料，并压住钢筋支架，钢筋支架上部的混凝土应采用手持振捣棒振捣密实后，再滑模摊铺。

2. 布料要求

布料的基本要求是料堆高度不得高于进料挡板上边缘，亦不得出现缺料现象，特别是两侧料要足够，布料要达到摊铺断面上混凝土尽可能均匀分布的目的。

在进行水泥混凝土路面滑模施工时，要达到以下布料要求：

（1）布料宽度不得宽于滑模摊铺机摊铺宽度。

（2）布料平面位置正对摊铺中线，它通过布料机的方向传感器与滑模摊铺机行走相同的施工拉线而实现。

（3）布料的松铺高度要适宜，不应在滑模摊铺机前欠料或过多积料。松铺系数随坍落度大小而变化，当坍落度为 1~5 cm 时，松铺系数宜控制在 1.08~1.15。松铺高度的严格控制通过布料机的水平传感器与滑模摊铺机行走相同的施工拉线实现。

(4)布料机与滑模摊铺机的施工距离应控制在 5~10 m，热天日照强、风大，取小值；阴天湿度大、无风，可取大值，这主要是防止铺开的混凝土不被晒干或吹干。

(5)布料机或滑模摊铺机配备的侧向支撑轮和接料斗不应妨碍侧边缘拉线的设置，目前绝大部分的布料机在放下接料斗时，均会碰撞拉线，特别是拉线桩阻碍其通过，不能使摊铺和布料同时进行，需要调整拉线平面位置和拉线(桩)的高度，才能实现布料和摊铺同时进行。

3. 钢筋混凝土路面的布料

钢筋混凝土路面滑模摊铺时的卸料和布料技术、装备要求等与桥面钢筋网相同。钢筋混凝土路面的滑模摊铺施工的关键是不得在中途中断摊铺，必须连续摊铺到间断钢筋混凝土路面的缩缝、胀缝或桥梁伸缩缝位置方可中断摊铺。

(三)水泥混凝土路面板滑模施工

1. 起步摊铺中的校核调整

在混凝土混合料布好后，开始摊铺的 5 m 之内，必须对所摊铺出的路面标高、厚度、宽度、中线、横向坡度等技术参数进行准确测量。摊铺机操作手应根据测量结果及时缓慢地在摊铺行进中微调摊铺机上传感器、挤压底板、超铺角、拉杆打入深度及压力、抹平板的压力及边缘位置。禁止停机进行严重影响平整度的高程、中线、横坡及超铺角等的大幅度调整。摊铺机起步—调整—正常摊铺，应在 10 m 内完成。摊铺效果达到要求的摊铺机工作参数的设定位置应固定并保护起来，不允许非操作手更改或误动。第二天的连接摊铺，应将摊铺机后退到前一天做了带侧向收缩口工作缝(收缩口每侧 5 cm，长度与侧模等长或略长)的路面内，到挤压底板前缘与工作缝端部对齐开始摊铺。正常施工时，每天都应先检查底板、振捣棒等关键工作参数和摊铺效果。

2. 滑模摊铺机摊铺操作要领

滑模摊铺机操作的基本指导依据是振动黏度理论，所有的工作参数设定和施工当中的调整，均应服从振动黏度的基本原理。也就是说，已经分布好的混凝土，要求操作者利用滑模摊铺机上所有给定的条件和手段，保证一遍摊铺出高质量的密实、不拉裂、不塌边的混凝土路面来。其操作控制技术详细叙述如下。

1)机载布料器控制

滑模摊铺机带的布料器有螺旋布料器和刮板布料器两种形式，功能各有千秋。左右横向移动式刮板布料器的优点是布料效率高，摊铺阻力小，刮板磨损少，便于更换。但其缺点是对混合料不能进行二次机前搅拌，容易造成混合料离析和两侧水泥混凝土不均匀。螺旋布料器则相反，具有优良的机前二次搅拌功能，离析小，分布的混凝土均匀，布料效率高，效果好。但是摊铺阻力使主螺旋棱磨损快，堆焊加强和更换较麻烦，一般施工情况下，施工完 30~50 km 的高速公路就不得不更换螺旋。

螺旋布料器在机上的固定形式有两种：连续单根和中间分开独立控制的两根。在摊铺宽度较窄的单车道路面时，适合连续单根形式，可将卸偏的混凝土从一侧分布到另一侧，但两根螺旋布料器的形式因中间支撑的阻隔，就较难做到。在摊铺双车道宽度大的路面时，在摊铺宽度内可同时卸两车料，使用独立控制的两根螺旋布料器较适宜。注意布料要均匀，特别注意两侧边角的料要充足。螺旋布料器有很强的机前二次搅拌的功能，当机前料充足，但不均匀时，应连续不断地左右旋转，以达到充分混合搅拌均匀的目的。

在美国 COMACO2800 型滑模摊铺机的振捣仓内，配备有一根二级螺旋布料器，其作用是当摊铺路面的横坡较大，振动仓内混凝土使之液化自动流到偏低的一侧，偏高一侧的料位过低或缺料时，可以由另一侧来补给，同时，螺旋开动后，气泡排放，厚度减小，排气更充分，有提高密实度的作用。德国 Wirtgen 的滑模摊铺机是用振动仓内设分隔板来阻止混凝土及砂浆流淌来解决这个问题的。用好装置的前提是保证振动仓内混凝土高度始终一致。

2）松方高度控制板（进料门）控制

松方高度控制板或称进料门的控制技术是滑模摊铺施工的第一关，控制得好，施工顺畅，控制不好，不仅平整度差，而且会损坏滑模摊铺机。档次较高的滑模摊铺机有进料门指示标志或与振捣仓料位的联动自动控制系统，并具备边角保证多进料的三角形开口，人工只在起步和结束时进行必要的干预。但目前我国施工的大多数情况下，需要操作手随时观测料位，进行手工控制。控制松方高度控制板或进料门的依据是振捣仓内的料位高度。振捣仓内料位过高，摊铺机阻力大，振捣排气效果差，所摊铺路面的密实度变差；仓内料位过低，挤压底板供料不足，形不成挤压作用，路面缺料，出现缺料坑，无法继续施工。若强制施工，需要人工补作缺料部位，其密实度、平整度会严重受影响。所以，操作者在摊铺过程中始终应严密监视和随时调控松方控制板的高度。

在摊铺过程中，操作者应随时调整松方高度控制板进料位置，开始应略设高些，以高于振捣棒 15 cm 左右为宜，以保证进料。正常料位以保持振捣仓内砂浆料位高于振捣棒 10 cm 左右较适宜，以利于振动仓内混凝土中的气泡受振动彻底排放掉。进料门应尽量控制在振捣仓内的混凝土基本维持在一个适宜的恒定高度上，根据我国的施工经验，这个高度一般为振捣棒中心线以上 10 cm 左右较适宜。仓内有螺旋的摊铺机，正常料位高度应保持在螺旋杆中轴位置，维持振捣仓料位高度恒定的另一个原因是挤压底板施加给路面的压力与振捣仓底部混凝土所受到的上部混凝土压力之间需要维持动态平衡，这是振动液化柔软连续的混凝土必然要求，在振捣仓和挤压底板下，压力会自动维持平衡。

值得注意的是，出挤压底板的混凝土路面也受到这个平衡压力的影响，压力过大，出来的路面会反弹高出。高出量过大时，由于混合料中各组分和裹挟的气泡对压力释放的反应是不同的，必然影响到路面平整度。滑模摊铺出“橘子皮”路面，就是由于振捣仓料位过高，气泡排放不充分，挤压在路面中，出挤压底板后，气泡压力释放顶起形成影响平整度的疙瘩。

3）摊铺行进速度控制

滑模摊铺机的摊铺行进速度主要取决于在特定行进速度下混凝土路面板是否振捣密实这个基本原则。由于滑模摊铺施工只能一遍摊铺出高密实度的混凝土路面，而不可能回车反复制作，即使不符合要求，也无法补救，所以滑模摊铺机的操作技术要求很高、很严格、很精细，对滑模摊铺机操作者的技术素质和工作责任心要求很高。

在摊铺过程中，应尽可能使摊铺机缓慢、均匀、连续不间断地作业。混合料正常的滑模摊铺速度应控制在 1~2 m/min 比较适宜。当料的稠度发生变化时,先调振捣频率,后改变摊铺速度。滑模摊铺混凝土最佳工作性及允许范围可参照表 8-18,注意其中各工作性允许范围均对应适宜的摊铺速度范围。不允许料多追赶,然后随意停机等待,间歇摊铺情况的发生。停机次数越多,摊铺机挤压底板静止压力造成横向槽越多,平整度越差。

表 8-18　高速公路滑模施工水泥混凝土路面配合比经验参数范围

粗集料种类最大粒径	水泥品种和强度等级	水灰比或水胶比	水泥用量/(kg/m^3)	用水量/(kg/m^3)	外加剂	Ⅰ、Ⅱ粉煤灰 F	说明
砾石 20 cm	普通硅酸盐水泥 425	0.38~0.44	350~400	130~170	引气剂 1‰;木钙 2‰或高效减水剂 2‰	无	
	普通硅酸盐水泥 525	0.38~0.45	300~350	115~160		无	
	硅酸盐水泥 525(C+F)	0.35~0.44	C=250~340 F=50~100	120~160		12%~15%	超掺法
碎石 30 cm	普通硅酸盐水泥 425	0.39~0.45	350~400	135~180	按实测最佳掺量使用高效减水剂和引气剂	无	
	普通硅酸盐水泥 425	0.39~0.47	300~350	120~165		无	
	硅酸盐水泥 525(C+F)	0.36~0.44	C=250~340 F=50~100	120~160		12%~15%	超掺法

注:C—水泥用量;F—粉煤灰用量。

按照新拌混凝土振动黏度理论的研究结果,施工密实混凝土路面存在着新拌混凝土的振动黏度系数(或简单理解为稠度)与滑模摊铺机的振捣频率和摊铺速度的最优匹配关系。在固定的振捣频率下,混凝土较稀,可使用较高的摊铺速度;混凝土较干,则使用较慢的摊铺速度。如果摊铺速度固定,对于较稀的混凝土,摊铺密实要求较低的振捣频率;反之,则要求较高的频率。因为在料稀情况下,过振会引起塌边和混凝土路面砂浆严重分层,形成过厚的砂浆表层,而砂浆因无粗集料骨架的嵌锁力必然会形成塌边和溜肩现象。

摊铺机正常摊铺速度为 1 m/min 左右;振捣频率可在 6 000~11 000 r/min 调整,一般采用 9 000 r/min 左右。应防止混凝土过振或漏振、欠振现象发生。同时,操作手应根据新拌混凝土的稠度大小,调整摊铺的速度和振捣频率。当新拌混凝土显得偏稀时,应适当降低振捣频率,加快摊铺速度,最快摊铺速度控制在 1.5~2 m/min,最大不得超过 2 m/min,最小振捣频率不得小于 6 000 r/min;当新拌混凝土偏干时,应提高振捣频率,最大 11 000 r/min,并减慢摊铺速度,最小摊铺速度宜控制在 0.5~1 m/min;摊铺机起步时,应先开启振捣棒再起步。摊铺机离开工作面后,应立即关闭振捣棒,防止空载振动烧坏振捣棒。

4)监控振捣棒的位置及工作情况

在摊铺过程中要经常检查振捣棒的工作情况。如果发现路面上经常在横断面某处出现麻面，表示该处的振捣棒出了问题，必须停机检查，如有损坏，应及时更换该处的振捣棒。如果摊铺过后，发现路面上留有发亮的振捣棒拖出的砂浆条带，则表明振捣棒位置过深，这种情况下在风较大时极易导致有规律的纵向塑性收缩裂缝，应该将振捣棒调整到正确位置，即振捣棒底缘在挤压底板的后缘高度以上。但在不出现塑性收缩裂缝的前提下，允许使用板中位以上的振捣位置。在摊铺通过胀缝板和钢筋网时，必须提高振捣棒，使其最低点位置在挤压底板的后缘高度以上，以便在不推移胀缝板和钢筋网的前提下，顺畅摊铺通过。

5）摊铺密实度控制

在滑模摊铺推进过程中，要视混凝土混合料的稠度随时对行进速度和振捣频率进行调整，以控制摊铺密实度。当混凝土混合料显得过稀时，应适当降低振捣频率，加快摊铺速度；当混凝土混合料显得过干时，应提高振捣频率，减慢摊铺速度。只有这样才能控制混凝土路面始终达到所要求的高密实度，并防止发生塌边、麻面、拉裂和砂浆层过厚等质量病害。

操作手应随时观察振捣仓内混凝土的排气情况，特别要求在振捣仓后部挤压底板前缘基本没有气泡排出的情况下，才能向前推进。在给定速度和振捣频率的工作状态下，在振捣仓内是否充分排除掉混凝土中的气泡，是当时混凝土稠度下，摊铺速度和振捣频率合适与否的基本判断依据之一。同时，观察所摊铺出路面的平整度。如果在摊铺后的路面上发现有气泡、拱包，说明排气很不充分，必须降低速度，提高振捣频率，同时降低进料门控制高度，减小混凝土路面板承受的压力，以保证密实度和平整度。如果采取了上述措施仍调整不了，或挤压底板的混凝土表面有拉裂现象，就证明挤压底板前仰角过大，需要往小调整。在混凝土所有原材料中，只有气泡在挤压力下具有较大的可压缩性，待摊铺过后，压力释放，接近表面的大气泡会将路面砂浆顶起来，影响平整度。

6）夯（捣）实杆的调整

在振捣仓的后部，挤压底板前方，有的滑模摊铺机配备有夯实粗集料以保证提浆厚度，以便施工路面抗滑构造的夯实杆，其夯击冲程可随凸轮盘位置在 13~25 mm 调整，夯击频率通过液压力可在 0~2 Hz 调整。通过我国大量施工实践，夯实杆的最佳位置应在挤压底板前缘以下 5~10 mm，这是因为振动液化后的混凝土是柔软的连续物体，夯实杆前后的粗集料会被推挤隆起，再上升回来，所以要保证足够的提浆厚度做抗滑构造，至少应大于 5mm。但当夯实杆的深度过深，大于 10 mm 时，将增大滑模摊铺机行进阻力和夯实杆自身阻力，作用在夯实杆上的弯矩将大大增加，很容易将夯实杆别断。其断裂端掉下来往往只能在拖出大坑后才能被发现。

7）挤压底板前仰角的调整

滑模摊铺水泥混凝土路面的密实度来自摊铺机上的两种功能：一是振动，二是挤压。挤压力靠底板的前仰角和整机自重联合实现，在滑模摊铺机吨位给定的条件下，前仰角大，进入挤压底板的料多，混凝土路面上受到的挤压力就大；在前仰角确定的条件下，整机吨位大，挤压力也大。这就是说，小吨位的滑模摊铺机不可能设定大前仰角，从增加挤压密实度出发，大吨位的滑模摊铺机的挤压密实效果比轻的好。自重也是滑模摊铺机机械选型的重要指标之一。

各种型号和吨位的滑模摊铺机设定的挤压底板前仰角是不同的，一般其变化范围在2°~5°，过大，则摊铺阻力较大，摊铺机有可能整机被混凝土顶起来，最终无法正常摊铺；过小，则挤压力不足，密实度不够。对于给定的混凝土稠度而言，每一台滑模摊铺机都有一个最佳的前仰角设定角度。最佳施工前仰角在上述范围内需要通过施工实践来摸索。滑模摊铺机的前仰角设定必须在每天开工之前进行，施工进行当中，不能调整。所以，必须在前几次施工中摸索并确定最佳前仰角，以后必须固定下来，不可经常去调整。否则，会造成摊铺路面密实度、强度及使用耐久性的差异。

德国 Wirtgen 的滑模摊铺机没有设定前仰角，但挤压力是通过底板前部固定的较大圆弧保证底板下多进混凝土，达到挤压密实效果。这种方式相当于挤压力在任何情况下基本维持恒定，这种情况下，大约只相当于仰角为1°~2°的挤压力。这时，密实度主要不取决于前仰角而主要靠振捣棒高2~3倍的振动烈度和加速度保证。这种工艺设计的滑模摊铺机自重的影响相对小一些。大吨位与小吨位摊铺机摊铺的混凝土路面密实度差异小得多，强度均匀性较高。实践证明，这种滑模摊铺机也可设1°~3°的前仰角，摊铺效果更好。

8）挤压底板

挤压成型底板的作用是将振实和捣实提浆后的混凝土挤压得更加密实，同时挤压拖抹出混凝土路面的标准断面、光滑的外观和良好的纵横向平整度。其前后宽度不小于1.5 m，左右长度为路面摊铺宽度，路拱、横坡度及超铺角均由挤压成型底板通过自动调节液压回路和路拱装置来调整。施工前调整好，除非路面横向平整度有变化，否则均不再进行调整。

先进的滑模摊铺机在挤压底板后部设置有1 m宽下倾的不锈钢浮动板，其功能是对路面进行二次平整抹面，使所摊铺路面更加平整光滑，并起到释放底板下混凝土表面气泡的作用。

通过调整和控制摊铺速度、夯实频率、振捣棒频率、夯实杆和振动搓平梁位置，使路面板表面砂浆层厚度控制在4 mm左右，以便软做抗滑构造。在硬刻槽的水泥混凝土路面上则不要求这样厚的砂浆表层，2~3 mm厚的砂浆包裹层已足够。

9）超铺角控制

滑模摊铺混凝土路面在混凝土振实脱模后，由于要求混凝土具有2~5 cm的坍落度，因此待路面摊铺过后，失去模板支承，一方面路面会自动胀宽；另一方面两侧边缘即使不塌边也会溜肩，会自动塌落。如25 cm厚的路面边缘至少要塌落0.8~1.2 cm，所以必须设法多铺料以补偿塌落，才可能做出断面几何形状规则的面板。这就是摊铺机上设置超铺角的作用。超铺角设置从进料门开始，增大两边角的进料高度和数量，并令挤压底板两侧模板视稳定的坍落度大小，翘起合适的高度，同时，将两侧边模板向内倾斜一定角度，构成混凝土路面两侧边角适宜的超铺量，待混凝土路面脱模后，自动塌落成规矩的90°边缘，保证路面两边横向平整度。

施工实践证明，即使使用 Wirtgen 的滑模摊铺机（不设超铺角），施工坍落度也不宜过小，坍落度在3 cm左右比较适宜，过小的坍落度会造成横向拉裂现象，拉裂的深度会超过面板的一半厚度，将会引起施工期间断板现象，因此必须严加防范。

10)自动抹平板

大型滑模摊铺机一般都配置可随时调整压力和抹面宽度的自动抹平板,其标准长度为3.66 m,接触抹面宽度为20 cm,使用它有利于消除表面上的小气泡及石子拖动带来的小缺陷,并能起到部分提浆作用,保证了路面有优良的纵向平整度。施工时要注意根据路面纵坡的变化随时调整自动抹平板压力。由于滑模摊铺机前后长度较长,在上坡时,最后端的抹平板压力自动增加,要将压力调小;下坡时,抹平板上翘,压力应调大。抹平的混凝土表面较干涩时,抹平板的压力要轻、横向速度要调慢,防止抹面拉裂表面。总原则是其压力宜小不宜大,过大的压力会使纵横向平整度变差。自动抹平板在没有长侧模保护的摊铺机上,是不能抹面到边的,若太靠近边缘,在摊铺弯道时会将路面压垮,一般到边界要留30 cm左右,压力较大时,边界部分会推挤隆起,需要专人修整。

3.摊铺中的高程控制和校准

滑模摊铺的路面高程控制主要是靠4个水平传感器沿基准线行进控制的,但往往施工开始时,底板没有顶拖力或调整不到位,而形成高程误差,在开始摊铺路面的3~5 m长度时,应安排测量人员用水准仪进行校核。发现误差大于路面施工规定范围时,应在滑模摊铺机摊铺行进中对水平传感器垂直伸缩臂缓慢调整到位,调整好后做上标记,固定位置。连续几次调整,滑模摊铺底板、传感器等与基准线之间的相对位置就确定下来,以后,除非有人动过,否则不再调整,但仍需每天校核一次。施工开始前,每天需检查挤压底板平整度。

4.滑模摊铺中的故障处置措施

滑模摊铺的表面应平滑,几何形状规则,不应出现麻面、拉裂、塌边、溜肩等病害现象,出现问题时应立即查找原因,迅速采取解决措施。

(1)摊铺中应经常检查振捣棒的工作情况。发现路面在横断面某处多次出现麻面或拉裂现象,表示该处的振捣棒或前仰角出了问题,必须停机检查,更换该处的振捣棒或调整前仰角位置。摊铺后,发现路面上留有发亮的振捣棒拖出的砂浆条带,则表明该处振捣棒位置过深,振捣棒必须调整至底缘在挤压底板的后缘高度以上位置。

(2)在摊铺宽度≥8 m的双(多)车道路面时,若左右卸了两车稠度不一致的混凝土,摊铺速度应按偏干一侧设置,并应将偏稀一侧的振捣棒频率迅速调小。

(3)滑模摊铺路面出现横向拉裂现象时,应从如下几方面进行检查:

①拌和物局部或整体过于干硬、离析、骨料粒径过大,不适宜滑模摊铺,或在该部位摊铺速度过快,振捣频率不够,混凝土未振动液化而导致拉裂,应降低摊铺速度,提高振捣频率。

②应检查挤压底板的位置和前仰角设置是否变化,底板设置成前倒角时必定拉裂,前仰角过大时,亦可能拉裂,应在行进中调整前2个水平传感器,即将挤压底板调整为适宜的前仰角,消除拉裂现象。

③拌和物较干硬或等料停机时间较长,摊铺起步速度过快时,也可能拉裂路面。等料停机时间较长时,应间隔一刻钟开启振捣棒振动2~3 min;起步摊铺时,宜先振捣2~3 min,再缓慢推进。

④当混凝土供应不上或搅拌楼出现机械故障等情况时，停机等待时间不得超过当时气温下混凝土初凝时间的2/3，一般为1~1.5 h。在此时间内，应每隔15 min开动振捣棒3~5 min。超过此时间时，应将滑模摊铺机开出摊铺工作面，并做施工缝。

⑤当滑模摊铺机出现机械故障时，应紧急通知后方搅拌楼停止生产，在停机时间1~1.5 h内，能够排除故障，允许继续摊铺。否则，应尽快将滑模摊铺机拖出摊铺工作面。待滑模摊铺机故障排除，工作正常后，重新起步摊铺。一是要防止出现摊铺冷缝引发的横向断板；二是要严禁混凝土在滑模摊铺机内硬化。

5. 纵缝拉杆打入设置

摊铺单车道时，必须视路面的设计需要配置一侧或双侧打纵缝拉杆的机械装置。侧向打拉杆装置的正确插入位置应在挤压底板的下中间或偏后部。拉杆打入分手推、液压、气压几种方式，侧向拉杆打入位置应在挤压底板后下部，按照距离信号由人工推入或扳气(油)门阀打入拉杆。拉杆形状有一字形和L形两种，L形拉杆的长度仅60 cm，是按美国标准设计的，在我国使用时需要等黏结强度互换，加密拉杆间距；连接摊铺下一幅路面时再将L形拉杆扳直，结果总是S形，试验表明S形拔出力远高于直钢筋。打拉杆装置压力应满足一次打(推)到位的要求，不允许多次打入。同时摊铺2个或2个以上车道时，除侧向打拉杆的装置外，还应在假纵缝位置中间配置1个以上中间拉杆自动插入装置，该装置有前插和后插两种配置。带振动搓平梁或修复插入缺陷振动装置的摊铺机应选择机后插入式；插入缺陷没有振动，仅靠抹平板是修复不彻底的。其他摊铺机宜选择机前插入式，前插式在料偏稀时，经过摊铺机强大的振捣，位置可能跑掉而不正确。打入的拉杆必须保证在路面板厚中间位置。有些简易两履带摊铺机的拉杆用人工在挤压底板以后推入，由于缺乏上、侧面顶托，严重影响路面的几何形状和平整度，造成塌边和隆起，实践证明这种方式不能采用。

先进的中间拉杆插入装置，只需人工将成捆拉杆顺畅放入给定位置，其他均由机械装置自动完成。但有些摊铺机上的中间拉杆需要人工一根根放入。无论用何种方式插入或打入拉杆，中间和侧向拉杆都必须位于板厚的中间位置，打(推)入的高低、左右误差均应不超过±2 cm；纵向误差不超过±5 cm。

6. 摊铺结束后的工作

滑模摊铺结束时，必须及时着手做下面两项工作：

(1)将摊铺机驾离工作面，先将所有传感器从基准线上解脱，并解除摊铺机上基准线自动跟踪控制，再升起机架，用水冲洗干净黏附的混凝土，已结硬在摊铺机上的混凝土，要轻敲打掉，防止损坏摊铺机。清理干净后，对与混凝土接触的机件喷涂废机油或吹(揩)干防锈。

(2)制作横向施工缝。施工时，应将从摊铺机振动仓内脱出的厚砂浆铲除丢弃。安装施工缝横向钢端模，并用水准仪测量和找平面板高程和横坡。为使下次摊铺时能紧接着施工缝开始机械摊铺，施工时两侧的支撑模需向内各收进5 cm左右，长度视摊铺机侧模板而定。软做横向施工缝可参照接缝技术要求，也可采用第二天硬切除全部端部的做法，切缝位置应满足平整度、高程和横坡要求，然后在端部垂直面上钻眼，插入传力杆，再连接施工，无钻孔设备时，可在工作缝位置预先设置传力杆支架，第二天上口切割，下部凿出传力杆。由于开始摊铺和施工接头时,混合料相对不饱满,除需测量高程和横坡外,还需要人工辅助振捣密实,并做好端头和结合部位的平整度,防止工作缝结合部低洼而导致跳车。

滑模摊铺机的操作除应符合上述要求外,还应符合交通部颁发的《公路筑养路机械操作规程》(JZ 0030—1995)中滑模式水泥混凝土混合料摊铺机操作规程的规定。

7. 横向连接摊铺

横向连接摊铺后幅面时,摊铺机履带上前幅混凝土路面的时间应控制在养护7 d以后,最短不得少于5 d,同时,钢履带底部应铺橡胶垫或使用有橡胶垫履带的摊铺机。纵向连接摊铺后幅路面时,应对连接纵缝部位进行人工修整,要求连接纵缝的横向平整度不大于3 mm,极值不大于5 mm。同时校正前幅已设好的拉杆,并在侧立面上半部涂饱满热沥青,滑模连接摊铺过后,用钢丝刷刷干净粘染在前幅路面上的砂浆,要求完全刷出抗滑构造。

8. 混凝土路面板修整

(1)滑模摊铺好的混凝土面板原则上不应再修整,禁止加铺薄层混凝土或砂浆来修补路面。

(2)摊铺机应采用自动抹平板装置进行抹面,以消除表面气孔和石子移动带来的缺陷。自动抹平板的压力不可过大,应随摊铺的纵坡变化随时调整。适宜的抹平板压力可使路面不出现其端部推出的影响平整度的"W"字形砂浆棱,抹平板接触路面抹面的长度应为其长度的4/5。对表面上少量局部麻面和明显缺料部位,应在挤压板后或搓平梁前,最迟在抹平板前表面补充适量砂浆,由搓平梁和抹平板机械修整。滑模摊铺的混凝土面板在下列情况下,可用人工进行局部少量修整:

①人工操作抹面抄平器修整摊铺机后表面的缺陷。

②打侧向拉杆时被挂坏的侧边;摊铺机连续铺装上桥梁高台,振动漏料部位;出现倒边、塌边、溜肩现象,应顶侧模或上部支方铝管,边缘补料修整。前、后幅摊铺相接的纵缝处应进行适量修整。

③对摊铺机起步摊铺段、与桥面板的结合部以及接头,应采用水准仪找平,采用大于3 m的靠尺边测边修整。如果混凝土已硬化,发现这些部位的平整度不符合要求,可在混凝土路面摊铺后3~10 d内,用最粗级磨头的水磨石机研磨到公路等级规定的小于3~5 mm的平整度。施工差错应在混凝土尚未硬化前及时处理。

工作任务四　水泥混凝土路面施工质量检查与评定

一、水泥混凝土路面质量检测项目

近年来,我国公路有关部门对路基路面试验与检测的指标、仪器及方法进行了大量的试验和研究。同时结合国内外的情况,修改和增补了不少技术指标,研制了不少用于试验和检测的新式仪器,纳入了公路建筑的有关标准和规范之中,使工程单位和监理单位在工程质量检查和验收中有了明确的依据。

目前,在各类公路施工技术规范中,提出了一系列道路材料(包括原材料和混合料)技术指标,也对质量管理提出了一系列控制指标。这样,施工部门和监理部门在施工过程中就需要进行必要的试验与检测,以便使材料符合要求,使质量得到保证。

(一)施工过程中的质量管理要求

施工质量控制与检查应贯穿整个施工过程,应对每个施工环节严格控制把关,对出现的问题,应立即进行纠正直到停工整顿。各级公路各种混凝土路面铺筑方式的施工均应建立健全的质量检测、管理和保证体系。应按铺筑进度做出质检仪器和人员数量动态计划。施工中应按计划落实质检仪器和人员,对施工各阶段的各项质量指标应做到及时检查、控制和评定,以达到所规定的质量标准,确保施工质量及其稳定性。

施工全过程的质量动态检测、控制和管理内容应包括施工准备、铺筑试验路段和施工过程中的各项技术指标的检验,出现施工技术问题的报告、论证和解决方案等。

(二)铺筑试验路段

二级及以上公路混凝土路面工程,使用滑模、轨道、碾压、三辊轴机组机械施工时,在正式摊铺混凝土面层前,必须铺筑试验路段。试验路段长度不应短于 200 m,高速公路、一级公路宜在主线路以外进行试铺。路面厚度、摊铺宽度、接缝设置、钢筋设置等均应与实际工程相同。试验路段分为试拌及试铺两个阶段,通过试验路段应达到下述目的:

(1)通过试拌检验搅拌楼性能及确定合理搅拌工艺,检验适宜摊铺的搅拌楼拌和参数,如上料速度、拌和均匀所需时间、新拌混凝土坍落度、振动黏度系数、含气量、泌水性、V_c 值和生产使用的混凝土配合比等。

(2)通过试铺检验主要机械的性能和生产能力,检验辅助施工机械组配合理性,检验路面摊铺工艺和质量,模板架设固定方式或基准线设置方式,摊铺机械的适宜工作参数,包括松铺高度、摊铺速度、振捣时间与频率、滚压遍数、碾压遍数、压实度、中间和侧向拉杆置入情况等,并检验整套施工工艺流程。

(3)使工程技术及工作人员熟悉并掌握各自的操作要领。

(4)按施工工艺要求检验施工组织形式和人员编制。

(5)建立混凝土原材料、拌和物、路面铺筑全套技术性能检验手段,熟悉检验方法。

(6)检验通信联络和生产调度指挥系统。

在试铺中,施工人员应认真做好记录,监理工程师或质监部门应监督检查试验段的施工质量,及时与施工单位商定并解决问题。试验段铺筑后,施工单位应提出试验路段总结报告,上报监理和业主批复,取得正式开工许可。

(三)施工质量管理与检查

水泥混凝土面层铺筑必须得到正式开工令后方可开工。施工单位应随时对施工质量进行自检。自检项目和频率:原材料应按表 8-2 规定进行;拌和物应按表 8-8 规定进行;混凝土路面应按表 8-19 规定进行。当施工、监理、监督人员发现异常情况时,应加大检测频率,找出原因,及时处理。高速公路、一级公路应利用计算机实行动态质量管理。

表 8-19 水泥混凝土面层检验项目、方法和频率

项次	检查项目		质量标准		检查频率		检查方法
			高速公路、一级公路	其他等级公路	高速公路、一级公路	其他等级公路	
1	弯拉强度[1]	标准小梁弯拉强度/MPa	按现行标准评定		每班留 2~4 组试件,日进度<500 m 留 2 组;日进度≥500 m 留 3 组;日进度≥1 000 m 留 4 组,测算 f_{cs}、f_{min}、C_v[2]	每班留 2~3 组试件,日进度<500 m 留 1 组;日进度≥500 m 留 2 组;日进度≥1 000 m 留 3 组,测算 f_{cs}、f_{min}、C_v[2]	JTG E30 T0552、T0558
		路面钻芯劈裂强度换算弯拉强度/MPa			每车道每 3 km 钻取 1 个芯样,单独施工硬路肩为 1 个车道,测算 f_{cs}、f_{min}、C_v[2]	每车道每 2 km 钻取 1 个芯样,单独施工硬路肩为 1 个车道,测算 f_{cs}、f_{min}、C_v[2]	JTG E30 T0552、T0561
2	板厚度/mm		平均值≥-5;极值≥-15,C_v 值符合设计规定		路面摊铺宽度内每 100 m 左右各 2 处,连接摊铺每 100 m 单边 1 处	路面摊铺宽度内每 100 m 左右各 1 处,连接摊铺每 100 m 单边 1 处	板边与岩芯尺测,岩芯量终判定
3	纵向平整度	σ[3]/mm	≤1.32	≤2.00	所有车道连接检测		车载平整度检测仪
		IRI[3]/(m/km)	≤2.00	≤3.30			
		3 m 直尺最大间隙 Δh/mm(合格率应≥90%)	≤3	≤5	每半幅车道 100 m 测 2 处,每处 10 尺	每半幅车道 200 m 测 2 处,每处 10 尺	3 m 直尺
4	抗滑构造深度 TD/mm	一般路段	0.70~1.10	0.50~0.90	每车道及硬路肩每 200 m 测 2 处	每车道每 200 m 测 1 处	铺砂法
		特殊路段[4]	0.80~1.20	0.60~1.00			
5	摩擦系数 SFC	一般路段	≥50	—	行车道、超车道全长连续检测,每车道每 20 m 连续检测 1 个测点	一般路段免检,仅检查特殊路段,每车道每 20 m 连续检测 1 个测点,不足 20 m 测 1 个测点	JTG E60 T0965
		特殊路段[4]	≥55	≥50			
6	取芯法测定抗冻等级[5]	严寒地区[6]	≥250	≥200	每车道每 3 km 钻取 1 个芯样	每车道每 5 km 钻取 1 个芯样	JTG E30 T0552
		寒冷地区[6]	≥200	≥150			

注:[1]标准小梁弯拉强度用于评定施工配合比;钻芯劈裂强度用于评价实际面层施工密实度及弯拉强度。

[2]f_{cs} 为平均弯拉强度;f_{min} 为最小弯拉强度;C_v 为统计变异系数。

[3]动态平整度 σ 与 IRI 可选测一项。

[4]高速公路、一级公路特殊路段指立交匝道、平交口、弯道、变速车道、组合坡度不小于 3%、桥面、隧道路面及收费站广场等处;其他公路系指设超高路段、加宽弯道段、组合坡度大于或等于 4%坡道段、交叉口路段、桥面及其上下坡段、隧道路面及集镇附近路段等处。

[5]取芯法测定抗冻性仅在有抗冰冻要求的地区必检。

[6]严寒地区指当地最冷月平均气温低于-8 ℃的地区;寒冷地区指当地最冷月平均气温在-8~-3 ℃的地区。

水泥混凝土面层铺筑几何尺寸质量标准及检查项目、频率和方法应符合表 8-20 的规定。

表 8-20　水泥混凝土面层铺筑几何尺寸质量标准及检查项目、频率和方法

项次	检查项目	质量标准		检查频率		检查方法
		高速公路、一级公路	其他等级公路	高速公路、一级公路	其他等级公路	
1	相邻板高差/mm	≤2	≤3	每 200 m 纵横缝 2 条,每条 3 处	每 200 m 纵横缝 2 条,每条 2 处	尺测
2	连接摊铺纵缝高差/mm	平均值≤3	平均值≤5	每 200 m 纵向工作缝,每条 3 处,每处间隔 2 m 测 3 尺,共 9 尺	每 200 m 纵向工作缝,每条 2 处,每处间隔 2 m 测 3 尺,共 6 尺	尺测
		极值≤5	极值≤7			
3	接缝顺直度/mm	≤10		每 200 m 测 6 条	每 200 m 测 4 条	20 m 拉线测
4	中线平面偏位/mm	≤20		每 200 m 测 6 条	每 200 m 测 4 条	经纬仪测
5	路面宽度/mm	≤±20		每 200 m 测 6 条	每 200 m 测 4 条	尺测
6	纵断高程/mm	平均值±5;极值±10	平均值±10;极值±15	每 200 m 测 6 点	每 200 m 测 4 点	水准仪测
7	横坡度/%	±0.15	±0.25	每 200 m 测 6 个断面	每 200 m 测 4 个断面	
8	路缘石顺直度和高度/mm	≤20	≤20	每 200 m 测 4 处	每 200 m 测 2 处	20 m 拉线测
9	灌缝饱满度/mm	≤2	≤3	每 200 m 接缝测 6 处	每 200 m 接缝测 4 处	测针加尺测
10	最浅切缝深度/mm　缝中有拉杆、传力杆	≥80	≥80	每 200 m 测 6 处	每 200 m 测 4 处	尺测
	最浅切缝深度/mm　缝中无拉杆、传力杆	≥60	≥60			

二、水泥混凝土路面质量评定标准

水泥混凝土面层施工完毕,施工单位应将全线以 1 km 作为一个检查段,按随机取样的方法选择每一检查段的测点,按混凝土面层质量验收和允许偏差的规定进行自检,并向监理部门和建设单位提供全线检测结果及施工总结报告。施工质量监理单位应会同施工单位一起按随机抽样的办法选择一定数量的检查段进行抽样检查,抽样总长度不宜少于全程的 30%,检查的内容和频度应符合相关规范规定。

水泥混凝土面层完工后,应根据设计文件、交工资料和施工单位提出的交工验收报告,按国家建设工程竣工验收的办法组织验收。验收时应提交设计文件和交工资料、交工

验收报告、混凝土强度试验报告、材料检查及材料试验记录、基层检查记录、工程重大问题处理文件、施工总结报告、工程监理总结报告等。各级公路水泥混凝土路面的工程质量验收检查内容和允许偏差应符合表 8-21 规定，路面外观应无露石、蜂窝、麻面、裂缝、啃边、掉角、翘起和轮迹等现象。

表 8-21　各级公路混凝土面层铺筑质量要求

项次	检查项目		允许值	
			高速公路、一级公路	其他公路
1	弯拉强度[1]/MPa		100%符合规定	
2	板厚度/mm		代表值≥-5；极值≥-10，C_v 值符合设计规定	
3	平整度	σ/mm	≤1. 2	≤2. 0
		IRI/(m/km)	≤2. 0	≤3. 2
		3 m 直尺最大间隙 Δh/mm	≤3(合格率应≥90%)	≤5(合格率应≥90%)
4	抗滑构造深度/mm	一般路段	0. 70~1. 10	0. 50~0. 90
		特殊路段[2]	0. 80~1. 20	0. 60~1. 00
5	相邻板高差/mm		≤2	≤3
6	连接摊铺纵缝高差/mm		平均值≤3；极值≤5	平均值≤5；极值≤7
7	接缝顺直度/mm		≤10	
8	中线平面偏位/mm		≤20	
9	路面宽度/mm		≤±20	
10	纵断高程/mm		±10	±15
11	横坡度/%		±0. 15	±0. 25
12	断板率/‰		≤2	≤4
13	脱皮、印痕、裂纹、露石、缺边、掉角/‰		≤2	≤3
14	路缘石顺直度和高度/mm		≤20	≤20
15	灌缝饱满度/mm		≤2	≤3
16	切缝深度/mm		≥50	≥50
17	胀缝表面缺陷		不应有	不宜有
18	胀缝板连浆/mm		≤20	≤30
	胀缝板倾斜/mm		≤20	≤25
	胀缝板弯曲和位移/mm		≤10	≤15
19	传力杆偏斜/mm		≤10	≤13

注：[1]路面钻芯劈裂强度应换算为实际面板弯拉强度进行质量评定。

[2]特殊路段指高速公路、一级公路的立交、平交、变速车道等；其他公路指急转弯、陡坡、交叉口或集镇附近。

施工单位的质检结果应按表 8-21 的规定,以 1 km 为单位进行整理。对于滑模、轨道、碾压和三辊轴机组机械铺筑混凝土路面的关键工序宜拍摄照片或进行录像,作为现场记录保存。

课后复习题

1. 水泥混凝土路面施工工序有哪些?
2. 水泥混凝土路面养生方法都有哪几种?

参考文献

[1] 中华人民共和国交通运输部. 公路工程技术标准:JTG B01—2014[S]. 北京:人民交通出版社,2015.
[2] 中华人民共和国交通运输部. 公路沥青路面设计规范:JTG D50—2017[S]. 北京:人民交通出版社,2017.
[3] 中华人民共和国交通部. 公路沥青路面施工技术规范:JTG F40—2004[S]. 北京:人民交通出版社,2005.
[4] 中华人民共和国交通运输部. 公路水泥混凝土路面设计规范:JTG D40—2011[S]. 北京:人民交通出版社,2011.
[5] 中华人民共和国交通运输部. 公路水泥混凝土路面施工技术细则:JTG/T F30—2014[S]. 北京:人民交通出版社,2014.
[6] 中华人民共和国交通运输部. 公路工程质量检验评定标准 第一册 土建工程:JTG F80/1—2017[S]. 北京:人民交通出版社,2017.
[7] 中华人民共和国交通运输部. 公路工程施工安全技术规范:JTG F90—2015[S]. 北京:人民交通出版社,2015.
[8] 中华人民共和国交通运输部. 公路路面基层施工技术细则:JTG/T F20—2015[S]. 北京:人民交通出版社,2015.
[9] 中华人民共和国交通运输部. 公路工程沥青及沥青混合料试验规程:JTG E20—2011[S]. 北京:人民交通出版社,2011.
[10] 中华人民共和国交通运输部. 公路工程水泥及水泥混凝土试验规程:JTG 3420—2020[S]. 北京:人民交通出版社,2021.
[11] 中华人民共和国交通运输部. 公路土工试验规程:JTG 3430—2020[S]. 北京:人民交通出版社,2021.
[12] 中华人民共和国交通部. 公路工程岩石试验规程:JTG E41—2005[S]. 北京:人民交通出版社,2005.
[13] 中华人民共和国交通部. 公路工程集料试验规程:JTG E42—2005[S]. 北京:人民交通出版社,2005.
[14] 中华人民共和国交通部. 公路工程土工合成材料试验规程:JTG E50—2006[S]. 北京:人民交通出版社,2009.
[15] 中华人民共和国交通运输部. 公路工程无机结合料稳定材料试验规程:JTG E51—2009[S]. 北京:人民交通出版社,2009.
[16] 中华人民共和国交通运输部. 公路路基路面现场测试规程:JTG 3450—2019[S]. 北京:人民交通出版社,2020.
[17] 中华人民共和国交通运输部. 公路沥青路面再生技术规范:JTG/T 5521—2019[S]. 北京:人民交通出版社,2019.

[18] 中华人民共和国交通运输部. 公路水泥混凝土路面再生利用技术细则:JTG/T F31—2014[S]. 北京:人民交通出版社,2014.
[19] 中华人民共和国交通运输部. 公路路基设计规范:JTG D30—2015[S]. 北京:人民交通出版社,2015.
[20] 张艳军. 路面施工技术[M]. 北京:人民交通出版社,2019.